Street Furniture
街具设计

【德】克瑞斯·范·乌菲伦 编
梁励韵 刘 晖 译

中国建筑工业出版社

Street Furniture
街具设计

【德】克瑞斯·范·乌菲伦 编
梁励韵 刘 晖 译

中国建筑工业出版社

目录

树池和水池

垃圾桶

灯具和标识

铺 地

目录

遮　蔽

82
Pioneer

LYON-SAINT EXUPERY
Gare TGV

街具设计

克瑞斯·范·乌菲伦

一直以来，街道家具都是一个冷门的话题，而“街具”一词的构成也看似荒谬。人们通常只会把家具与私人领域联系起来，而街道，显然是一个公共空间。“街具”翻译成拉丁语则显得更加怪异，因为“家具”一词最早用于指代“可移动的”东西，但街道家具恰恰是无法移动的，它们往往被固定在地面上。但“家具”的法语“fournir”，则有“提供、供应”之意，正契合了街具的功能：提供资讯、座椅、灯光和遮蔽，为我们带来舒适的公共空间。因此，它和室内的一般家具有着相似的作用，即创造一个宜居的城市外部空间。然而，街具还不仅在建筑物外部的空间中为市民的公共生活提供服务，它还是城市识别系统的一部分。例如，那些不起眼的沙井盖和街道标识，总是在城市的不同区域和街道上反复出现，它们在每栋分散的建筑间形成一个网络，凝聚出一些共同的特征。最突出的例子是由Hector Guimard在1900年为巴黎地铁站设计的一系列标识。当你偶然从一张照片上瞥见一个外形像植物的绿色金属牌子，或是仅仅看到了牌子上写着的“Metropolitain”字样，你就会马上联想到，这个地方一定就是位于塞纳河边的法国首都巴黎。同样典型但名气不大的例子，还有由Phillippe Starck为JCDecaux公司设计的船桨型标识牌，它们在1998年时被放置在城市各处，用来向人们展示巴黎的历史。Jean-ClaudeDecaux的革命性设计，更大大降低了街道设施费用，例如在巴士站上插入广告地址，还有需要投币的全自动公厕——Sanisettes。虽然，大部分街具都有现成系列产品，但越来越多的设计者开始进行独创性的设计。因为这些个性化的设计更能与周围的环境相吻合，凸显场地在城市中的独特性。设计师在设计某种特殊形态的街具时，通常不会仅设计单一的种类，而是同时对长椅、花槽、边柱或人行步道等一系列的设施进行设计，就像那些在生产线上成套生产的产品一样。成套的设计不但有利于环境的整体塑造，还让场地有了自我的领域感。就像那些带顶棚的长椅一样，城市广场把人们聚集在一起，在川流不息的人群中为人们提供了一个可供交流的小岛。因此，在如今鼓吹所谓的“非私密性”生活中，街具也许是最具典型意义的家具了。

↖↖｜Pieter Lucas Marnette,阿姆斯特丹学派风格的配电箱，阿姆斯特丹，1928年

↖｜Norman Foster及合伙人事务所，JCDecaux的公交车站系列设计之一“Abribus”，巴黎，1994年

←｜圣地亚哥·卡拉特拉瓦建筑工程师事务所为萨托拉斯火车站外的公交车站所作的个性化设计，里昂，2002年

灯具和标识

垃圾桶

边界

自行车架和游戏设施

座椅

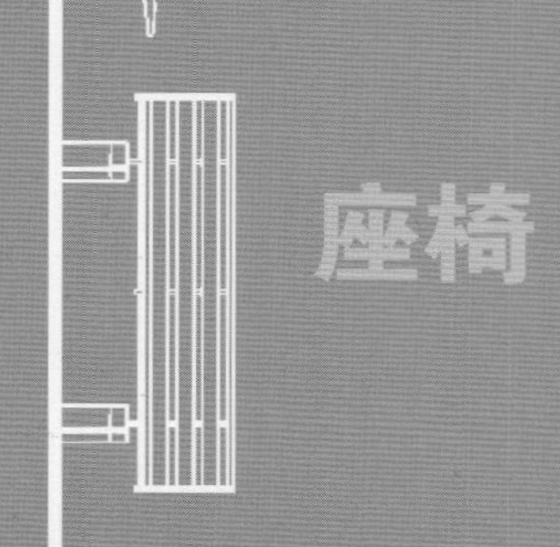

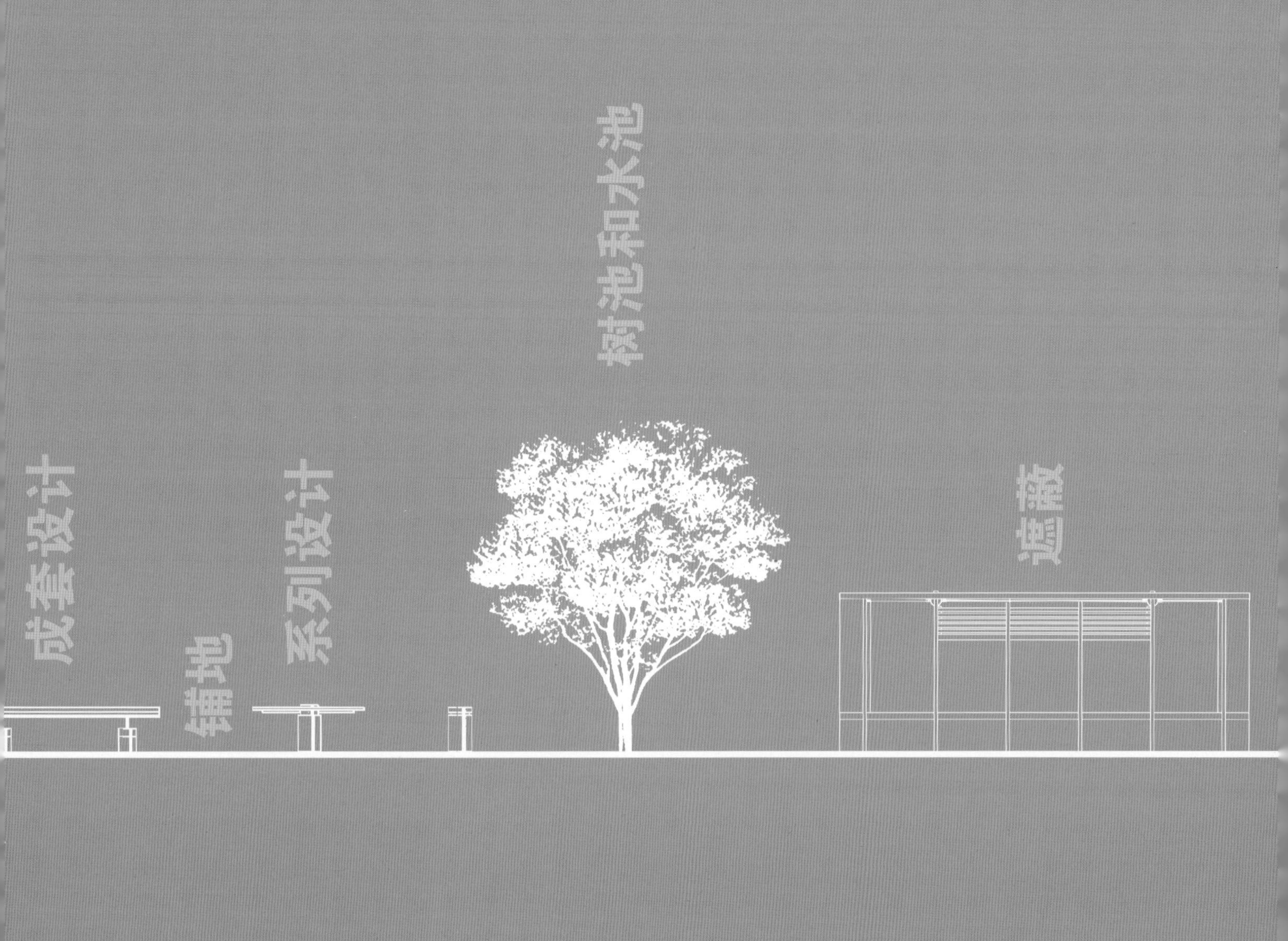
成套设计
铺地
系列设计
树池和水池
遮蔽

KMA创新技术有限公司

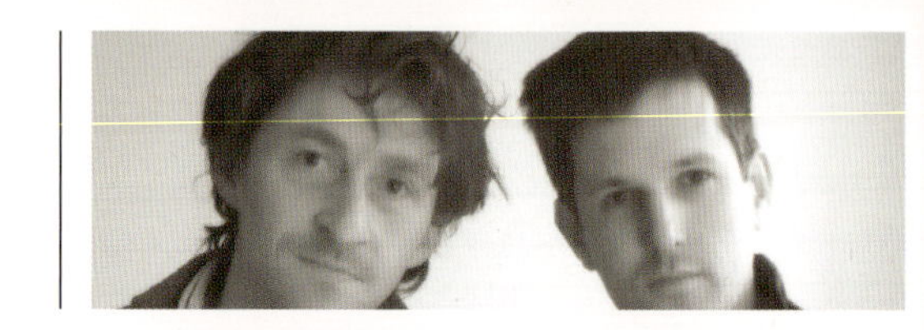

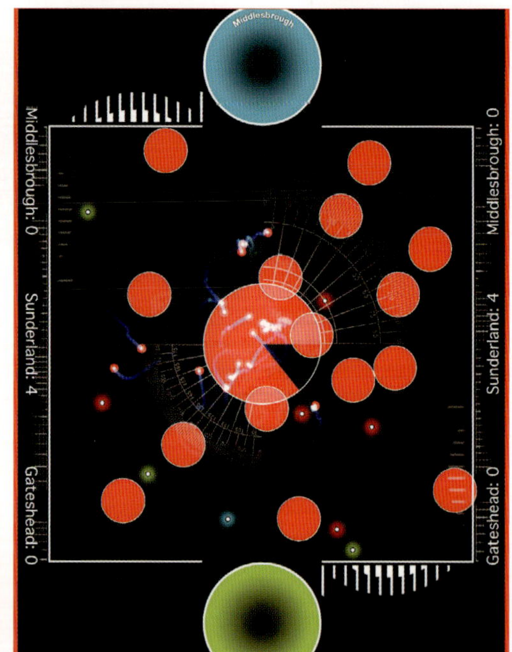

↖↖| 设在盖茨黑德的舞台
↑↑| 游戏中的一幕影像
↖| 在交互式投影装置下玩游戏
↑| 设在桑德兰的舞台

巨大的街道游戏

这套户外游戏设备运用了光影投射和热感应技术，创造出一个令人惊叹的互动式游戏舞台。在这里，人的一举一动都能触发光线的变幻。这个游戏设施被同时放置在英国东北部3个城市的大型户外空间中，分别是：盖茨黑德、桑德兰和米德尔斯堡。参与者要求在没有事先准备之下进行比赛。巨大的舞台在为城市增添美感的同时，还不经意地把人们从平淡的日常生活中吸引进来。设计的聪明之处还不仅在于激发人的好奇心，它还帮助参与者集中注意力解决问题，并在游戏中学会如何与人交往。

项目概况

委托方：The Great North Run Cultural Programme。**完成时间**：2009年。**产品量**：单件。**设计方式**：个性化设计。**功能**：游戏，光影交汇。**主要材料**：投射光、音乐。

Mitzi Bollani

↑↑| 游戏开始，Galleana公园

↑| 用来游戏的软巢

↗| 设计草图

摇摆巢

这个装置看似一个大鸟巢，只要轻轻一碰，就能被扭曲、旋转和摆动。只要抓住边框，孩子们就能安全在里面玩耍，无论是躺着还是坐着。它的名字由2个意大利文单词所构成：Nido（巢）和Dondolo（摇摆）。摇摆巢可以锻炼孩子的平衡能力、合作精神、以及创造性，因为它在精神上、身体上都给孩子们提供了大量的趣味、刺激及多重的障碍。因为摇摆巢的制作非常结实，所以它也能供成年人使用，从而满足那些想和自己很小的婴儿或稍大一点的子女们一同游戏的家长。

项目概况

委托方：LEURA公司。**完成时间**：2009年。**产品量**：系列品。**设计方式**：个性化设计。**功能**：游戏。**主要材料**：钢、软质材料。

Rovero Adrien 工作室

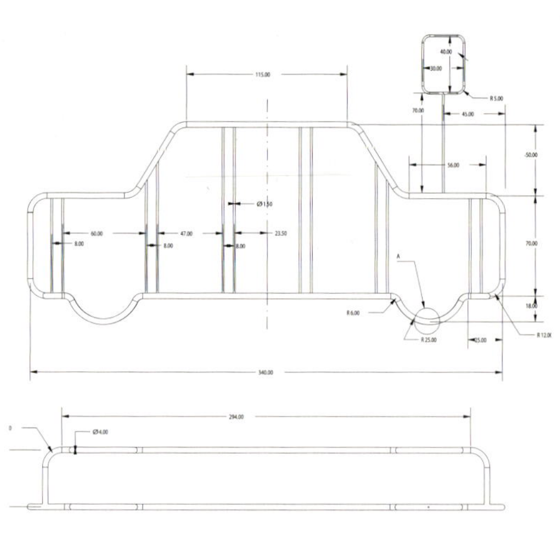

↖| 自行车架
↑↑| 立面和平面图
↑| 街景

VD 003

洛　桑

这个停车架被描述为6辆自行车与1辆小汽车的较量。设计师用一个汽车停车位停6辆自行车的设计，提醒人们机动车交通对空间的巨大需求。架子的外观正好是一辆小汽车的轮廓。

项目概况

地址：瑞士洛桑，Place de la Cathédrale, 1000 。**合作设计师：**nout /Frank Torres。**委托方：**Inout。**完成时间：**2006年。**产品量：**单件。**设计方式：**个性化设计。**功能：**自行车架。**主要材料：**镀锌钢 。

↑↑| 可旋转的跷跷板
↗↗| 半球形玩具
↑| 传声筒
↗| 旋转陀螺

科学公园里的游乐场

通过科学公园里的一组户外设施，人们不仅可以参与其中，还能从中体会到科学与艺术、音乐、建筑等科学之间的关系。人工设施与自然环境的相互融合，让使用者在学习和实践中与整体环境亲密接触。最具价值的是，这套设施能寓教于乐，使人从日常的生活中发现科学。

项目概况

委托方：MODO 公司。**完成时间：**2009年。**产品量：**系列品。**设计方式：**批量化设计。**功能：**游戏。**主要材料：**金属。

STORE MUU 设计工作室

↑| 卡进凹槽中，自行车架和座位的结合

卡进凹槽

这项设计能满足城市日常生活中的多种需求。对路人而言，它是一个可以随意小憩的吧台。但它原本的服务对象是为骑自行车的人，可以让骑车者如今所面临的许多问题，集中在1个设计中解决。当骑车者把自行车停靠在这个设施上时，自行车的座凳便成了他们休息的座椅。你不再需要把车锁好了再去吃午饭，因为你根本不需要离开你的车。你甚至不必在拥挤的地方到处寻找可坐的空位，因为你的座位就在你的自行车上。

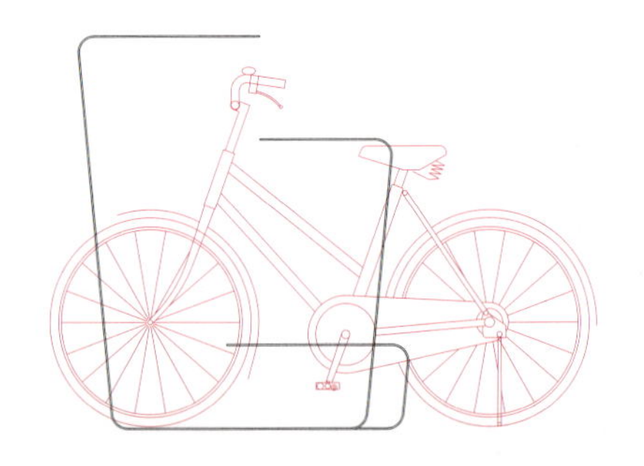

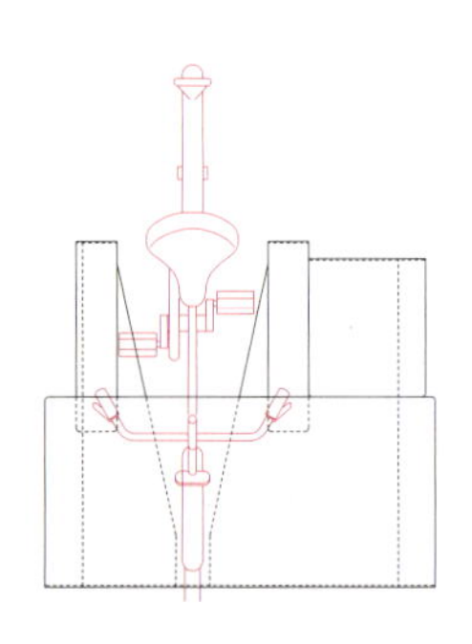

项目概况

完成时间：2009年。产品量：系列品。设计方式：个性化设计。功能：座位、自行车架。主要材料：钢、夹板。

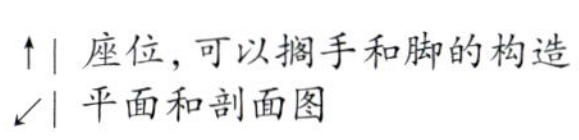

↑ | 座位，可以搁手和脚的构造
↙ | 平面和剖面图

↑ | 侧面，简单的自行车架
↓ | 正面，行人和骑车者共用

↑| 自行车架，长度为8m的构件细部

防止洪水倒灌的措施

纽约市

该设计的最主要目的是要在大暴雨时，阻止雨水涌入地铁。它们被放置在地铁出风口的上方，这些地方原来因有气旋从下方冲出，所以很不利于路人的行走。为了更有利于公众的使用，设计中还增加了自行车架和座椅功能。每个标准单元最长1.5m，可以自由组合出适当的长度，以适应不同出风口的长度。设计采用了较通透的元素，尤其在没有被使用时，能显现出街道的面貌。每张长椅可坐3人，每个模块最多可停放8辆单车。

地址：美国，纽约州，纽约市，西百老汇大街，Chambers街与Worth街之间。**合作设计师：**Grimshaw工业设计，Billings Jackson设计公司，HNTB，Systra，Scape。**委托方：**美国纽约大都会运输署。**完成时间：**2009年。**产品量：**系列品。**设计方式：**批量化设计。**功能：**座椅、自行车架、防止洪水进入地铁的加高格栅。**主要材料：**不锈钢、镀锌钢龙骨、循环再利用电镀格栅。

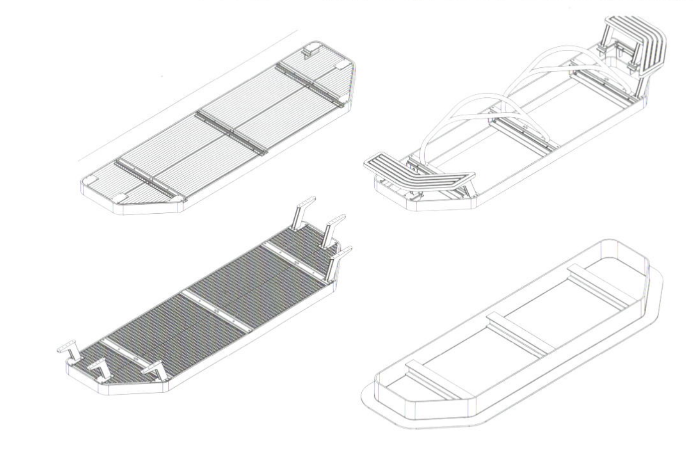

↑| 8m长的构件
↓| 局部立面

↑↑| 自行车架与座椅
↑| 轴测图

Agence Patrick Jouin / Patrick Jouin

↑ | 自行车停放站
↗ | 停靠支架
→ | MUPI信息牌（可移动性城市信息板）

Vélib 和 Mupi

巴 黎

这套城市家具是由JCDecaux公司委托设计，专门为巴黎所制造的。Velib在法语中是“自由自在的自行车”的缩写，1400个Velib停车点分布在巴黎各处，几乎每隔300m就有一个，总共能为公众提供20000个自行车位。设计的成功之处在于它对植物的隐喻。支柱圆滑流畅的线条让人联想起小草，而其弯弯的形状又和树干极为相似。造型上对植物的模仿，不仅体现了巴黎的地方特色，还不露痕迹地表达了设计者对Hector Guimard敬意，赞颂这位新艺术时期的大师对城市所作出的贡献。

地址：法国，巴黎。**委托方**：JCDecaux SA。**完成时间**：2007年。**产品量**：系列品。**设计方式**：个性化设计。**功能**：自行车架。**主要材料**：铸造铝。

↑| 停靠支架上的自行车锁车装置
←| 设计草图

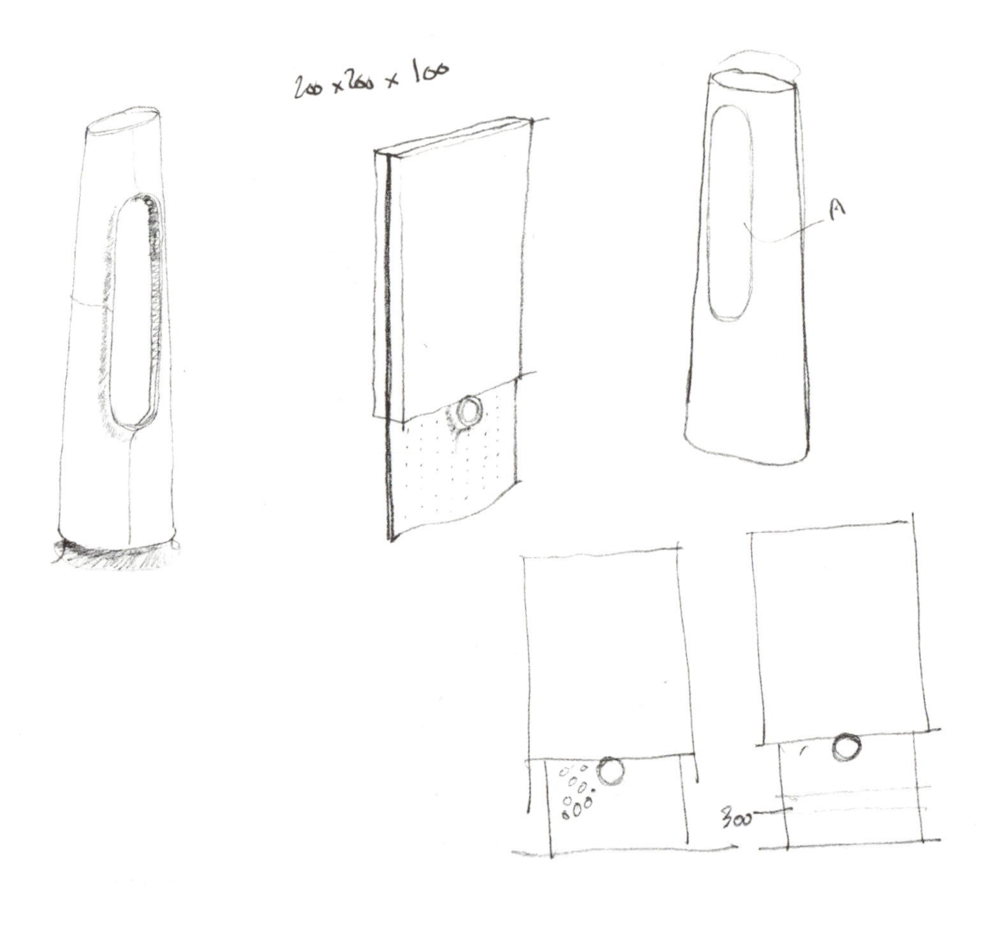

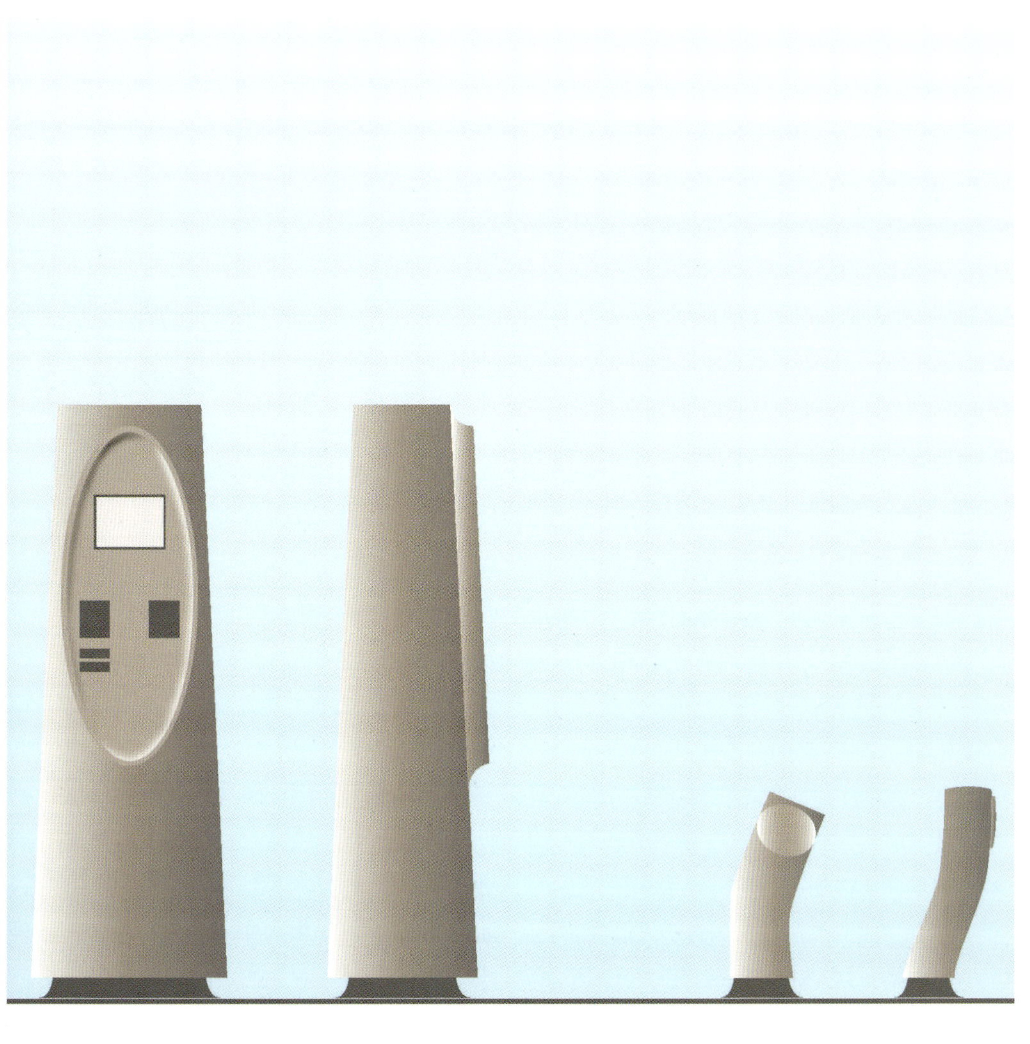

←| MUPI和停靠支架
↓| 自行车停放点，MUPI和停靠支架

↑ | 由热镀锌钢和异形屋面板制成主体结构
→ | 有着透明顶棚的精致的车棚

Imperia顶棚

哈　伦

Imperia顶棚对于公司或城市使用者而言，都是一款时尚的设计。这款被打上“德国制造”烙印的产品，拥有多种的色彩和型号。核心的结构骨架是热处理镀锌钢，屋顶材料则为灰白色电镀梯形薄壁钢材。它可以被做成一个私人的遮阳设施或多功能的屋顶，能为骑车者提供了一个舒适安全的自行车停放点。形式的多样化，还能与不同的城市设计相适应，从而更好的融入到场地已有的环境中。

项目概况

地址：德国，哈伦，An der Mühle21号，49733。**委托方：**Rasti GmbH。**完成时间：**2005年。**产品量：**系列品。**设计方式：**个性化设计。**功能：**遮蔽。**主要材料：**钢。

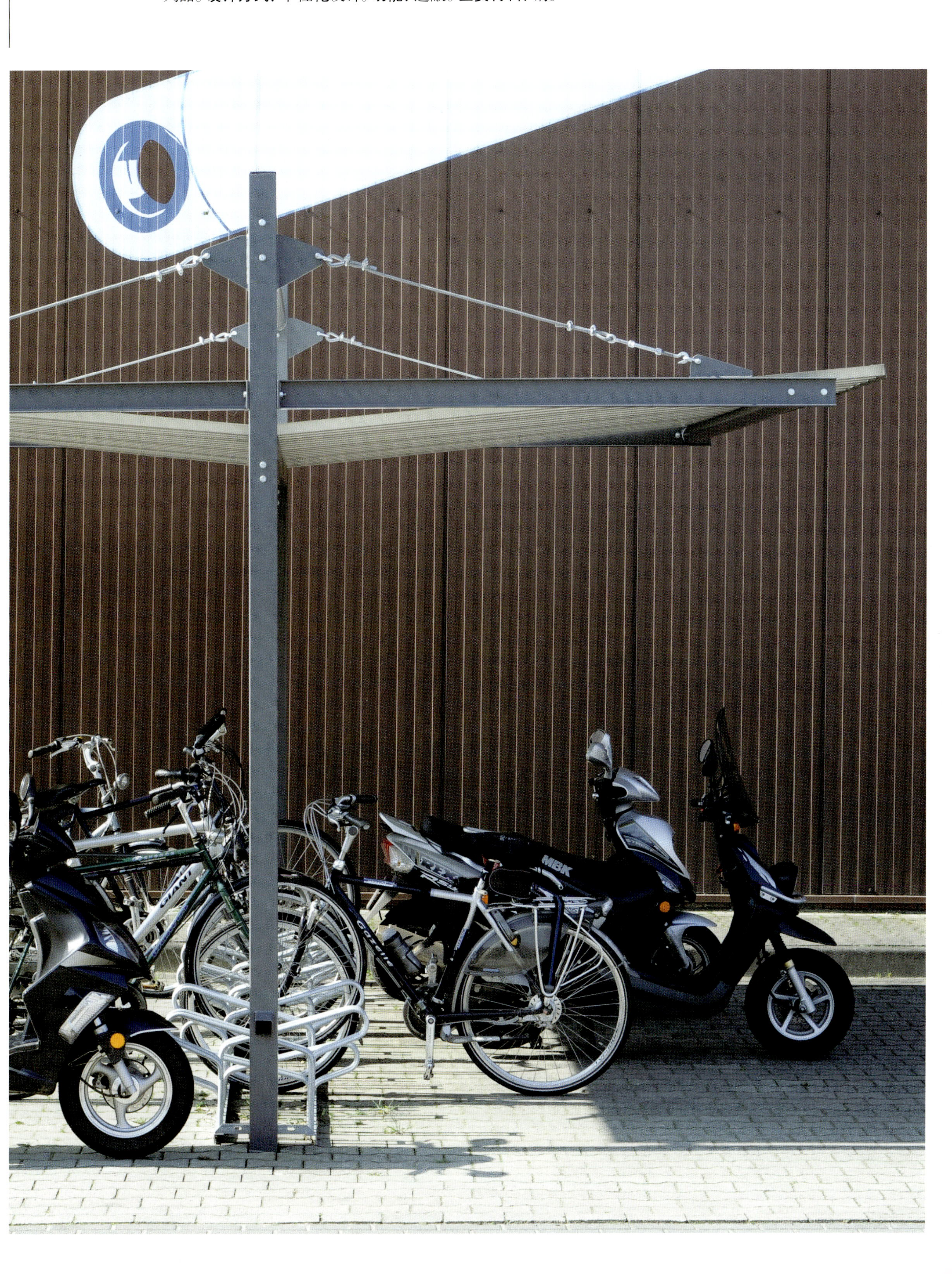

↑| 灰白网格式造型
←| 单边停车的自行车棚

←| 用于保护自行车、摩托车等的屋顶

↓| 经典永恒的设计

YHY 国际设计公司 / Yoann Henry Yvon

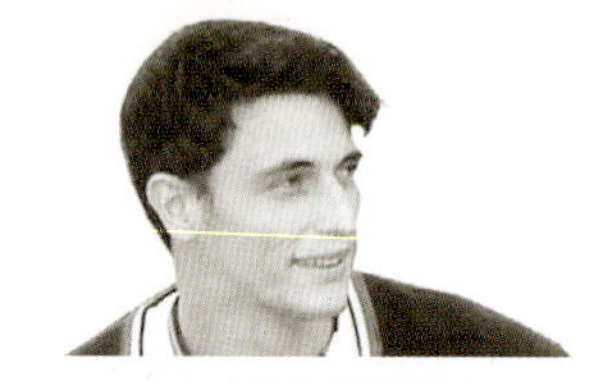

↑ |使用状态的停车架

玛格丽特自行车停放架

玛格丽特自行车停放架的设计初衷，是为了激发市民对自行车这种生态友好型交通工具的使用兴趣，而其新颖的设计也十分引人注目。设计简洁而创新，不但能在有限的空间内停放大量的自行车，还非常便于放置在城市的任何角落，从而能很好地满足使用者和空间的需求。架子上排列着的锁车装置，就像从核心里生长出来的花瓣。使用者还可以移动这些花瓣，从而轻松地锁定自行车。玛格丽特自行车停放架具备了色彩鲜艳和方便操作的特性，外形上还十分吸引眼球。

完成时间：2008年。**产品量：**系列品。**设计方式：**个性化设计。**功能：**自行车架。**主要材料：**聚乙烯、不锈钢。

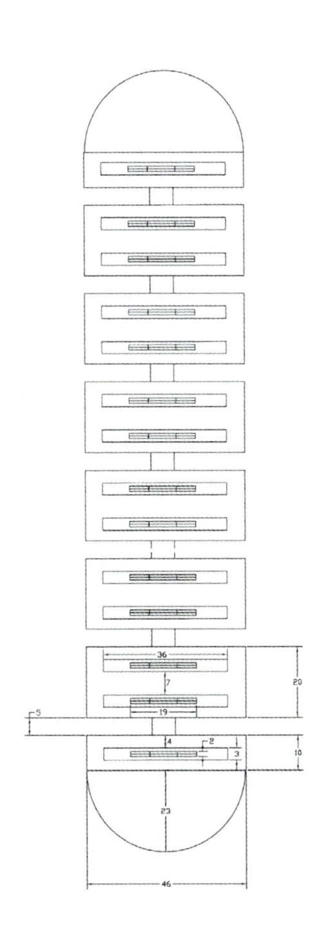

↑ | 平面图

↓ | 该设施在城市中的美丽身影

↑ | 装置的细部

Osterwold & Schmidt –Exp!ander
建筑师事务所

↑|新自行车站的外表非常吸引人
→|在昏黄灯光下的构筑物正面

Radhaus自行车停车库

埃尔福特

该自行车停车库的设计主题是，在一个固定不变的场地上，创造出灵活多变的感觉。因此，设计者在楔形的用地上架起了一个纤细的骨架。这是德国东部的第一个综合性专用停车库，内部可提供270个停车位和32间小间。半透明的外立面是运用了70m长的高绝缘8孔聚碳酸酯板材制作而成，并且用铝箔装饰补充了金、银的色调。除了用作自行车的停放，这个建筑物还有另一项功能，即作为一个“发光小屋”，给周边空地带来光明。

项目概况

地址: 德国，埃尔福特，Bahnhof大街22号，99084。**合作设计师:** Torsten Braun（照明设计），Hennicke+Dr.Kusch（结构设计），IBP Erfurt（室内电气设计）。**委托方:** 埃尔福特市。**完成时间:** 2009年。**产品量:** 单品。**设计方式:** 个性化设计。**功能:** 遮蔽、自行车停放、办公室、工作室、出租。**主要材料:** 聚酯板材、钢、装饰薄膜。

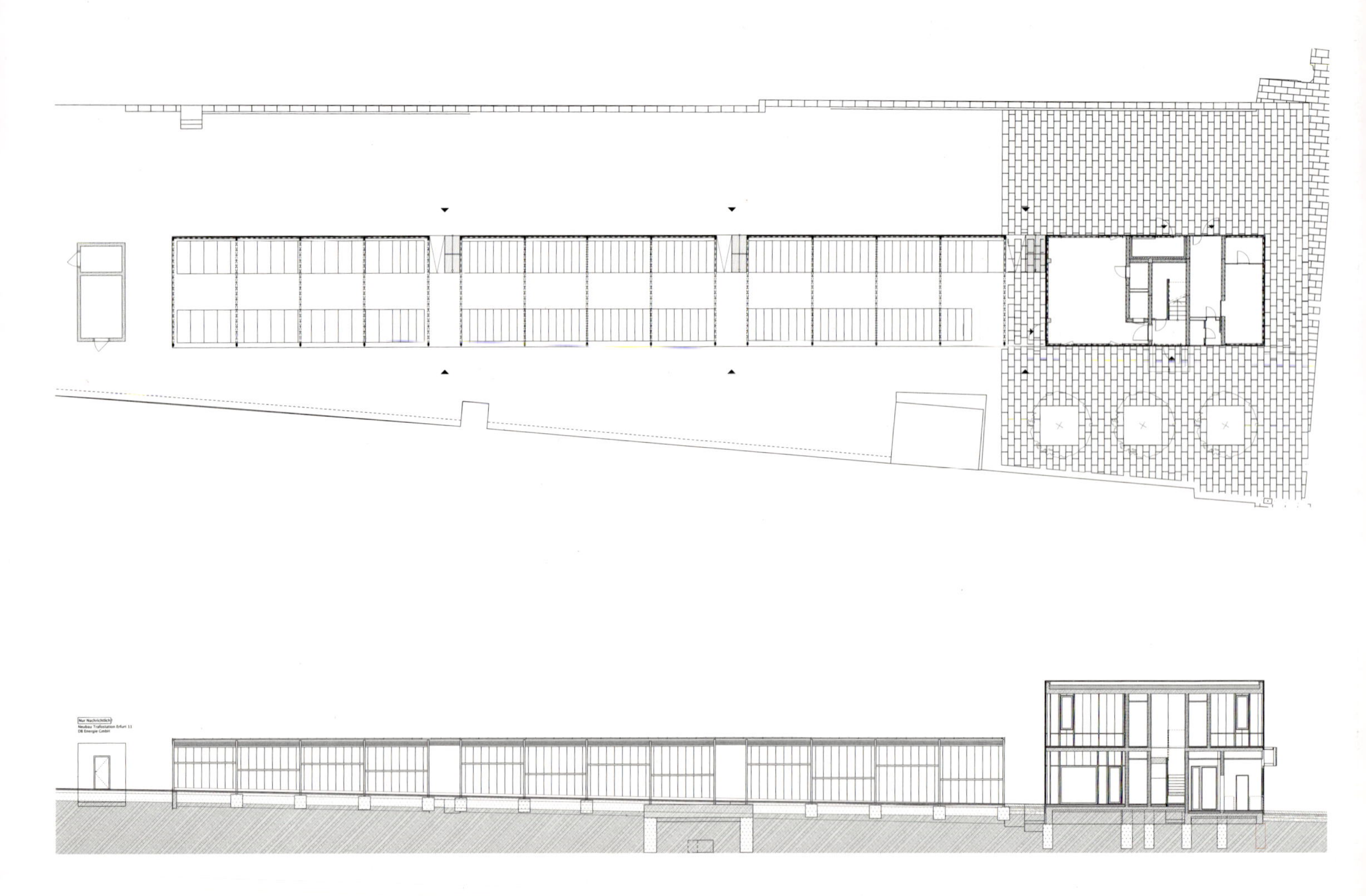

↑|平面和剖面图
←|装饰薄膜表面的细部

←|构筑物的内部，最多可停放270辆车
↓|自行车停放站，背后是Erfur火车总站

↑|使用中的Cyclo

Cyclo自行车停放点

这项设计集合了街具的2个主要特征：造型吸引、结实耐用，这些都得益于其浑圆的外形和混凝土的构造材料。因此，它不但好用，而且抗破坏。设计者的主要目的是为了向骑车者表示敬意和支持，感谢他们在日常生活中用最简单的腿部运动，为城镇带来更好的居住环境。Cyclo有2种形式，一种是多个单元连续排列的，可用于较开阔的空间；另一种为独立式设计，适用于较狭小的空间。无论是城市还是私人开发商，甚至是某个市民，都可以分别采用这两种形式的Cyclo，满足不同的停车需求。

项目概况

委托方：Paviments MATA。完成时间：2009年。产品量：系列品。设计方式：批量化设计。
功能：自行车架。主要材料：混凝土。

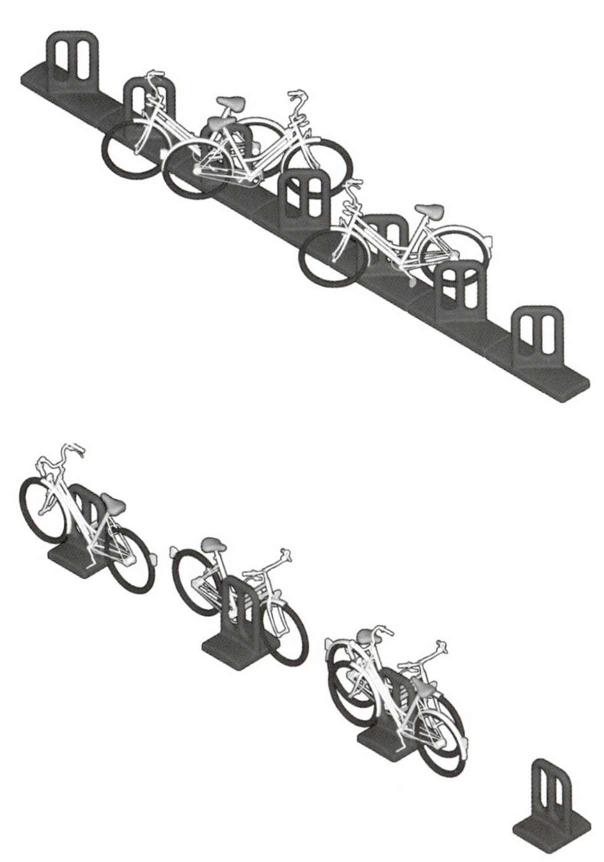

↑ | 不同组合模式的设计图

↓ | 使用中的Cyclo

↑ | 细部

mmcité a.s. /
David Karasek,
Radek Hegmon

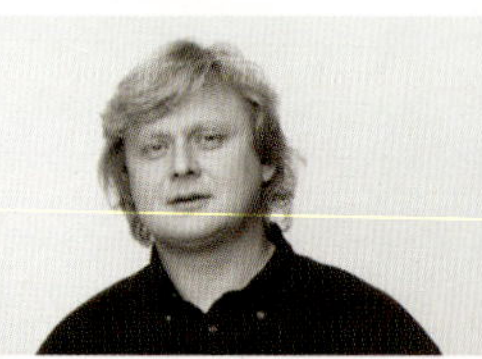

↑|侧立面

Velo自行车架

该设计使用了2个交叉形的三角支架，顶部用一根钢管相连，底部是一片折线形的薄钢，钢片中间的间隙可以卡入自行车轮胎，钢片底部还有用于支撑的脚。这样的结构形式既简单又结实。当然，它还可做成多种的颜色和形状，例如它可以做成不同的长度以满足不同的停车数要求，甚至还可以选择做成单面或双面停车。这个自行车架可谓既富有现代感，又不失实用性的设计。

项目概况 **委托方：**贝尔法斯特市，mmcité a.s。**完成时间：**2000年。**产品量：**系列品。**设计方式：**个性化设计。**功能：**自行车架。**主要材料：**镀锌钢。

↑|细部

↓|设计图

↑|Velo自行车架VL140

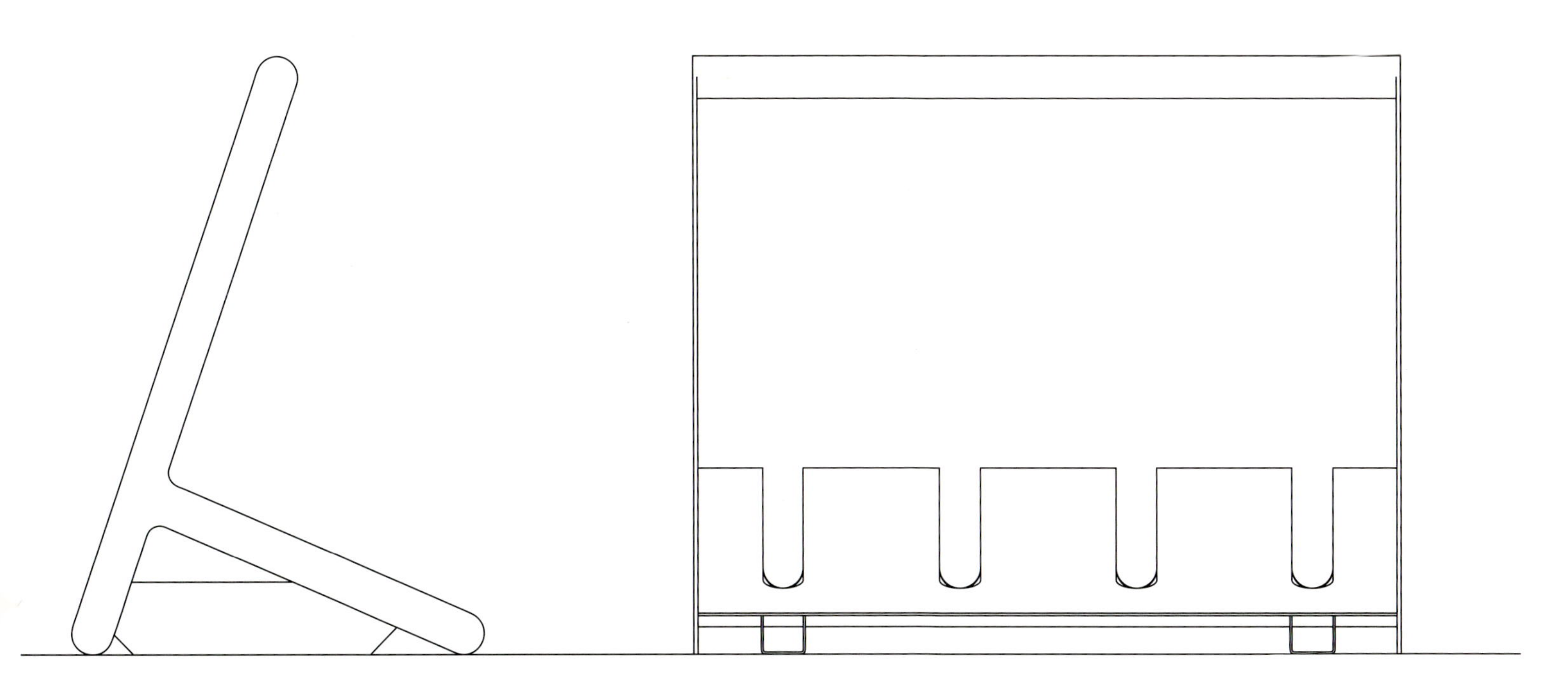

灯具和标识

垃圾桶

边界

自行车架和游戏设施

座椅

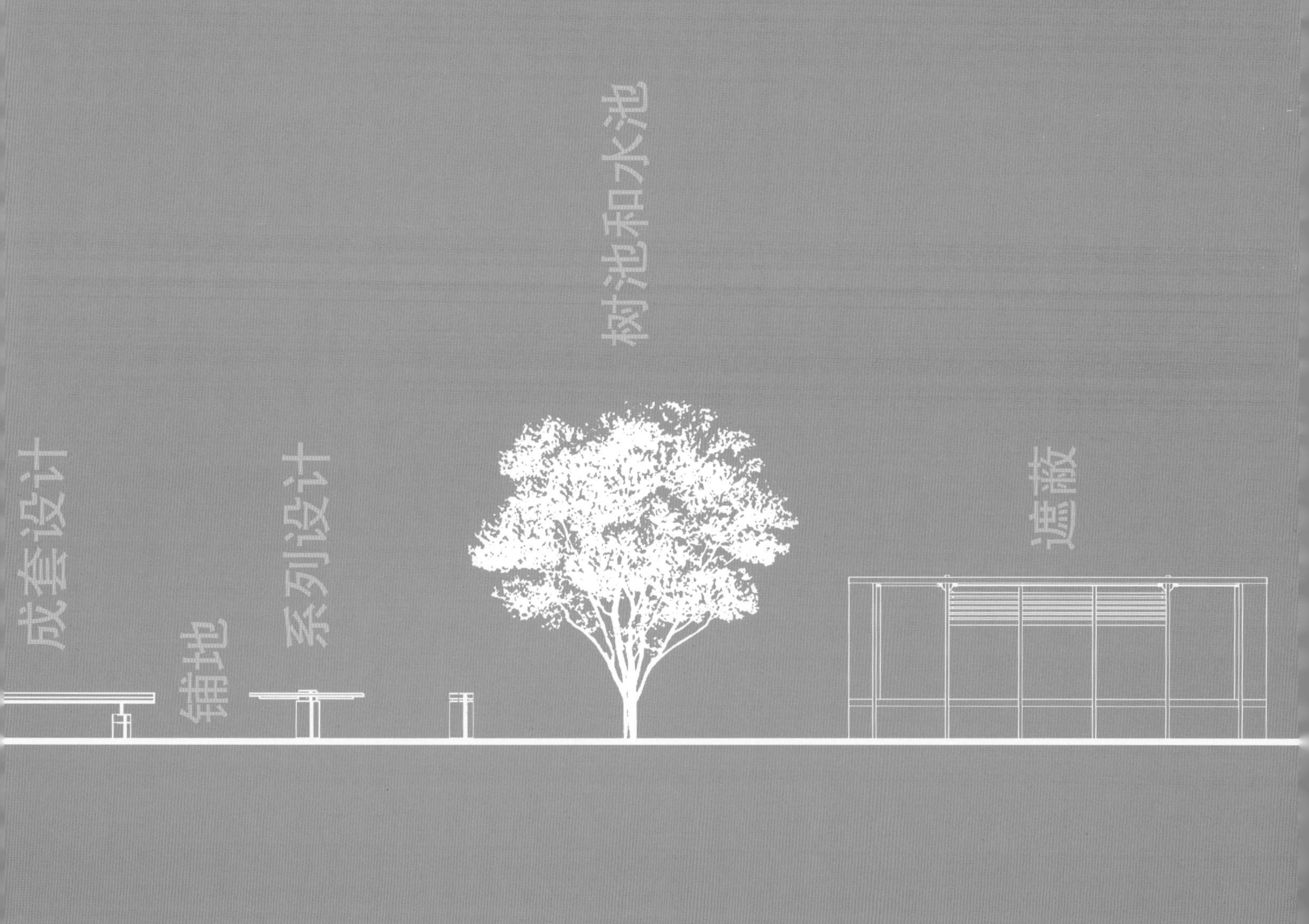
成套设计
铺地
系列设计
树池和水池
遮蔽

Pedro Silva Dias

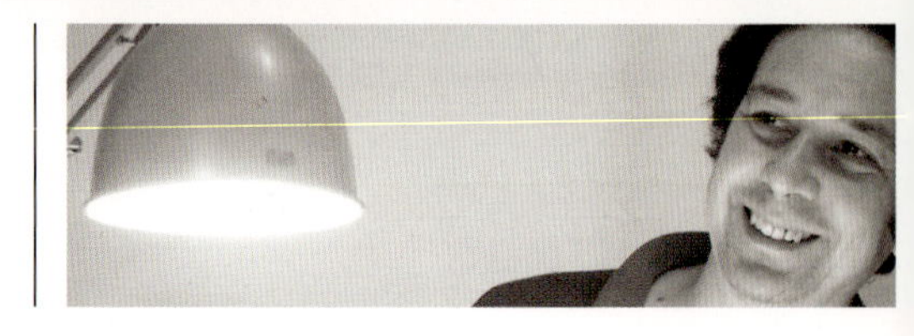

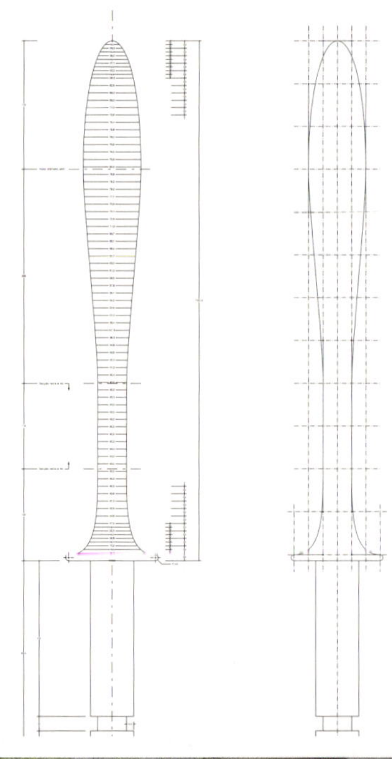

↖ | 整体效果
↑↑| 几何形状
↑ | 细部

Pilarete边柱

辛特拉

这些铸铁造成的边柱，是由世界遗产城市辛特拉的市议会委托建造的。设计的主要想法是要创造出一个没有棱角的物体。所以，它的形态富有有机形式，就像从地上冒出来的气泡，一直延伸到功能上所需要的高度。柱子底部的圆盘基座不仅让它与人行道地面的接触更稳固，而且还会让人产生一种错觉，即这个设施是站立在地面上的，而不是插入地里的。

项目概况

地址： 葡萄牙，辛特拉市。**委托方：** 辛特拉市议会。**完成时间：** 2001年。**产品量：** 系列品。**设计方式：** 个性化设计。**功能：** 边柱。**主要材料：** 铸铁。

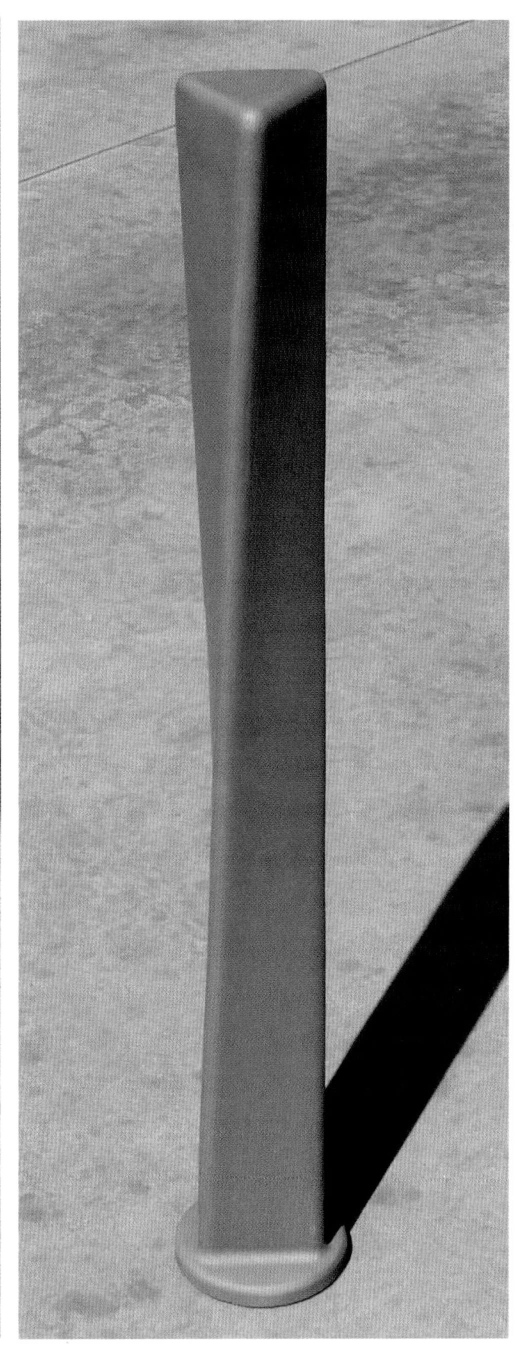

↑|边柱
↗|单根边柱
↓|透视图

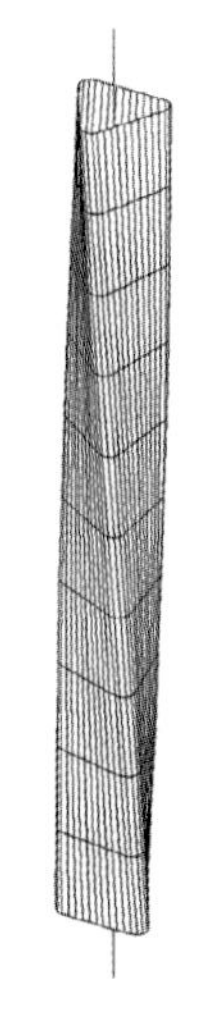

Haiku边柱

边柱通常给人坚硬、粗壮的感觉，而该设计则试图赋予它流畅、自然的线条，使其能更好地融入到公共环境中。设计采用三角形的断面，从下向上微微旋转，从而产生一种运动感，就像被微风吹拂过的一缕烟柱。这根连续出现的柱子，已经成为了Christo 和Jeanne-Claude制造的独有风格代表。

项目概况

委托方：Tecnología & Diseño Cabanes。**完成时间**：2008年。**产品量**：系列品。**设计方式**：个性化设计。**功能**：边柱。**主要材料**：铸铝。

d e signstudio regina
dahmen-ingenhoven

↑|施华洛世奇大街的夜景
↗|幕帘及其围合空间内的照明
→|半透明金属纱网

天上人间

瓦滕斯

这个梦幻般的纱幕刚刚建成在澳大利亚瓦滕斯市的施华洛世奇(Swarovski)办公区。它把场地的入口完全包裹着，使得该处成为了一个"地标"和综合艺术的展示。它不只是一张幕帘，还是一个门。半透明的材料增添了施华洛世奇的神秘感，总能引起让旁观者对内部的无限遐想。街道的另一面，则设置了一排小树林和铁丝网围墙。幕帘使公共空间产生了流动感，并与园林、灯光及空间布局等，共同营造出一个动人的布景墙。幕帘采用的是有防腐和耐天气变化的不锈钢网所制成。

项目概况

地址：澳大利亚，瓦滕斯市，施华洛世奇大街,6112。**合作设计师**：Baubüro Swarovski,4tol Lichtdesign。**委托方**：D.Swarovski & Co.,瓦滕斯市。**完成时间**：2008年。**产品量**：单件。**设计方式**：个性化设计。**功能**：围墙、城市幕帘。**主要材料**：金属网、不锈钢。

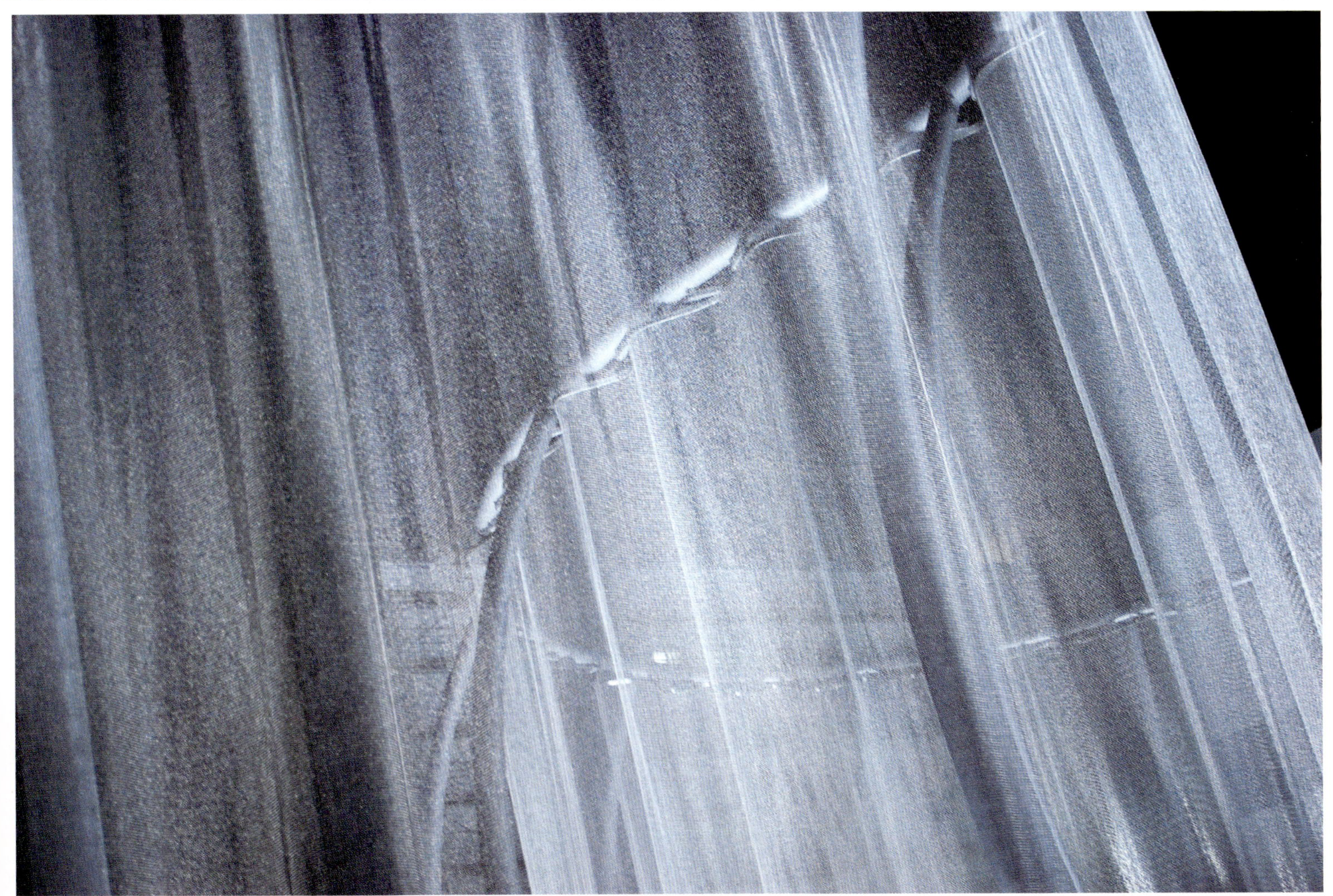

↑|从下往上看

←|幕帘所处地址

→|安装在弯曲钢管上的幕帘

Tejo Remy & Rene Veenhuizen

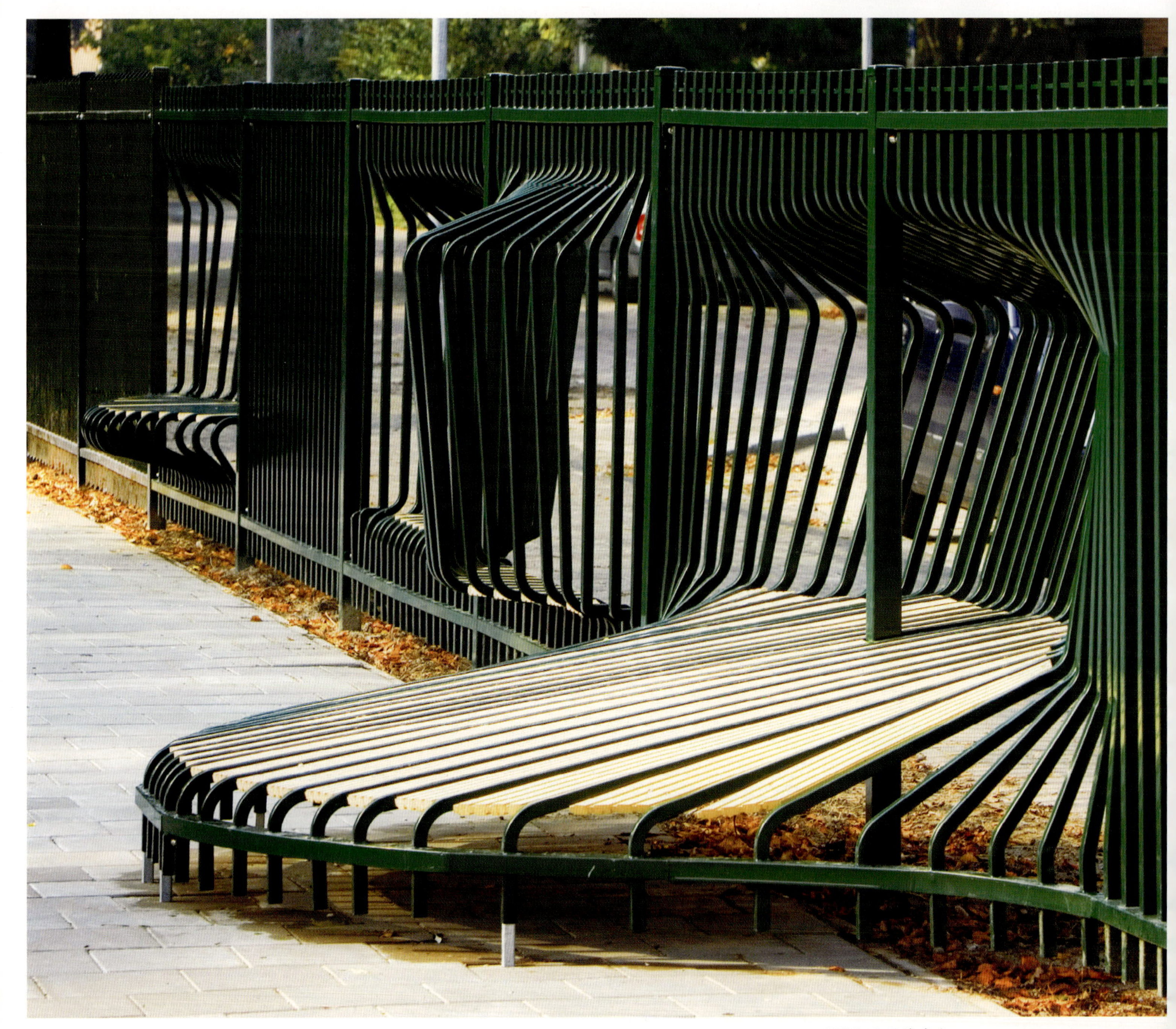

↑|围栏上的休息台

可兼作聚会场所的围栏

多德雷赫特市

这个操场上围栏不仅因其凹凸的形式吸引眼球，还能为孩子们提供休息的椅子及躲藏、嬉戏的空间，让围栏两边的小孩获得更多的交流互动。设计最初的想法是尽量不在校园操场上增添任何东西，而是利用原有的物件加以改进。围栏的一部分被设计成可以躺或坐的椅子，供孩子们在这里聚会之用。围栏富有韵律的凹凸变化，为两侧的使用者均提供了交流的场地。设计师是按照场地上原有的Heras围栏的大小和颜色，复制出另外的5个单元的。

项目概况

地址：荷兰，南荷兰省，多德雷赫特市，Willem de Zwijgerlaan 2，3314。**委托方**：多德雷赫特市的“Het Noorderlicht”小学。**完成时间**：2005年。**产品量**：单件。**设计方式**：个性化设计。**功能**：座椅、边界。**主要材料**：钢、粉末涂料。

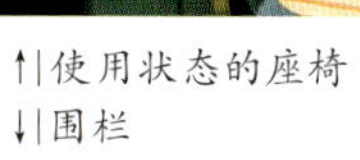

↑|使用状态的座椅
↓|围栏

↑|透视图

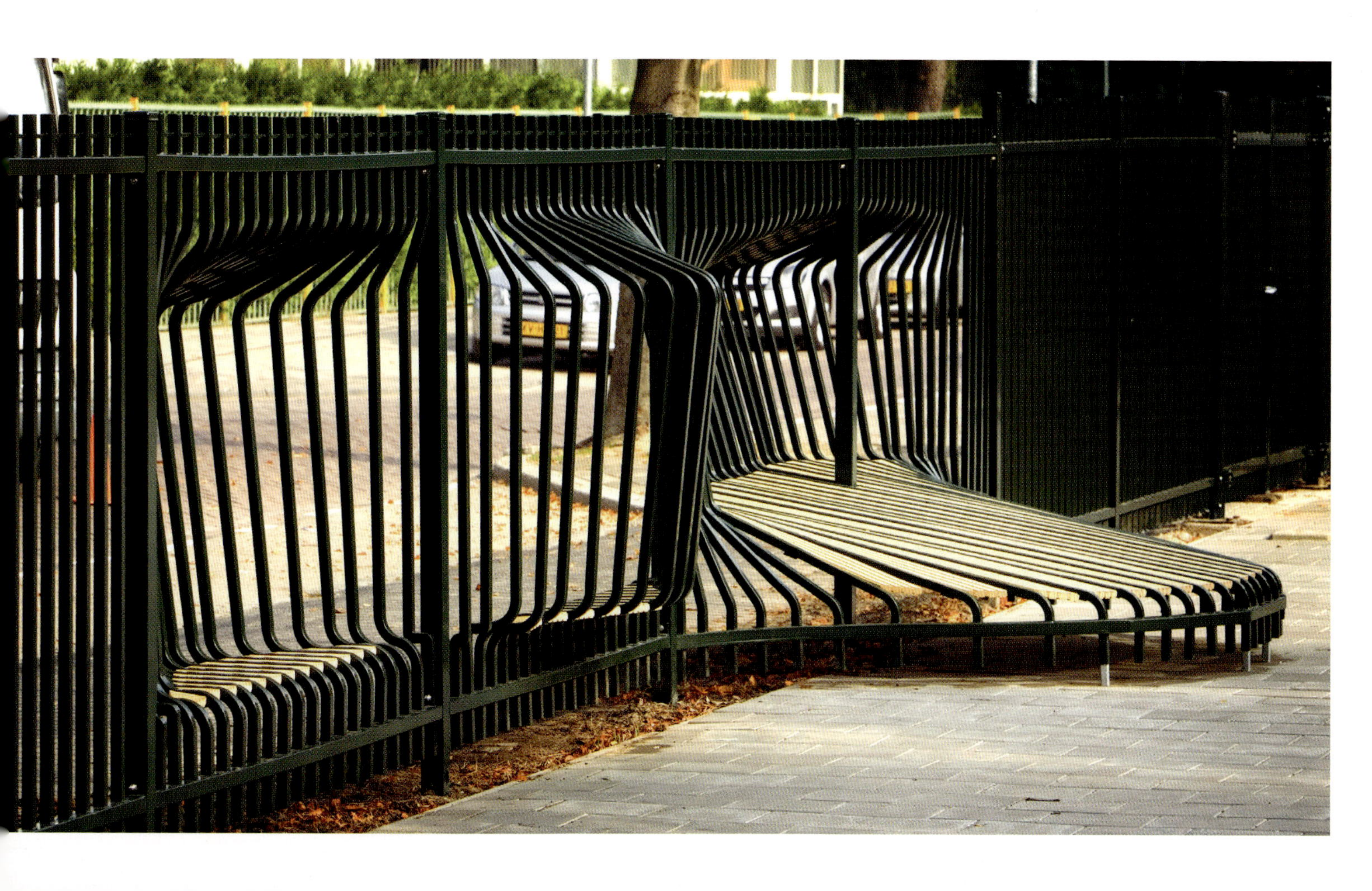

mmcité a.s. /
David Karásek,
Radek Hegmon

↑|细部，边柱上刻有城市和武器

Elias边柱

这些毫不起眼的柱子，像哨兵一样默默地在城市中站立着，起到限定车道和界定特殊空间边界的作用。作为城市街具，它们确实不必太显眼。但除了起界定空间的作用，Elias边柱还被赋予了街道照明功能，每当黄昏降临，它便开始散发出光亮。因为在其四边形的钢管中，设计者嵌入了一个四边形的凹槽，凹槽内设有荧光灯管。只有在夜里才会发出光芒。

项目概况

委托方: 布拉格市, mmcité a.s。**完成时间**: 2009年。**产品量**: 系列品。**设计方式**: 个性化设计。**功能**: 边柱、照明。**主要材料**: 钢。

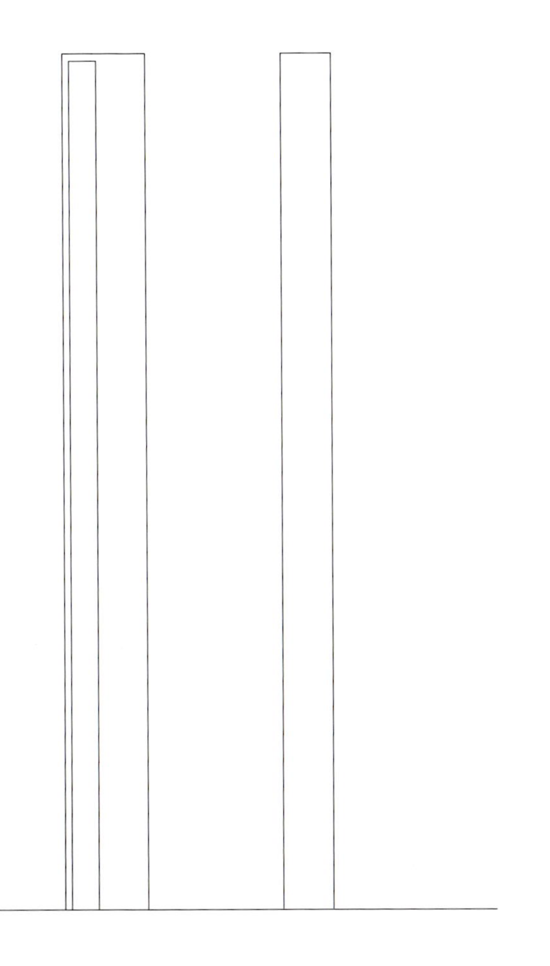

↑|设计图

↑|照明柱

↓|照明柱

OKRA景观建筑设计师事务所, bv / Christ-Jan van Rooij, Hans Oerlemans, Martin Knuijt, Wim Voogt, Boudewijn Almekinders

↑ | 博物馆里的烟雾和光线

大教堂广场

乌德勒支

乌德勒支市中心是在一座古城堡之上发展起来的。为了突显这个城市发源地的重要意义，该项目做了一系列的改造设计。古堡的城墙虽然已埋在了地下4m深处，但为了让人们在如今的街道和广场中找到它们的影子，设计师运用了富戏剧性的手法，把这个边界清晰而又带神秘感地表现出来。这些设施就像那些埋在地下的文物一样，静静地躺在广场上。光带基本连贯，只有在castellum的城门处被断开。从金属地板内的凹槽中冒出的片片烟雾，可以让人注意到地下的灯光的存在。在下雨或起雾的夜晚，光线分外清晰可见。

项目概况

地址：荷兰，乌德勒支，大教堂广场，3512JE。**建造者：**Rots Maatwerk。**委托方：**大教堂广场基金会2013。**完成时间：**2010年。**产品量：**单件。**设计方式：**个性化设计。**功能：**造雾和光线。**主要材料：**耐候钢、发光二极管。

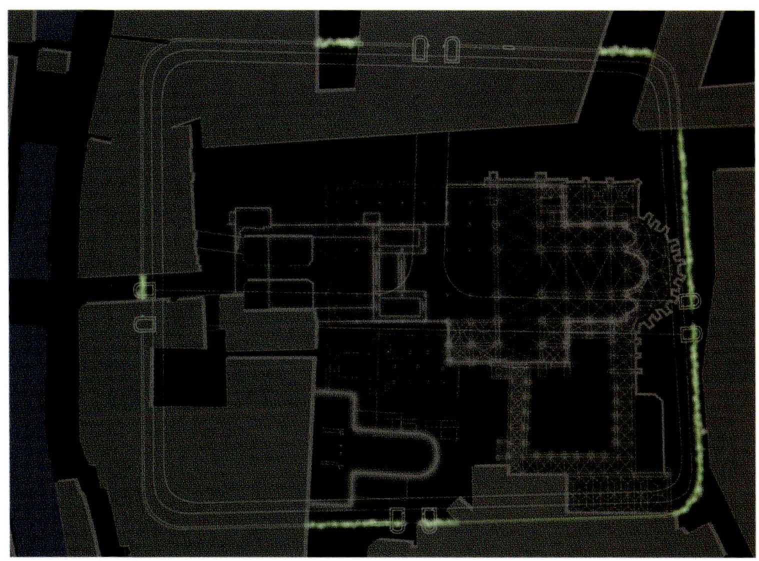

↑|教堂前面的边界线
↓|标志线日景

↑↑|平面图
↑|造雾设备
↓|街道上看到的雾和光线

Siteworks—工作室, Pete O' Shea

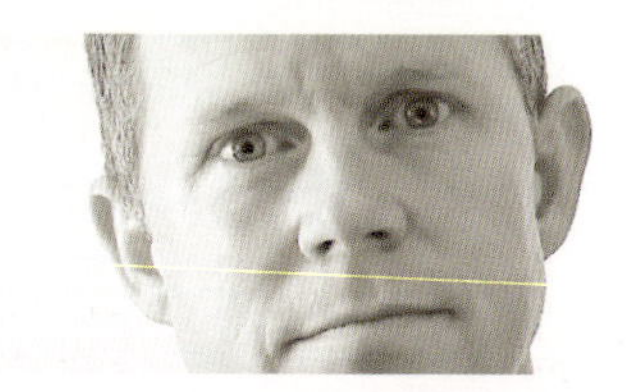

↑|整体效果
→|孩子们在黑板上书写

社区黑板

夏洛茨维尔，弗吉尼亚州

设计者采用黑色石板切成一面形式简单的墙，从夏洛茨维尔的步行商业街延伸至一个公共剧场，从而在街道与市政厅之间形成了一系列空间。托马斯•杰弗逊中心自由辩论赛的获奖者，把这样一个公共黑板视作宪法第一修正案纪念碑，它让每一个人都能在这里自由地表达和讨论自己的想法。墙体所处的基底，成为一个聚会的空间，该空间正好位于第一修正案作者的雕像下方。这块蒙蒂塞洛纪念碑面向着托马斯•杰弗逊的家，见证了历史，激励着我们作为一个民族，团结向前。

项目概况

地址：美国，弗吉尼亚州，夏洛茨维尔，市政厅，22901。**设计合作：**Robert Winstead。**委托方：**托马斯•杰弗逊保护言论自由中心。**完成时间：**2006年。**产品量：**单件。**设计方式：**个性化设计。**功能：**纪念碑。**主要材料：**天然裂白金汉黑色石板、不锈钢、光纤照明。

←｜墙上刻着的文字

↑｜艺术家的画作——自由女神引导人民

←|墙上的粉笔痕迹，年轻的书写者
↓|透视图

山田良

↖|木制的站台小屋
↑↑|整体效果
↑|细部

站台小屋

札幌市

该项目位于一个有轨电车站上，在人行道和车站之间起到视线的分隔作用。因为任何人都能进入到电车站的轨道上，而站台小屋的视觉分隔作用，可以提高人们在进入轨道时的安全性。它还能提醒行人，这里就是电车站了。小屋采用细长的木条做成醒目的格子形式，既使空间自然分隔，但又不会阻挡视线的交换。设计的灵感来源于日本的神庙，因此，它让人下意识地联想到了当地传统的神庙建筑。

项目概况

地址：日本，北海道，札幌市。**合作设计师：**札幌城市大学的Yamada工作室。**委托方：**札幌市。**完成时间：**2008年。**产品量：**单件。**设计方式：**个性化设计。**功能：**站台、标志物、分隔空间。**主要材料：**木。

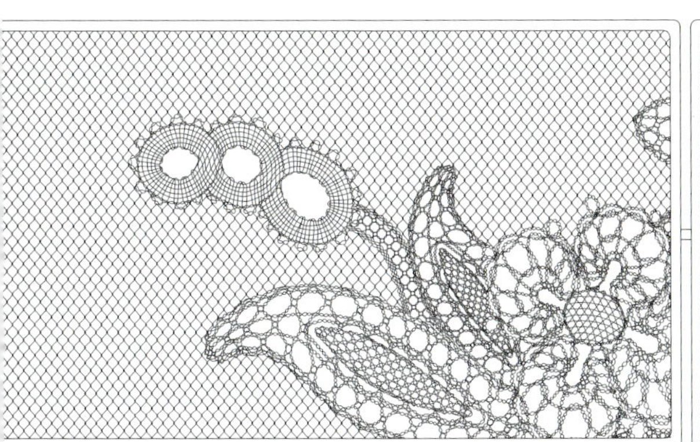

↑↑|Demakersvan的蕾丝围栏
↑|设计图
↗|植物蓝刺头

蕾丝花园

阿姆斯特丹

这个花园属于一个社会住宅小区内部的花园。在花园的原有与新种植的树林中，种植着各种开白花的灌木、球茎花卉等。花园的边界上筑起了一道篱笆，与周边的私人小花园相分隔。为了公众视线的通透性，南面的围栏采用了一种普通的金属丝，扭曲成蕾丝的图案，形成一张铁丝网。设计灵感来源于如何用现代的形式表达出传统的蕾丝图案。

项目概况

地址：荷兰，阿姆斯特丹，Van Speijkstraat 67, GN 1057。**合作设计师：**Demakersvan。**委托方：**Ymere。**完成时间：**2009年。**产品量：**系列品**设计方式：**个性化设计。**功能：**围栏。**主要材料：**铸铁铁丝网。

Matthias Berthold, Andreas Schön

↑|单独设计的一个瓷砖

Allermöhe墙

汉堡

该项目最开始是为了修复一面破损的墙体，改善这座建筑的质量。同时，它还增加了反对使用暴力的警示作用。它能触动人们的情感，富有创造性，还要增强当地社区的凝聚力。为此，设计师要求居民们以“我喜欢的人或物”为主题，在一些废弃的玻璃方块上进行绘画或贴照片。这些居民的作品最后被轻松地转换到瓷片上，从而让每一位居民都能参与了项目的建设。

项目概况

地址：德国，汉堡，Allermöhe火车站，Fleetplatz 1a，21035。**委托方**：KOKUS Kommunikations -und Kunstverein Allermöhe e.V。**完成时间**：2007年。**产品量**：单件。**设计方式**：个性化设计。**功能**：墙，艺术作品。**主要材料**：光敏玻璃陶瓷。

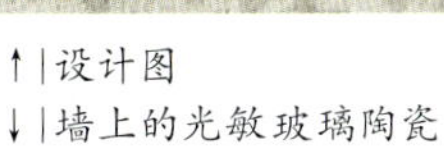
↑ | 设计图
↓ | 墙上的光敏玻璃陶瓷

↑ | 穿过墙体的路

Sungi Kim & Hozin Song

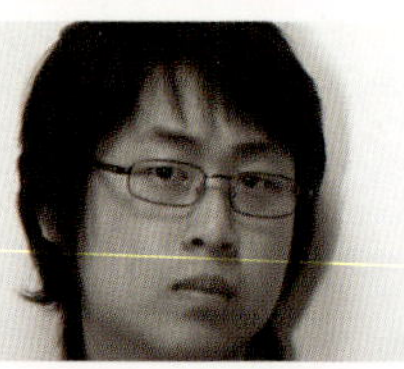

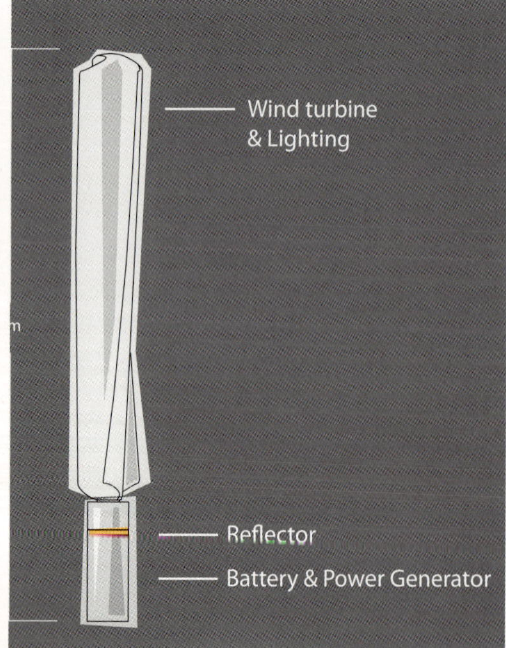

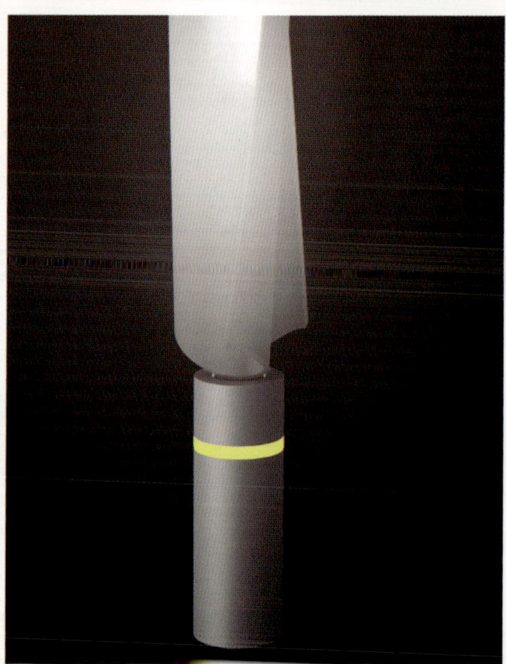

↖|路上的边柱
↑↑|技术图纸
↑|细部

引路的灯光

这款郊外公路上的生态型路灯，是利用路过的车所产生的风能来发电的。汽车经过时所带出的强风，能推动发电涡轮的转动，使高速公路上的照明系统获得能量，蓄电池将这些能量储存起来，供夜间使用。当有车开过来时，无线数据传感器可以打开汽车前方50~100m以内的路灯。

项目概况

完成时间：2009年。**产品量：**系列品。**设计方式：**个性化设计。**功能：**照明、边柱。**主要材料：**聚碳酸酯。

↑↑|近景
↗|全景
↑|正面

动物墙

世纪码头

加的夫湾当前正在进行大规模城市建设，对周边环境所造成的影响正日益受到关注，人们开始采用多种的方法去减轻建设所带来的环境破坏。这个作品的目的是就是要帮助当地的野生动物，为它们营造一个更好的栖所。结合在世纪码头将要建设的1000套新公寓，设计师在建筑的表面墙体上设置了1000个盒子，使其成为不同鸟类和蝙蝠的巢，并把作品命名为"动物墙"。在生物学家的协助下，设计师把这些动物的巢设计成4种不同的尺寸，采用订制的木纤维混凝土为材料。作品无论在建筑造型上的创意，还是在环境保护上的高度敏感性，都让世纪码头增色不少。

项目概况

地址：英国，加的夫湾，世纪码头。**建筑发展商**：WYG。**委托方**：WYG。**完成时间**：2009年。**产品量**：单件。**设计方式**：个性化设计。**功能**：鸟和蝙蝠的巢。**主要材料**：木纤维混凝土。

Adrien Rovero with Christophe Ponceau

↑ |Bessièrs轻轨轨道上的绿网

绿网

洛桑

绿网是设计师Christophe Ponceau和 Adrien Rovero为洛桑的Jardins节而设计的。它其实是一张悬浮在Bessières轻轨之下的大网。在节日中，人们能看到从网的核心处长出来的绿色，沿着绳索逐渐向外蔓延。绿网的设计让人们从另外一个角度思考什么是绿篱。绿篱其实不一定要人工栽植而形成，它也可以像蜘蛛织网一样，在指定的位置，沿着事先设好的路径，自我生长出来。

项目概况

地址：瑞士洛桑，Bessièrs轻轨，1003。**委托方**：洛桑2009年Jardins节。**完成时间**：2009年。
产品量：单件。**设计方式**：个性化设计。**功能**：围栏。**主要材料**：不锈钢。

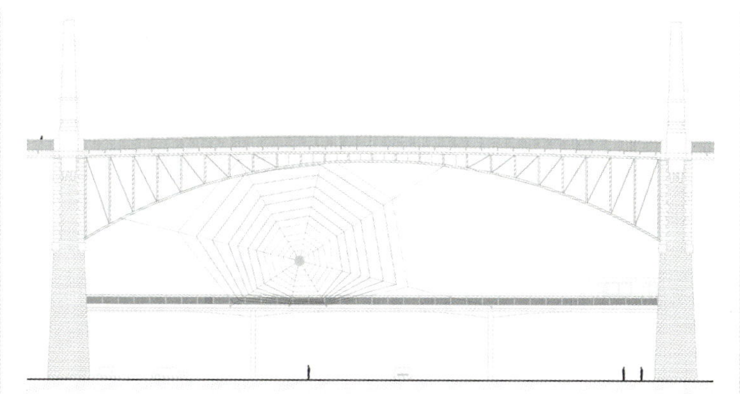

↑|网的细部
↓|透过网看出去

↑↑|Bessièrs轻轨
↑|立面图

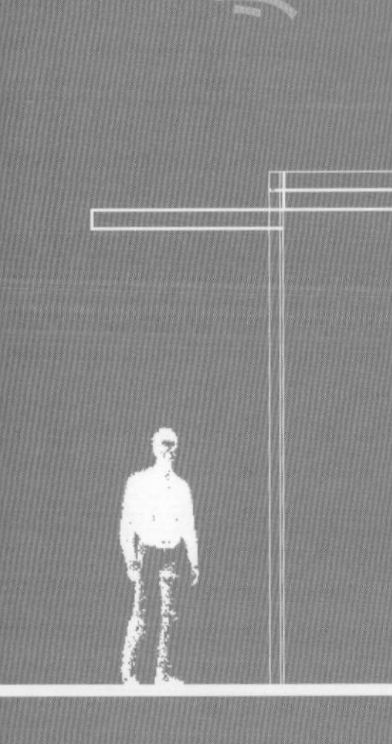
灯具和标识
垃圾桶
边界
自行车架和游戏设施
座椅

成套设计

铺地

系列设计

树池和水池

遮蔽

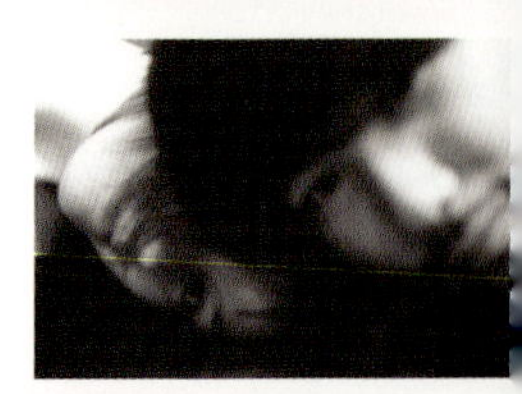

↑|West Smithfield中心的回力棒
→|鸟瞰效果

140回力棒

设计师以一个标准大小的回力棒为基本元素，用不同的排列组合方式，装配出一系列景观小品。这些富有动感、形式可爱的设施，赋予了场地特殊的风格，而且它们仅仅是用一个如此简单的元素轻松拼装而成。第一个运用这种回力棒做成的作品，出现在2006年的伦敦建筑双年展上。那是一个呈螺旋上升状的木制构筑物，设在West Smithfield中心外的和平喷泉上，内部环绕着一座为儿童创作的泥塑雕像。第二个作品出现在一个艺术工作坊期间，回力棒被做成一些有趣的家具，放置在伦敦市里和当地3所学校的操场上。和前一个作品不同，后者把回力棒组合成较小的单元，而不是一个巨大的体量。

委托方: 伦敦市，2006年伦敦建筑双年展。**完成时间:** 2006年。**产品量:** 单件。**设计方式:** 个性化设计。**功能:** 座椅、展览空间。**主要材料:** 胶合板。

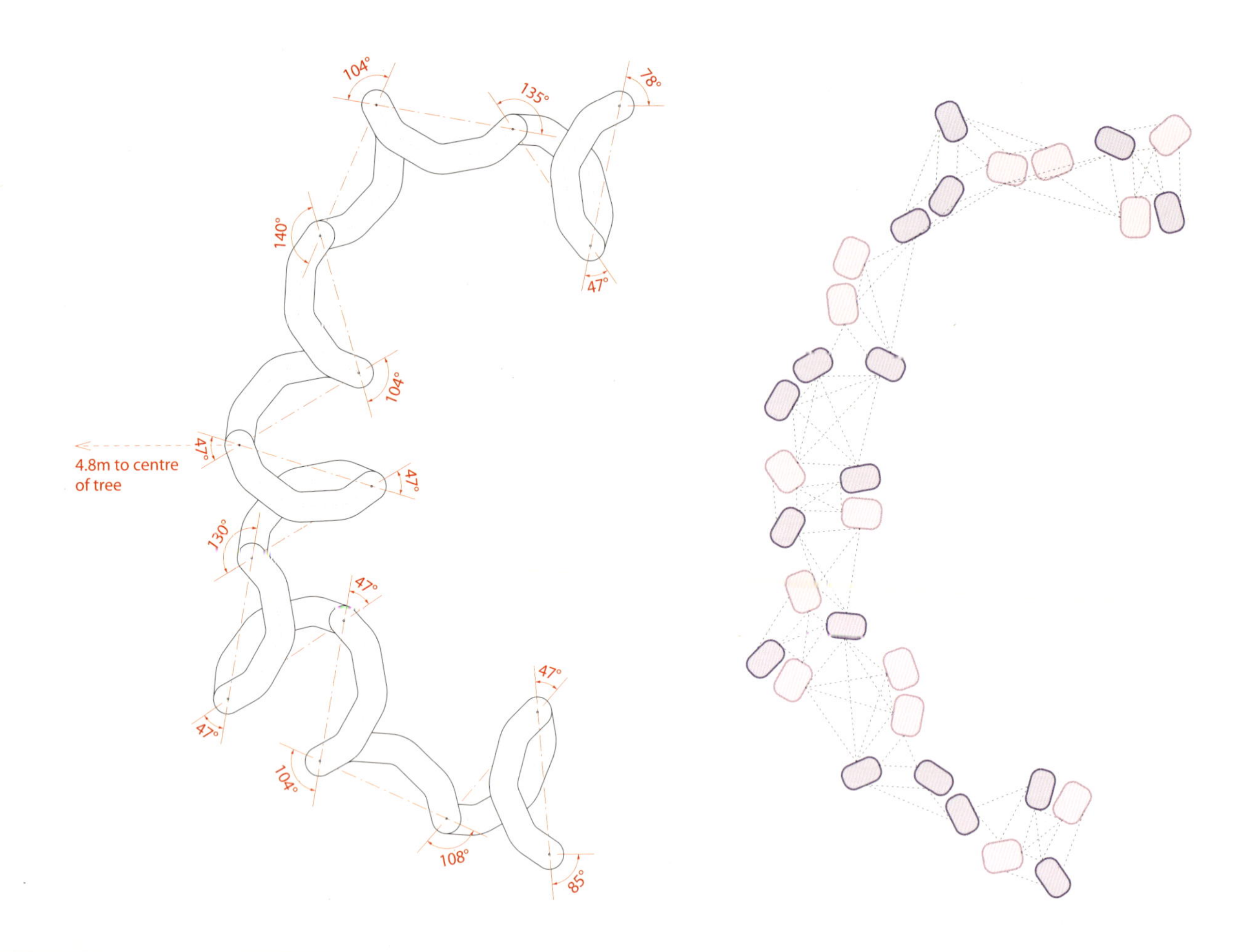

↑ | 长椅平面图

← | 伦敦建筑双年展时期的座椅

←|由回力棒标准件组合出来的不同形式
↓|伦敦建筑双年展时期的座椅

KOSMOS / Ott Kadarik,
Villem Tomiste, Mihkel Tüür

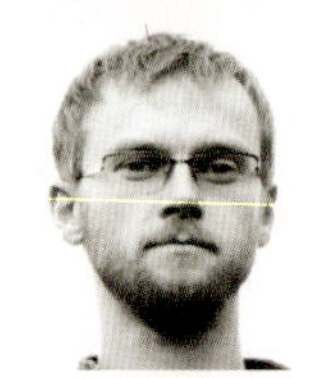

↑|吊灯

中心广场

拉克维雷

广场被鹅卵石铺成的圆圈分隔成不同的空间，每一个圆圈之上都悬挂着一盏巨大的灯，用来照亮这个圈圈。每个空间的大小和形态都不一样：放置有岩石的凹陷大圈是一个喷泉；广场中心的那个圆圈则放置着给儿童玩耍的土墩。广场上其他区域的地面，采用灰色与黑色混合搭配的方块石，铺成活泼的“Z”字型纹样。在广场的一边，特意用长线标记出侧面建筑的地址，使其更好地服务于公众。这里是一个娱乐休闲的场所，同时也是举行巡游等大型节庆活动的主广场。

项目概况

地址：爱沙尼亚，拉克维雷市中心广场，44306。**委托方：**拉克维雷市。**完成时间：**2004年。**产品量：**单件。**设计方式：**个性化设计。**功能：**座椅、照明、人行道、游戏场、喷泉。**主要材料：**玄武岩石材、花岗岩石材、卵石。

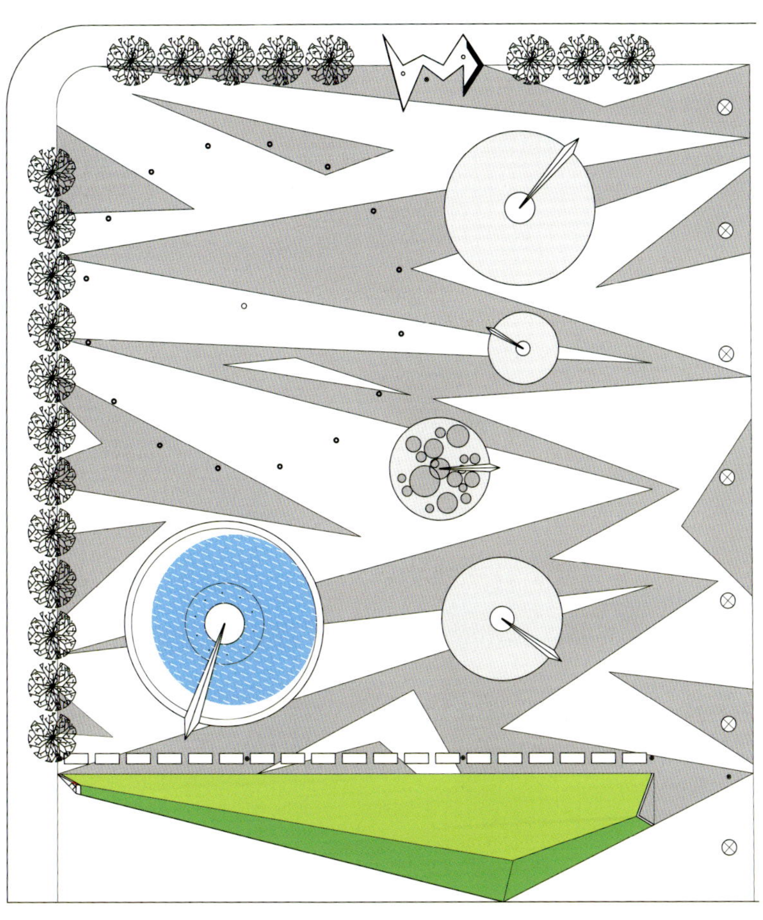

↑|平面图

↑|座椅

↓|卵石铺成的圆圈，把广场划分成不同的几个空间

Bjarne Aasen
Landskapsarkitekt MNLA

↑|冬天的校园，照明充足

奥斯陆大学Helga Eng广场

奥斯陆

新的建筑位于Blindern校园内的图书馆综合区核心位置，占据了很大的一块用地。整个大学广场的用地为北高南低的台地，新图书馆的前广场和Helga Eng广场，则位于这个台地的南端。由于建筑形式和材料的统一，使Blindern校园的整体外部空间显得雄伟、协调。新的大广场中，集合了活动空间、休息空间及自行车停放功能。图书馆周边的道路和广场，采用了从旧综合楼收集回来的花岗石作铺地，实现循环再利用。

项目概况

地址：挪威，奥斯陆，Blindernveien,0316。**合作设计师**：Erik Ruud,Peter Aasen。**委托方**：Statsbygg。**完成时间**：2000年。**产品量**：单件。**设计方式**：个性化设计。**功能**：座椅、照明、自行车停放、标志、喷泉。**主要材料**：花岗石、木。

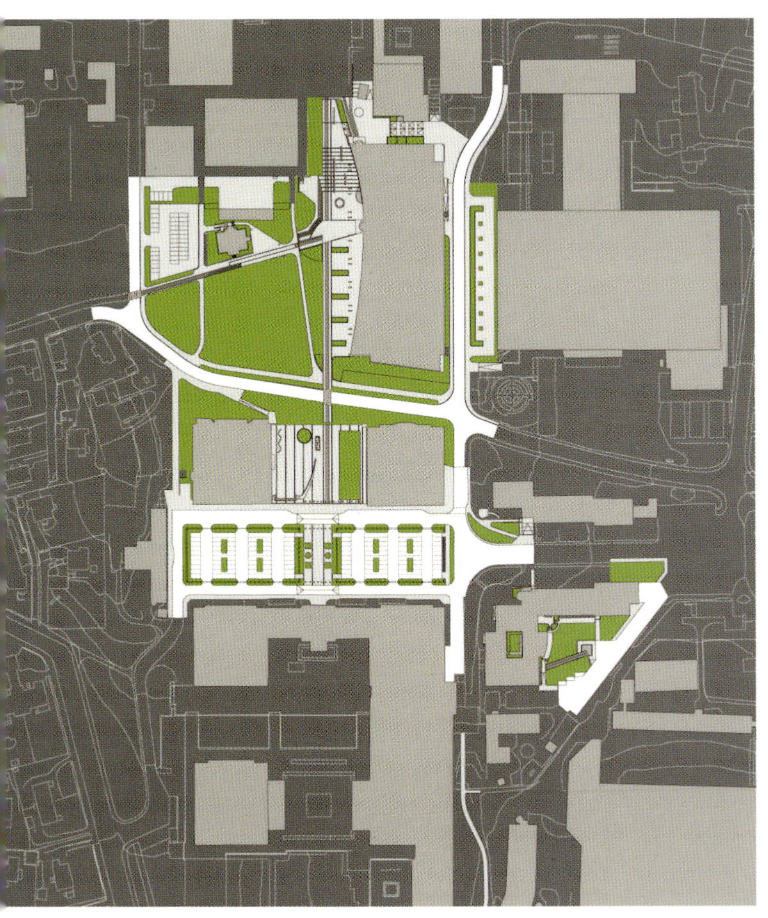

↑|总平面图

↓|自行车停放处

↑|用天然石材与木材制作的蜿蜒的长凳

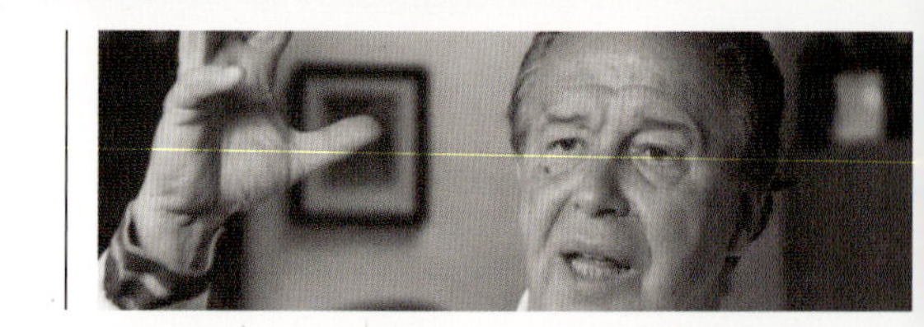

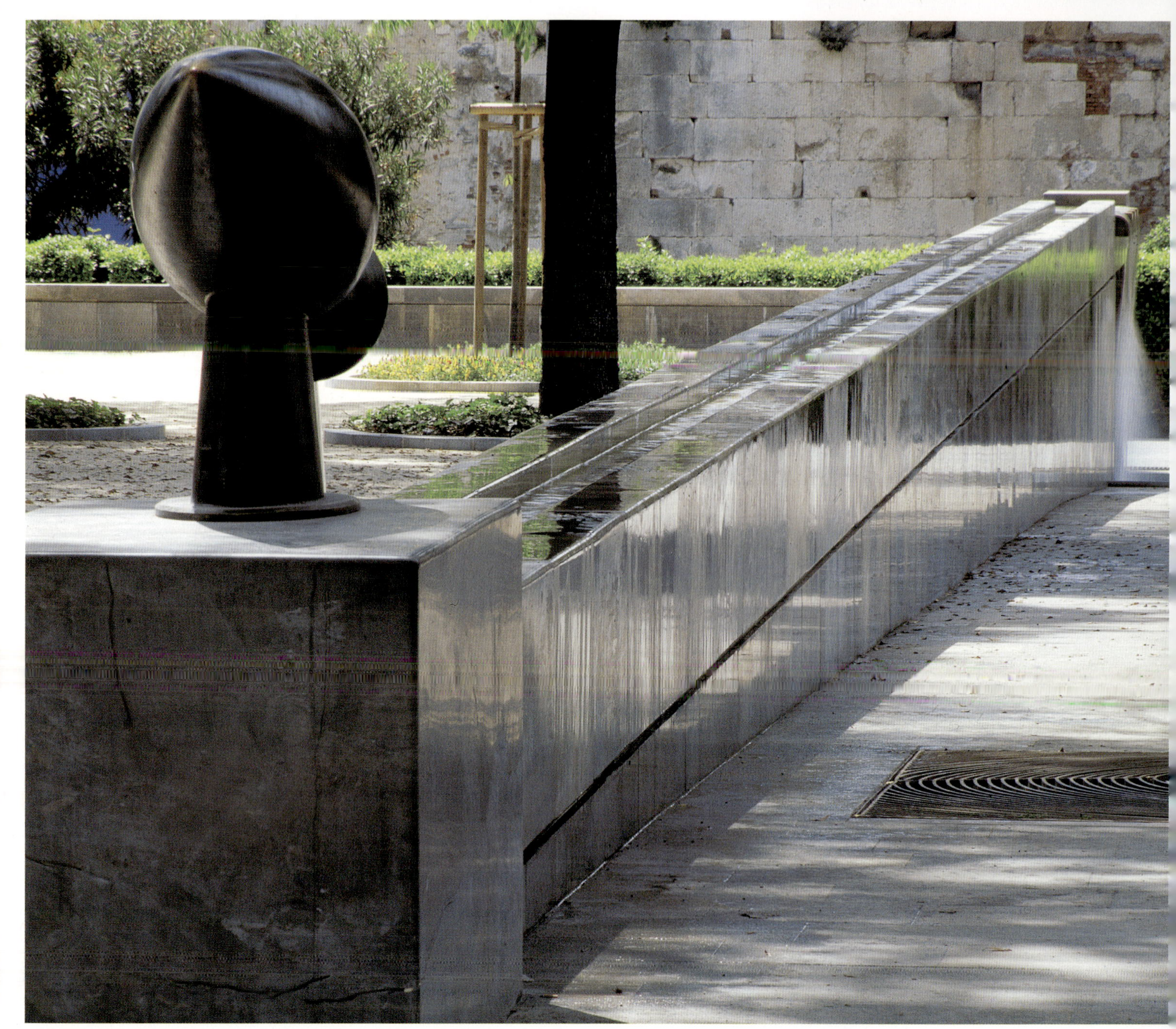

↑|喷泉
↗|瀑布
→|细部

Strossmayer公园

斯普利特

该项目涉及到一组古罗马帝国时期遗留下来的宫殿，在探讨如何更好地保护与改造历史建筑物，并使之为后人所继续使用方面，是一个非常著名的案例。宫殿早就被纳入为城市的一个行政区，它的房间也已被转为普通民房。19世纪时，政府沿着宫殿北墙修建了一个城市公园。此后宫殿被不断蚕食，更加剧了它的破坏。设计师重新设计了该公园，用一个个绿色的小岛把需要保护的树木圈住。岛的外围增加了各式街具，如石头长凳、喷泉、电灯杆等。新的设计元素大大提升了公园的环境质量。

项目概况

地址：克罗地亚，斯普利特，21000。**委托方**：斯普利特市。**完成时间**：2002年。**产品量**：单件。
设计方式：个性化设计。**功能**：喷泉、座椅、灯光。**主要材料**：达尔马提亚石材、金属。

↑|长凳
←|休息区

←|平面图
↓|公园景观

↑|综合性的防浪堤
→|花岗石做成的喷泉和街具

国家海港

国家海港该项目位于波托马克河畔的华盛顿特区内，是一处具有混合使用功能的社区活动空间。Grand大街上的步行带设计，其灵感来自巴塞罗那著名的兰布拉大道，以及它上面的展示喷泉、公共艺术、售卖亭和零售商店。Sasaki直接从场地原有的肌理中抽取元素，因而设计出一套独一无二的道路指引系统。色彩的运用中处处透射出民族自豪感。细部上运用了与航海相关的元素，以体现场地的滨水特质。历史的元素与现代的船舶符号汇聚在这里，让这块新的区域与其周边的环境自然的融合在一起。

项目概况

地址：美国，马里兰州，国家海港，20745。**委托方：**Peterson公司。**完成时间：**2008年。**产品量：**单件。**设计方式：**个性化设计。**功能：**座椅、树槽、标识、喷泉。**主要材料：**花岗石、铝、柚木、玻璃、不锈钢。

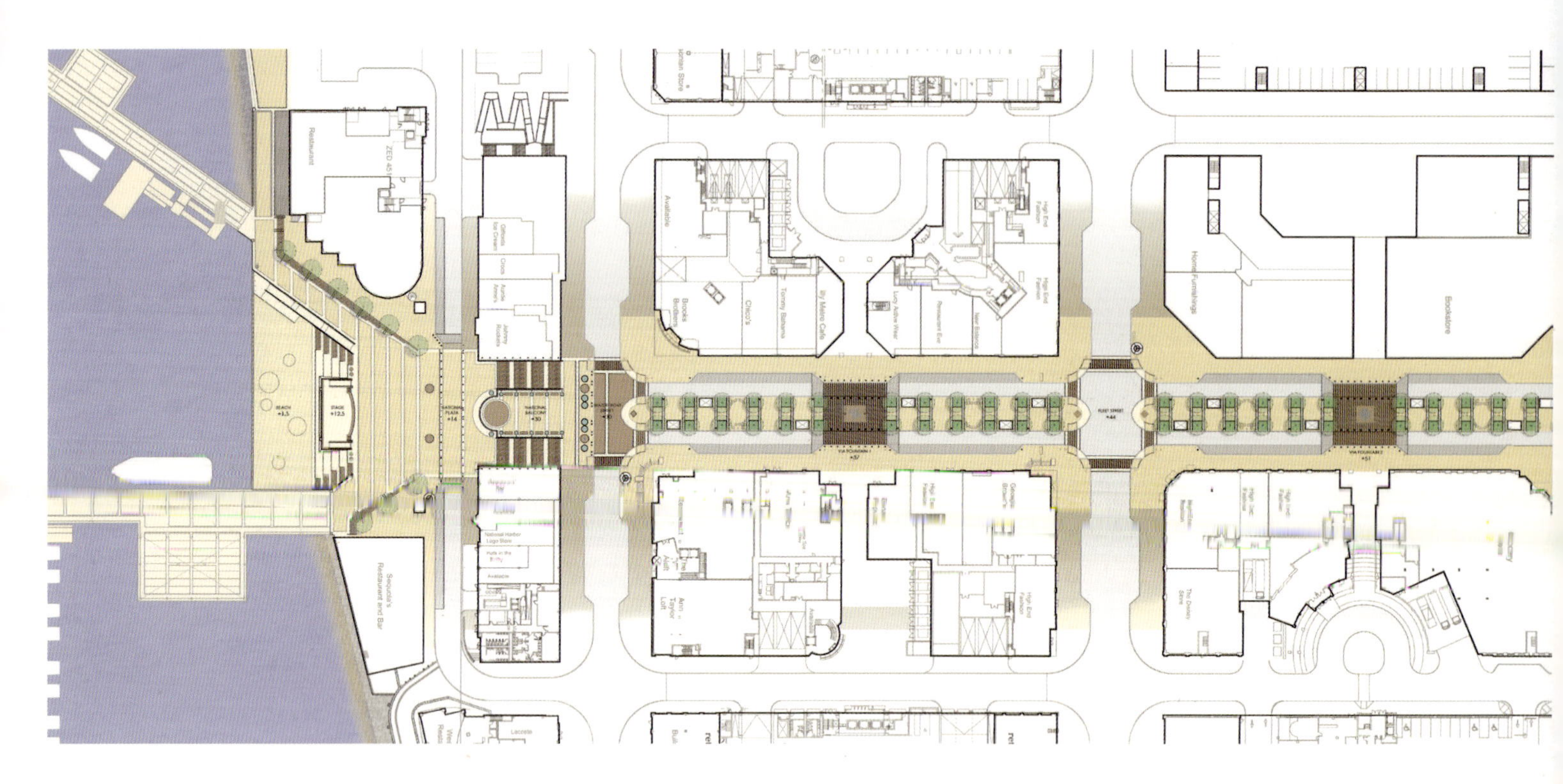

↑|国家海港的广场平面图
←|强调直线感的街景
→|国家海港上的长凳

wxyz
Ketchup
Ketchup

ASPECT工作室（墨尔本分部）

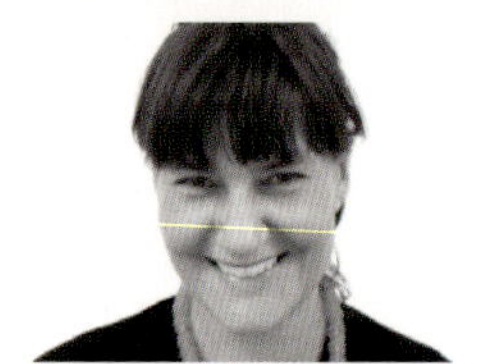

↑|鸟瞰效果
↗|作为休息家具和边界的长凳
→|长凳

埃尔伍德海滩上的长凳

埃尔伍德市，维多利亚州

埃尔伍德海滩是该地区重要的滨海活动区。长凳在这里起到双重作用，一来是在海滩与停车场之间形成间隔，二是提示道路的出入口位置。长凳所形成的边界，还是历史上蓝色石头城墙的所在。100多年前，这道城墙分隔了Phillip海港的内外区域。海滩的照明是设计首要关注的，为此，设计师结合了长凳的设计，把灯管藏在不锈钢挡板后。建造过程中，通过与钢结构承包商的紧密合作，把灯和钢板准确定位，大大减少了材料的浪费。

项目概况

地址：澳大利亚， 维多利亚州，埃尔伍德市，埃尔伍德海滩 3184。**合作设计师**：Martin Butcher照明设计公司。**委托方**：Phillip港口市。**完成时间**：2009年。**产品量**：单件。**设计方式**：个性化设计。**功能**：座位、照明 。**主要材料**：现浇混凝土、不锈钢。

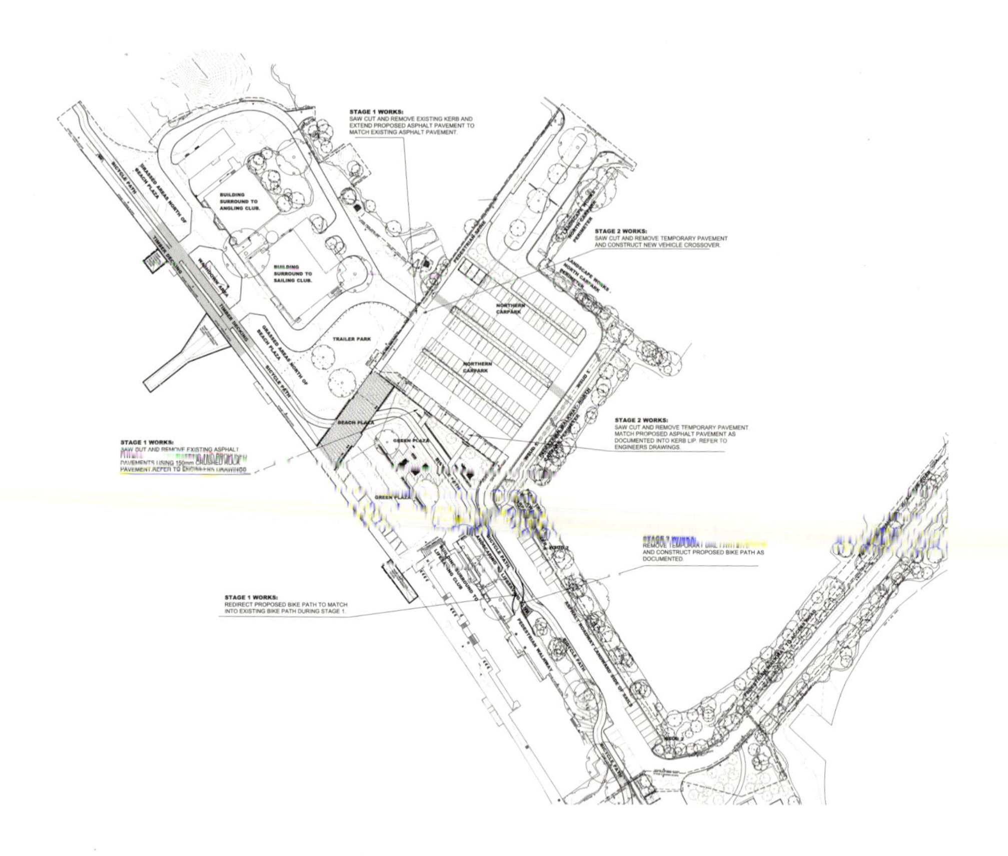

←|总平面
↓|长凳夜间灯光效果
→|夜景

OKRA景观建筑师事务所 bv /
Christ-Jan van Rooij, Hans Oerlemans, Martin Knuijt, Wim Voogt, Boudewijn Almekinders

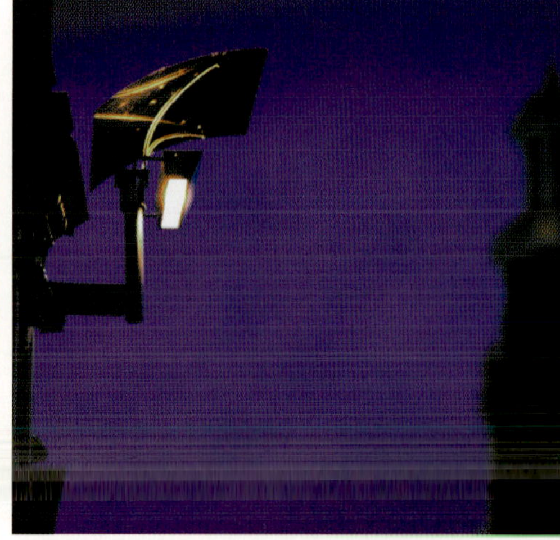

↖|名为Ziezo的坐凳
↑↑|照明设施
↑|街道细部

城市中心

聚特芬市

聚特芬市古老的Hanseatic城，至今依然保留着中世纪城市的特色，狭窄的街道、院落和美丽的广场。今天，随着人们对生活品质的追求，这个城市的中心正在变得越来越美丽和舒适。新的公共空间设计中，不但强调了城市原有的历史特征，街具的设计也颇具现代化感。供人小憩的坐凳，看上去就像来自未来的雕塑，在漆黑的街道中闪烁着光芒。街道的灯光采用间接照明的方法，分散的灯光把城市烘托得有如童话般的世界。

项目概况

地址：荷兰，聚特芬市，7201 DN。**委托方**：聚特芬市。**完成时间**：2005年。**产品量**：单件。**设计方式**：批量化设计。**功能**：座位、照明、人行道。**主要材料**：不锈钢、红砖、蓝砂岩。

Arriola & Fiol arquitectes /
Andreu Arriola, Carmen Fiol

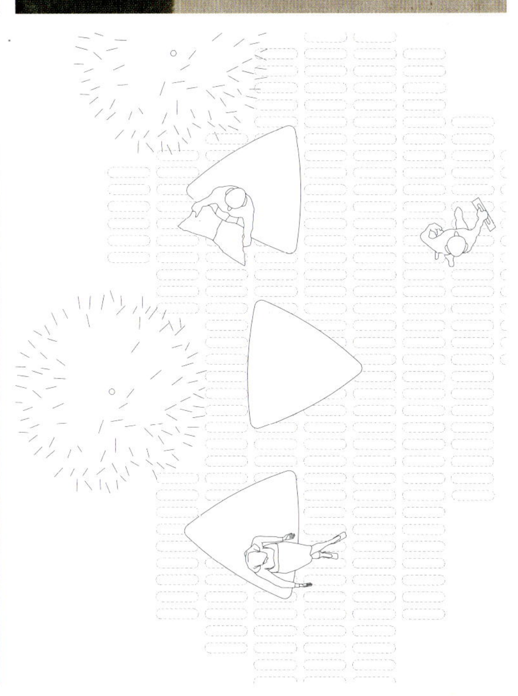

↑|Gran Via街上的喷泉
↗|Boomerang鸟瞰，城市化石
↑|Boomerang,城市化石
↗|细部
↓|剖面细部

Gran Vía de Llevant

巴塞罗那

这套城市街具由几种造型的坐凳或桌子组成，宽敞的坐凳可以让人坐在上面做许多事，例如可以做功课、放书包和购物袋。同时，与过去的户外家具不同，坐凳在造型、尺寸和材料上，有意模仿史前的化石和贝壳，让人很容易联想到动物、矿石和飞行物。

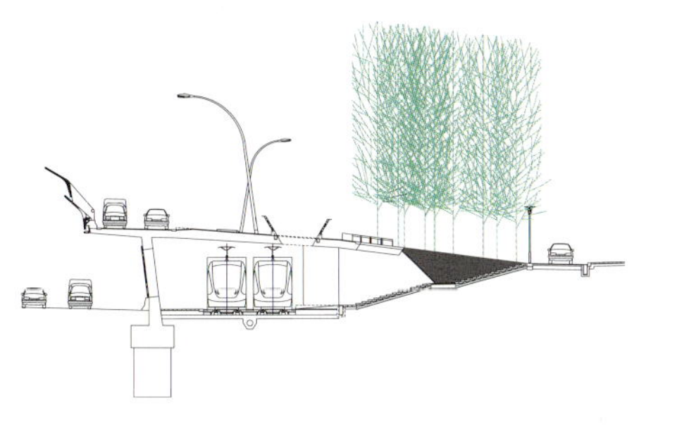

项目概况

地址：西班牙，巴塞罗那，Gran Vía Corts Catalanes，08020。**委托方：**Generalitat de Catalunya,巴塞罗那市议会。**完成时间：**2007年。**产品量：**系列品。**设计方式：**批量化设计。**功能：**座位、照明、遮蔽、喷泉、垃圾箱、饮水机、隔声屏。**主要材料：**木、人造石、阳极氧化钢、不锈钢、砖。

OKRA景观建筑师事务所 bv / Christ-Jan van Rooij, Hans Oerlemans, Martin Knuijt, Wim Voogt, Boudewijn Almekinders

↖|喷泉旁的座位
↑↑|室外台阶
↑|长椅

Storaa溪

霍尔斯特布罗

对霍尔斯特布罗市政当局来说，新文化中心的建造将会给城市的公共活动空间注入更多的活力。文化中心周边的公共空间被设计成大台阶，就像电影院和剧场一样，给人耳目一新的感觉。这个富有魅力的空间，将承担起城市发展催化剂的作用。

项目概况

地址：丹麦，霍尔斯特布罗市， Rådhuset, Kirkestræde 11 ，7500。**合作设计师：**Schul & CO 景观建筑事务所,灯光和剧场顾问 Åsa Frankenberg。**委托方：**霍尔斯特布罗市议会。**完成时间：**2006年。**产品量：**单件。**设计方式：**批量化设计。**功能：**座位。**主要材料：**混凝土、木。

Arriola & Fiol arquitectes / Andreu Arriola, Carmen Fiol

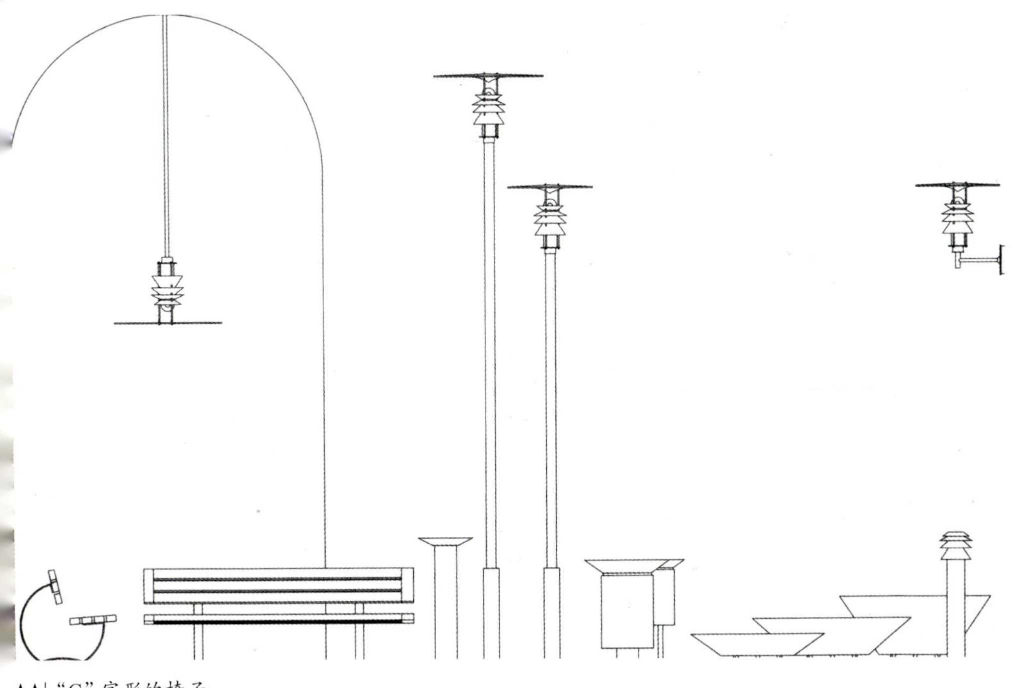

↑↑|"G"字形的椅子
↗↗|魔术长笛系列路灯
↑|魔术长笛系列
↗|Trivoli路灯

Nou Barris中央公园

巴塞罗那

设计师参考棕榈树和车叉的造型，抽象出一系列的街具，让它们融合在城市的光影、微风和声音之中。它们被放置在开阔的场地的最高处，承担着地标的作用，让人远远就能看到。那个具有遮蔽作用的设施'peinetas'，已经成为Nou Barris的象征。名为"魔术长笛"的系列街具，是受到莫扎特歌剧的艺术感染而设计出来的。

项目概况

地址：西班牙，巴塞罗那，Parc Central de Nou Barris，08042。**委托方：**Pro Nou Barris S.A。**完成时间：**2007年。**产品量：**系列品。**设计方式：**批量化设计。**功能：**座位、照明、遮蔽、垃圾箱、饮水机。**主要材料：**木、预制混凝土、阳极氧化铝、不锈钢、砖、瓷片。

Marinaprojekt d.o.o. /
Nikola Bašić

↑|“海风琴”
↗|光滑的圆形表面，“问候太阳”
→|“问候太阳”

“海风琴”与“问候太阳”

扎达尔

“海风琴”与“问候太阳”是改造扎达尔海峡工程的一个组成部分。“海风琴”被做成一道台阶，人们可以拾阶而下直达海面。台阶被分成几组，在每组下面埋入了长短不一的聚亚氨酯管，当海浪把空气推入管中时，便会从神秘的孔洞中发出声音。“问候太阳”是一个直径22m的圆形玻璃地板，通过底部埋设的光电元件，把太阳能转化为灯光，同时也给海的声音赋予了光影的变化。

地址：克罗地亚，扎达尔，Obala Petra Krešimira IV,23210。**“海风琴”声音制作**：Ivan Stamac′。**委托方**：扎达尔市。**完成时间**：2008年。**产品量**：单件。**设计方式**：个性化设计。**功能**：城市装置、生产电能。**主要材料**：石头、玻璃、光电池。

↑ |“问候太阳”
← |“海风琴”与“问候太阳”

←|"海风琴"

↓|设计图

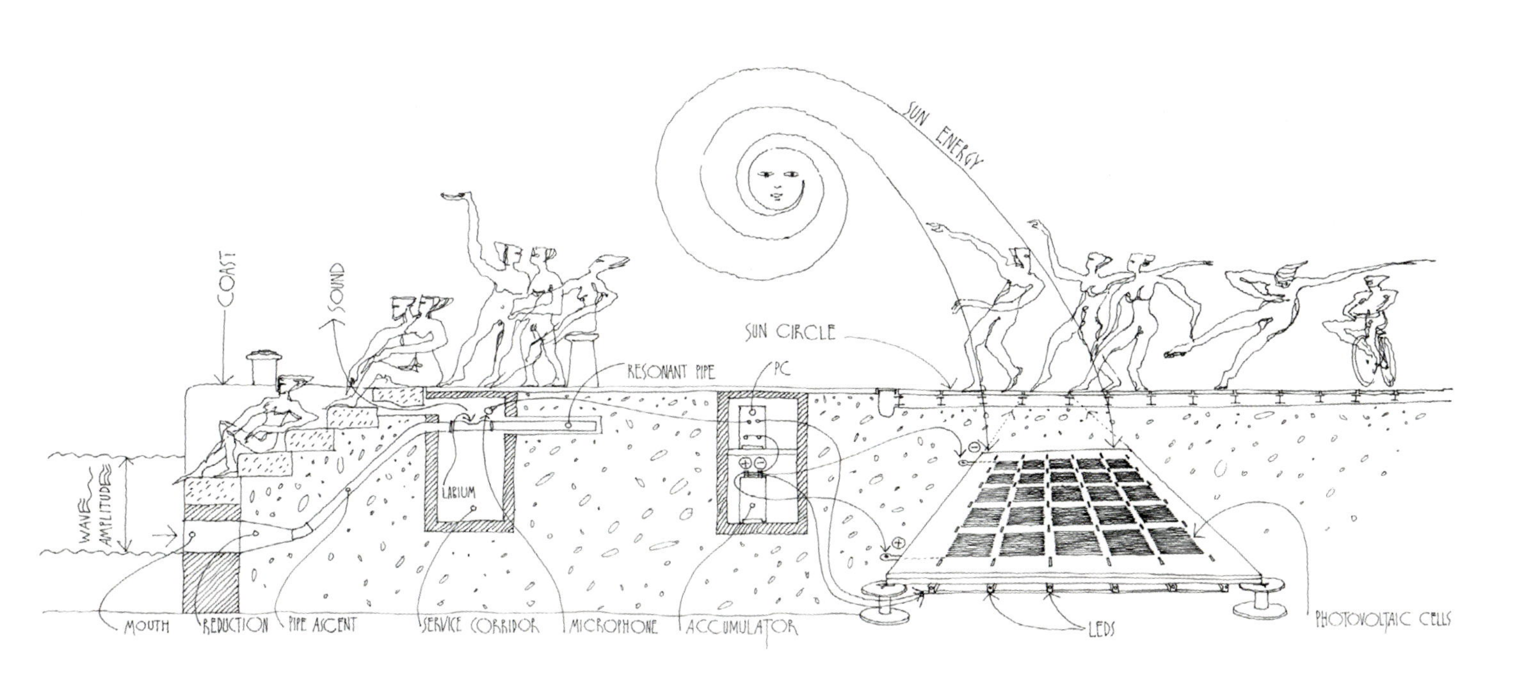
SUN ENERGY
COAST
SOUND
SUN CIRCLE
RESONANT PIPE
PC
LABIUM
WAVE AMPLITUDE
MOUTH
REDUCTION
PIPE ASCENT
SERVICE CORRIDOR
MICROPHONE
ACCUMULATOR
LEDS
PHOTOVOLTAIC CELLS

Rios Clementi Hale 设计工作室 /
Julie Smith-Clementi, Mark Rios,
Frank Clementi, Bob Hale

↑|象棋桌
→|16个标准尺寸棋盘，光塔下的座椅

象棋公园

格伦代尔

为了将一条废弃路径贯穿的矩形场地改造成象棋公园，设计师认真研究了国际象棋的历史，并依据象棋的规则、策略和知识进行设计。以可循环再利用的塑料和木材制成五个有趣的灯塔，顶部由白色合成帆布做成象棋子的抽象造型。经建筑师重新诠释的这些造型，灵感来自野口勇（Isamu Noguchi）设计的著名灯具以及康斯坦丁.布朗库西（Constantin Brancusi）的抽象雕塑，象征着象棋子的演变。这些灯塔很有策略的布置在场地上，散发出暖色光线，激励着人们挑战智力和创造力。

项目概况

地址：美国，加州，格伦代尔，Brand大道227 N.，91203。**委托方：**格伦代尔市。**完成时间：**2004年。**产品量：**单件。**设计方式：**批量化设计。**功能：**座位、照明、象棋桌、露台。**主要材料：**trex（循环再利用塑料及木材）、帆布、混凝土。

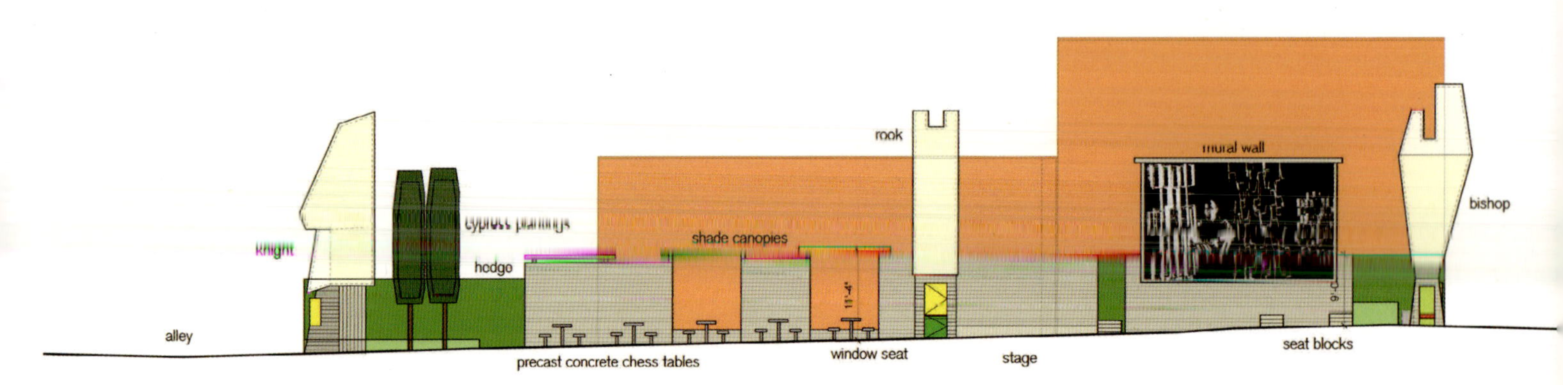

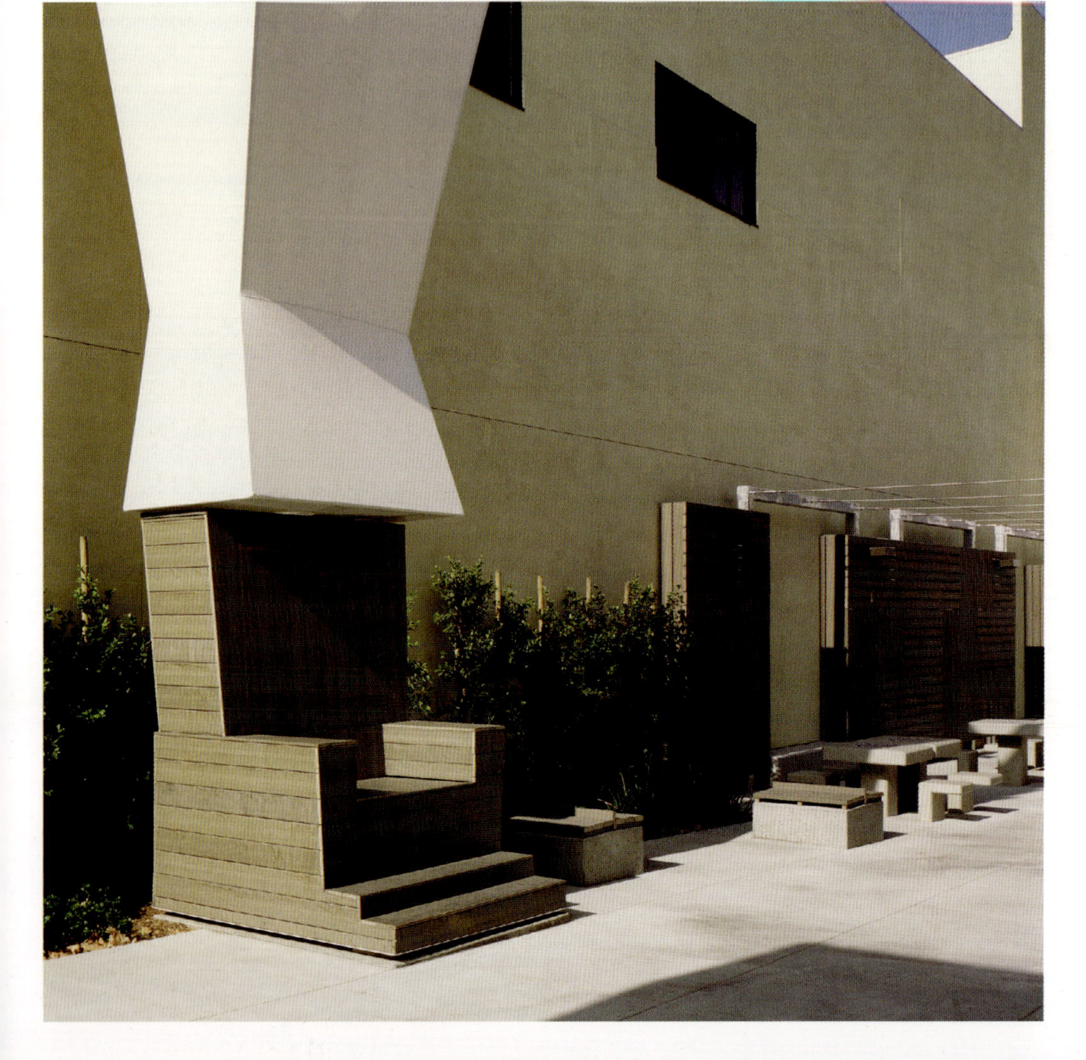

↑|南立面
←|"国王"灯塔下的巨大座椅，欢迎讲故事者在此

←|结合灯光设计的塔及其构造
↓|平面图

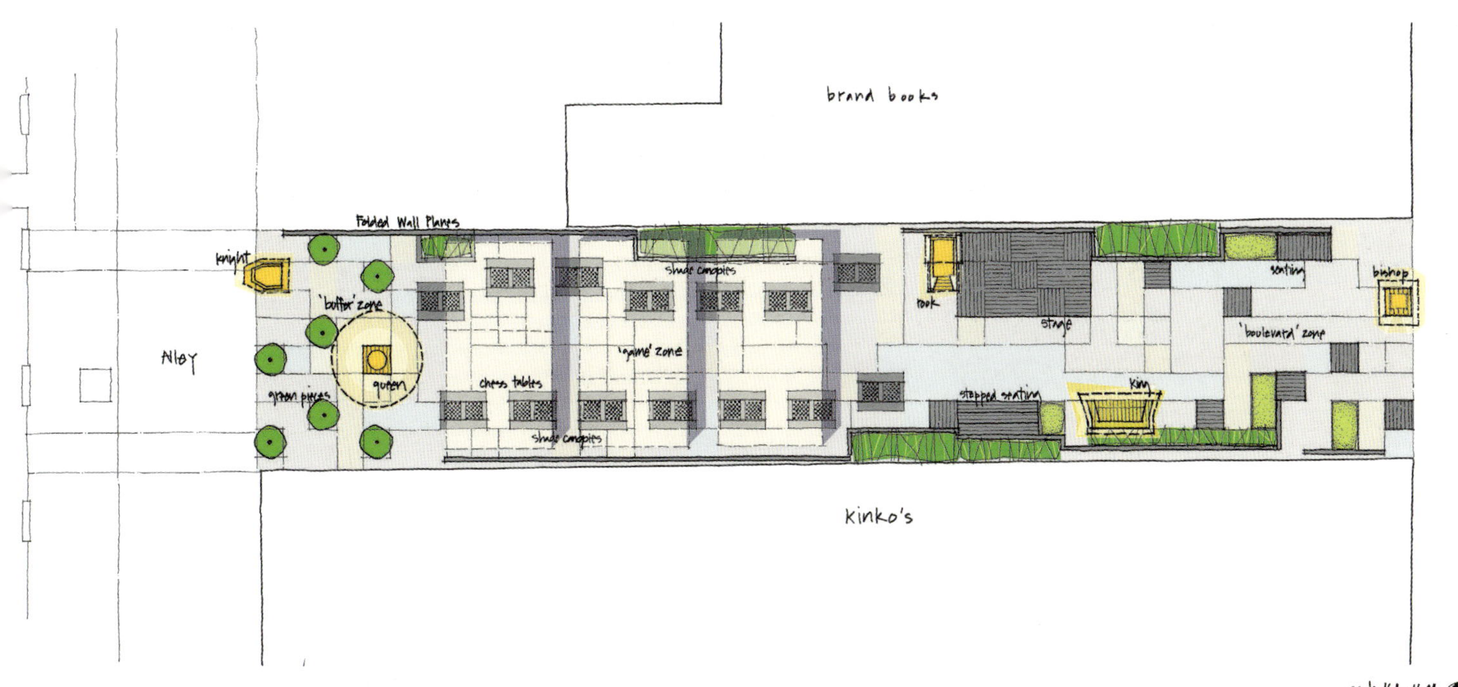

Rios Clementi Hale设计工作室/ Julie Smith-Clementi, Mark Rios, Frank Clementi, Bob Hale

↑|混凝土凳子和发光树脂桌子
→|钢骨架和生机勃勃的半透明绿叶

昆西小广场

芝加哥

这里原来是老城中的一段街道，设计师通过放置雕塑的手法，把它改造为一个充满春天气息的迷人的小广场。广场上有7个用钢做成的树形骨架，每个上面分别插着3片用半透明丙烯酸板做成叶子。叶子可以充当遮阳棚，夜里还会被上方射下来的灯光所照亮。“树”的底部被固定在混凝土基座上，基座上还刻有叶子的纹样。在保留场地原有的座椅和铺地基础上，设计师还插入了新的街具，如用花岗岩做的长凳和路面，混凝土的座椅，还有内部会发光的半透明桌子等。还有4片看似散落在地上的大叶子，就像是被狂风吹落的树叶，恰恰暗合了芝加哥的“风城”之称。

项目概况

地址：美国，伊利诺伊州，芝加哥联合广场，60610。**委托方**：总务署(GSA)。**完成时间**：2009年。**产品量**：单件。**设计方式**：批量化设计。**功能**：座位、照明、桌子、雕塑。**主要材料**：钢、半透明丙烯酸、白色花岗岩。

↑|结合了灯光照明的叶子

←|路名上的“落叶”为水泥地面增添了情趣

←|地上的“落叶”好像是被风吹下来的，戏谑式的表达出芝加哥的“风城”之名

↓|广场平面图

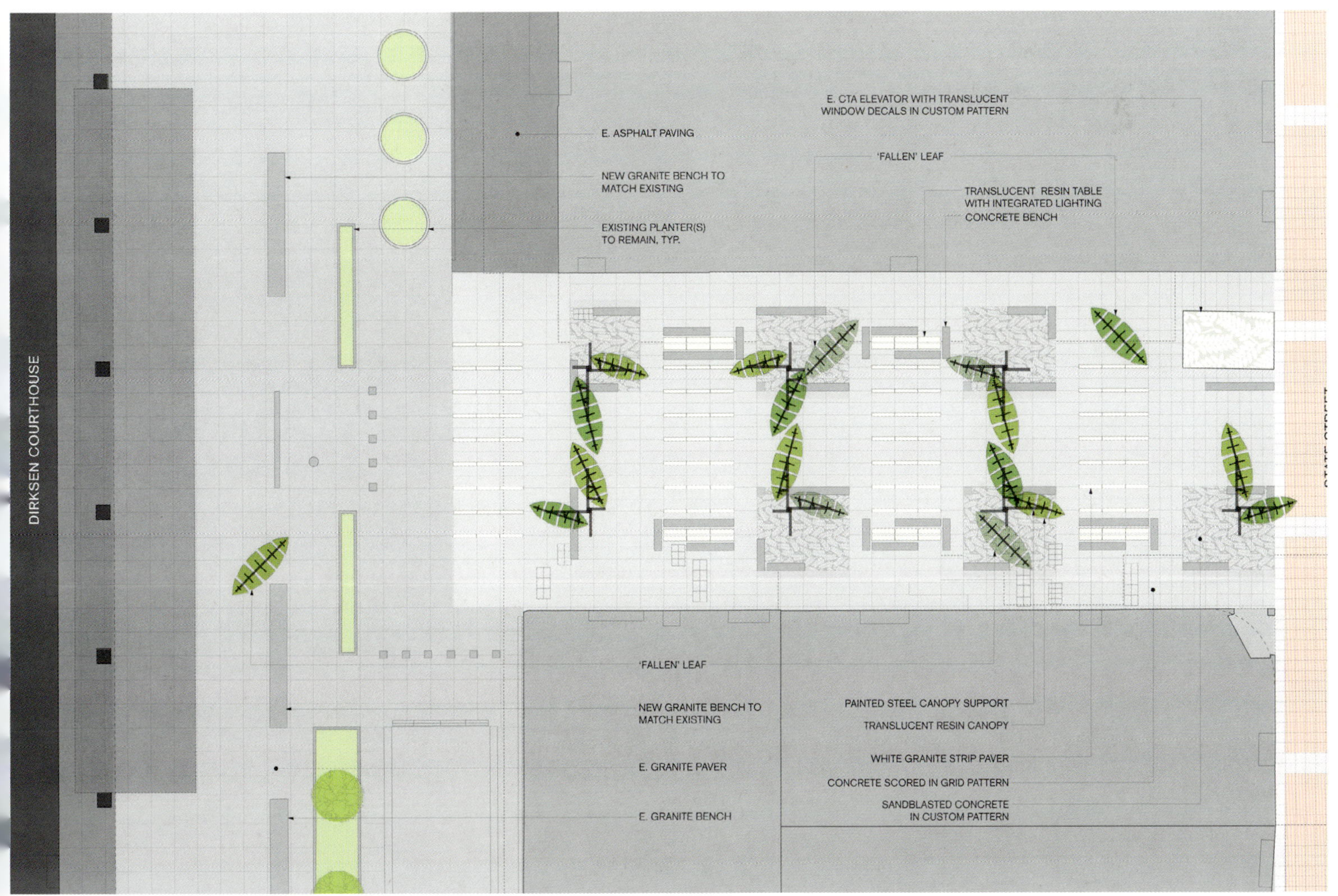

LODE WIJK BALJON
景观设计事务所

↑|水景

车站广场

阿珀尔多伦

广场的形状类似贝壳。黄沙似的铺地色彩和广场种的许多松树，都是参考了当地常用的景观设计手法。精美的地面铺装，在简洁中散发出平静的感觉。道路上铺设的黄色葡萄牙花岗岩一直延伸到树根。直线的雨水沟、树皮和灯杆，似乎与广场上铺地的龟裂纹图案配合得恰如其分。年轻人喜欢聚集在一个干枯的池塘上溜冰；用灰蓝色花岗岩做成的水台前也聚集不少人；用红色钢做成的大树池和富有动感的长凳，还有多边形的地砖等等，这些设施都让整个场地充满了活力。

地址：荷兰，阿培尔顿，Stationsplein，7311。**委托方：**阿培尔顿市，Heijmans Vastgoed,BAM Vastgoed。**完成时间：**2008年。**产品量：**单件。**设计方式：**个性化设计。**功能：**水景、溜冰池、树池。**主要材料：**花岗岩。

↑ | 水景
↓ | 树池

↑↑ | 平面图
↑ | 多种形式的坐凳

Biuro Projektów Lewicki Łatak /
Piotr Lewicki,
Kazimierz Łatak

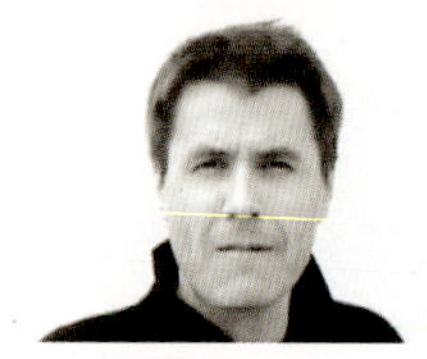

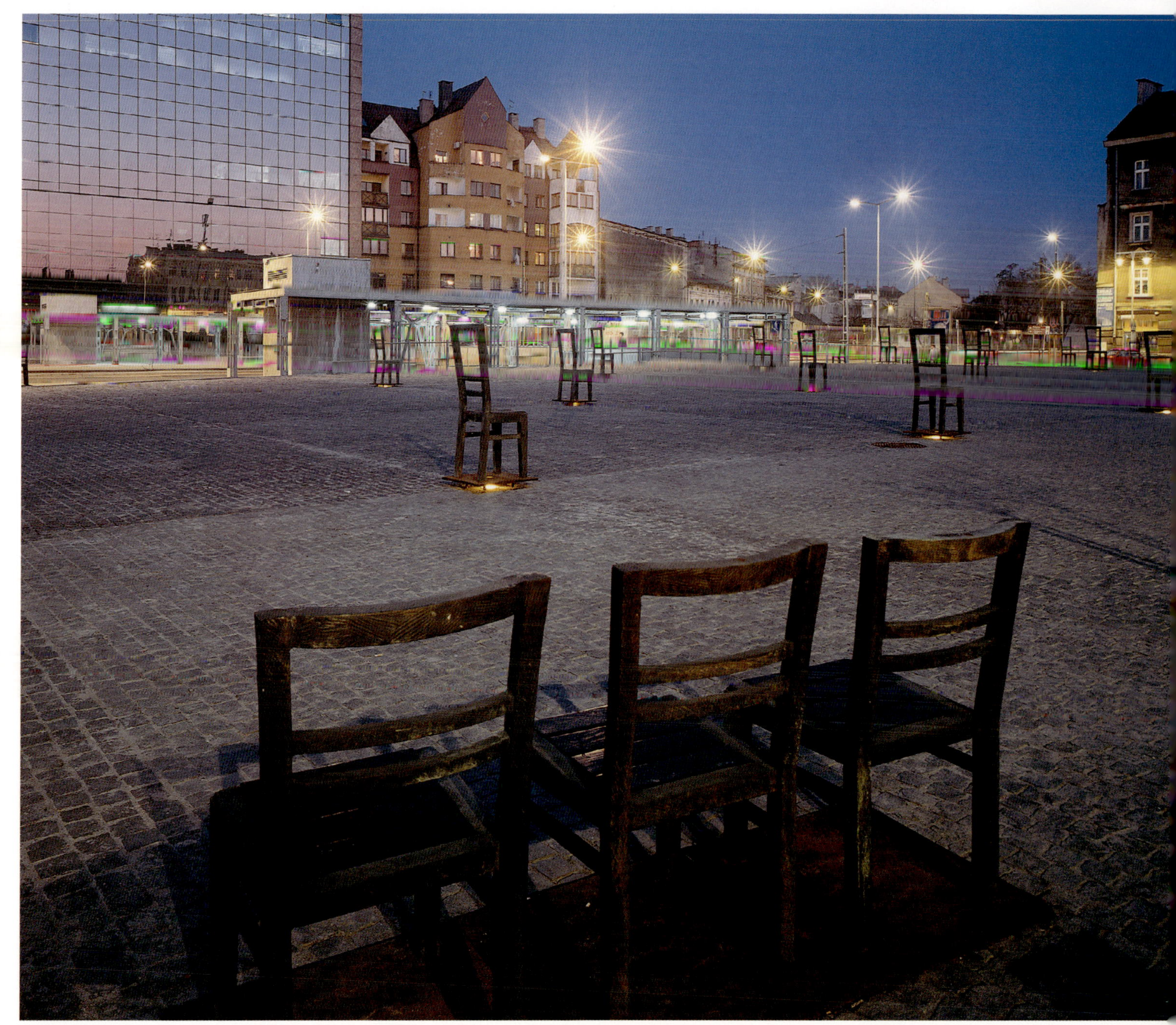

↑|夜景
↗|雾天
→|设有座椅的电车站

Bohaterów Getta广场 (ZGODY广场)

克拉科夫

纳粹在1943年消灭了克拉科夫的犹太人聚居区之后，ZGODY广场用来堆放从犹太人家里搜出的废弃物品。数不清的衣橱、餐桌、餐具柜和其他各式被遗弃的家具被从一处搬到另一处，最终来到这个广场，这些家具见证了他们主人被消灭的暴行。Tadeusz Pankiewicz是住在这个广场边的药剂师，他也说不清这些家具到底被搬动了多少次。该广场的重建试图重述这个广场堆满家具的故事。为了纪念那些犹太殉难者，在广场上布置了各式各样的日常用品：椅子、井和水泵、垃圾筒、有轨电车站的候车棚、自行车行李架、甚至是交通信号灯。

项目概况

地址：波兰，克拉科夫，pl. Bohaterów Getta，30-547。**委托方**：克拉科夫市。**完成时间**：2005年。**产品量**：单件。**设计方式**：个性化设计。**功能**：座位、照明、遮蔽、树池、自行车停放、垃圾箱、标志物、人行道、纪念馆、商店。**主要材料**：黑色花岗岩、玄武岩、斑岩、花岗岩、卵石、铜、镀锌钢、混凝土。

↑|冬天的景象
←|树池

3,5x20mm
scew M5
Ø350, 3x15mm
c
a-a

c

3x15mm
3,5x15mm
a
3,5x20mm
screw M5
Ø 637, 3x15mm
a
b-b
b
3x15mm
b

←|犹太文化节期间的广场
↙|一个纪念物、一件雕塑品、一件城市家具

Biuro Projektów Lewicki Łatak /
Piotr Lewicki,
Kazimierz Łatak

↑|带有小垃圾桶的长凳

Czartoryski王子广场

克拉科夫

这个新的广场完全采用了创新性的铺地形式进行铺装。不同标高的广场空间分别具有不同的功能。台阶的运用是为了阻止汽车直接开到博物馆的门前。石头长凳上设置了一个小篮子。道路铺装上使用的斑岩小方块，其原型来自于克拉科夫附近一处名为Miekinia的地方，当地在很早以前就开始使用这种材料形式了。为了与斑岩路面相配合，设计师在其周边采用了精心挑选过的纹理精致的花岗岩。虽然只用了单一的花岗岩材料，但通过对表面的不同处理手法，如切割、火烧面、斧砍和磨光等，产生了丰富的形态效果。

地址：波兰，克拉科夫，pl.KsiazatCzartoryskich，30-015。**委托方**：克拉科夫市。**完成时间**：2006年。**产品量**：单件 。**设计方式**：个性化设计。**功能**：座位、照明、垃圾箱、人行道。**主要材料**：布胡斯花岗岩、斯切戈姆花岗岩、旧的斑岩圆石、铜。

↑|人行道上采用的旧的斑岩圆石与新的花岗岩

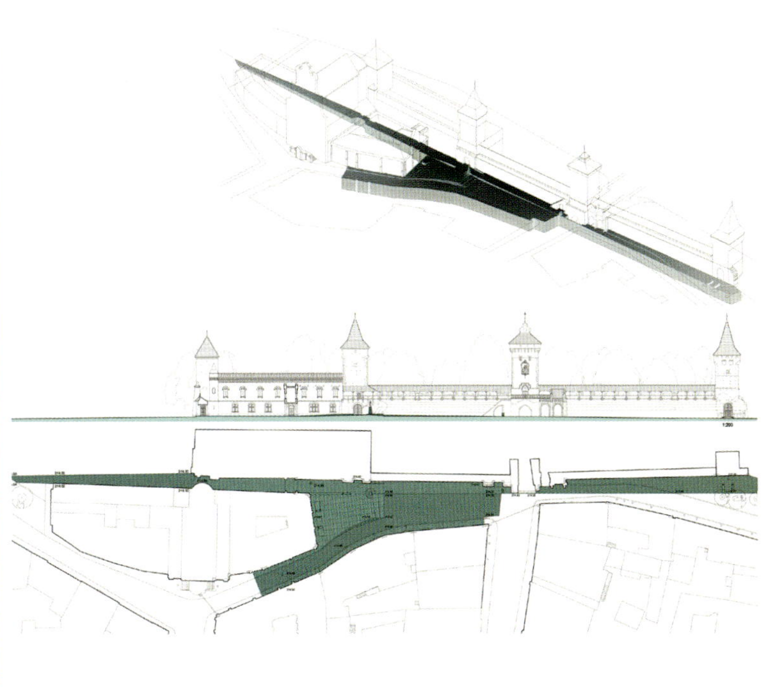

↑|平面图、立面图、轴测图

↓|带垃圾桶的长凳

↑|水边的长凳
→|滨河公园

MAISTER将军纪念公园

Ljubno ob Savinji

该纪念公园用抽象的三维空间手法来象征北部边界的崇山峻岭。1918年，MAISTER将军的部队曾为之奋战。主要的纪念性场地是采用预制的钢筋混凝土构件，它们由一系列三角形格构状的表面包裹，形成了台地的挡土墙。整个公园靠一堵坚固的块石组成的堤坝来抵御洪水。长椅、垃圾桶和路灯很自然的结合到这道防洪墙的顶部。金属丝弯曲成线框形式的雕塑，表现了MAISTER将军牵着战马、率部队行进的形象。

地址：斯洛文尼亚，Ljubno ob Savinji 3333。**雕塑家：**Primož Pugelj。**委托方：**MAISTER将军纪念协会。**完成时间：**2007年。**产品量：**单件。**设计方式：**个性化设计。**功能：**座位。**主要材料：**石头、混凝土、金属。

↑|雕塑和矮墙
←|雕塑的灯光效果

←|河边夜景

↓|剖面图

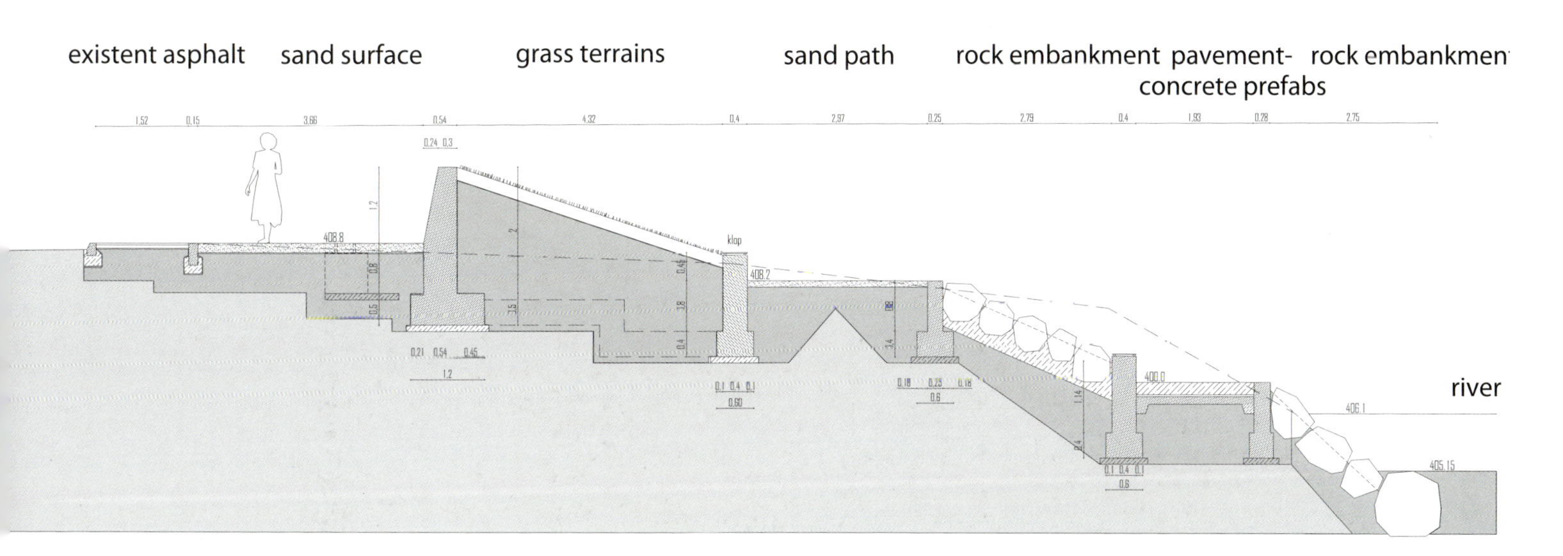
existent asphalt
sand surface
grass terrains
sand path
rock embankment
pavement-
concrete prefabs
rock embankmen
klop
river

BRUTO d.o.o. / Matej Kučina

↑ | 屋顶的散步道

Orhidelia康乐中心

Podcetrtek

该康乐中心位于度假酒店和宾馆密集的Olimia区。因为把体积庞大的辅助用房设在了地下，大大减少了地面的建筑体量，使得整个综合楼看似一座城市公园。辅助用房又有效地划分了空间，并通过一系列的坡道、楼梯和平台，把辅助空间与周边的区域连接在一起。设计中最重要的部分包括：入口的广场铺地，从地下建筑的屋顶上穿过的小路，轻轻悬挑在露天泳池之上的木平台，以及屋顶上的绿化。

地址：斯洛文尼亚，Podcetrtek，Zdraviliška cesta 24，3254。**合作设计师**：ENOTA建筑师事务所。**委托方**：Terme Olimia d.d.。**完成时间**：2009年。**产品量**：单件。**设计方式**：个性化设计。**功能**：座位、照明、防护栏。**主要材料**：木（凳子）、铁杆（栏杆）。

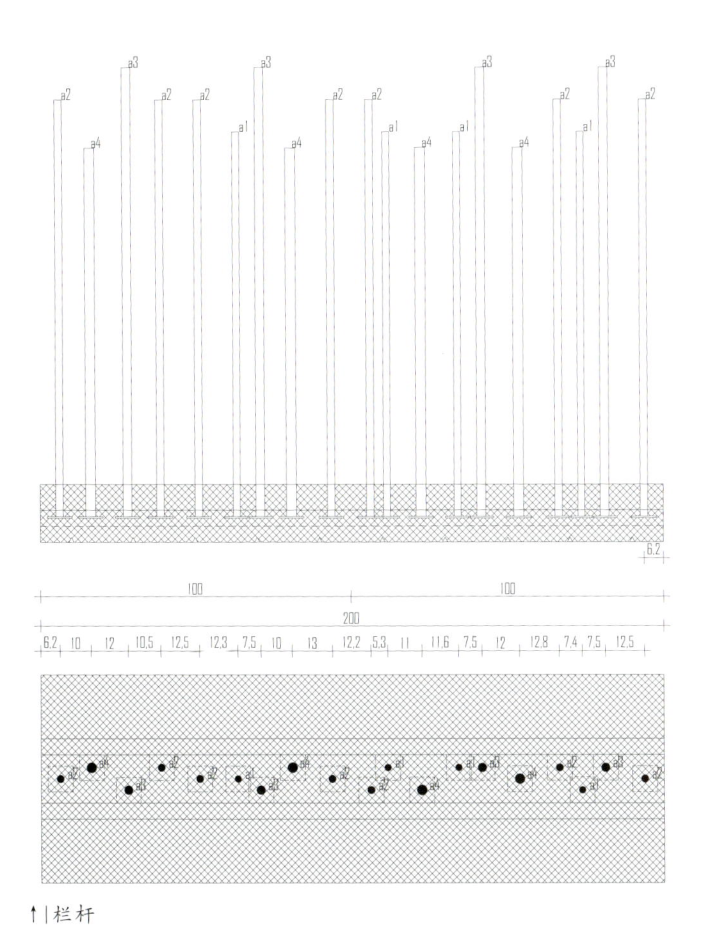

↑ | 栏杆

↓ | 散步道上的边柱、长凳和栏杆

↑ | 灯柱

3GATTI

↑|镜面不锈钢坐凳

IN工厂

上海

IN工厂是上海市中心一个废弃工业区的再开发项目。设计师创造了各种透明、不透明、反射和可变的水平和垂直界面。透明效果是通过一系列金属杆件实现的。美洲葡萄藤蔓的枝条随着季节而枯荣，制造出变化的效果。镜面处理过的钢材用于长座椅和水平构件以获得反射效果。最终空间效果是与周围密集的环境要素相互作用而成，特别是在主庭院里，只要轻轻触碰一下那些杆件，就能听到金属振动发出的声音，而悬挂在不同高度的吊灯，也会随风摆动。

地址：中国，上海，康定路1147号，200042。**委托方**：上海尚安投资管理有限公司。**完成时间**：2006年。**产品量**：单件。**设计方式**：个性化设计。**功能**：座位、照明。**主要材料**：耐候环氧树脂涂层。

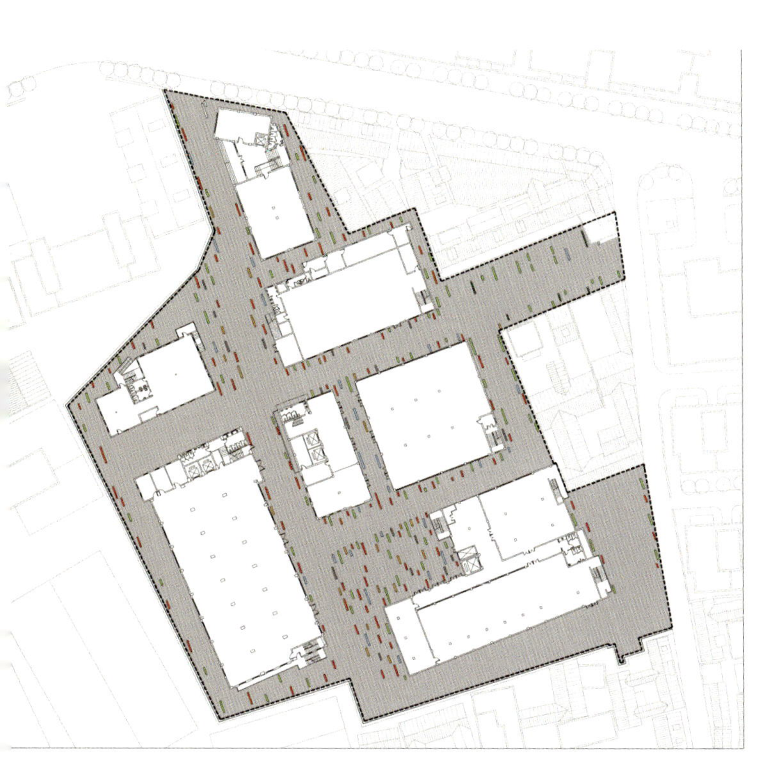

↑|平面图

↓|鸟瞰

↑|长凳、水槽、花池等构成的水平线条

↑|双坡面的木制街具

创智坊

上海

该项目是对上海的一处三角形用地进行景观改造。在此，铺地的材质和土壤被柔和在一起。泥地上放置了广告灯箱。铺地用的木板看似被折过的纸片，铺成带状，可以成为坡道、凳子、躺椅、路障、花池、屋顶、发光图腾等等，甚至还可以充当陷阱。因为设计师希望通过创造某种危险，来改变城市景观的单调乏味，让人们在使用这个场地的过程中，感到刺激并调动起身心的注意力。

项目概况

地址：中国，上海，杨浦区，政民路8-2区，200433。**委托方**：上海瑞安房地产发展管理有限公司。**完成时间**：2009年。**产品量**：单件。**设计方式**：个性化设计。**功能**：座位、照明、遮蔽、种植槽、休息平台、标志、障碍物。**主要材料**：木夹板、丙烯酸板、钢结构。

↑↑|北立面
↑|总平面

↑|木制平台
↓|鸟瞰

↑|广场上的街道，以白色坐凳为边界

Lazona川崎广场

川崎市

项目位于川崎市中央商务区，这里建有一座2006年开业的商业中心，旁边紧邻火车总站。交错式的铺地形式使场地更显生动、多彩，富有艺术感。使用白色混凝土铺砌不同标高的道路，是这个设计最突出的特征，也是这位设计师常用手法。这些穿插于用地内的小路，在设计结构中起到了骨架的作用，既让广场具有了鲜明的特征，同时还成为了视觉的焦点。

项目概况

地址：日本，212-0013，神奈川，川崎市，堀川町幸区72-1。**建筑设计：**Ricardo Bofill Leví 和 Yamashita Sekkei Inc。**委托方：**东芝公司/三井不动产株式会社。**完成时间：**2006年。**产品量：**单件。**设计方式：**个性化设计。**功能：**座位。**主要材料：**混凝土。

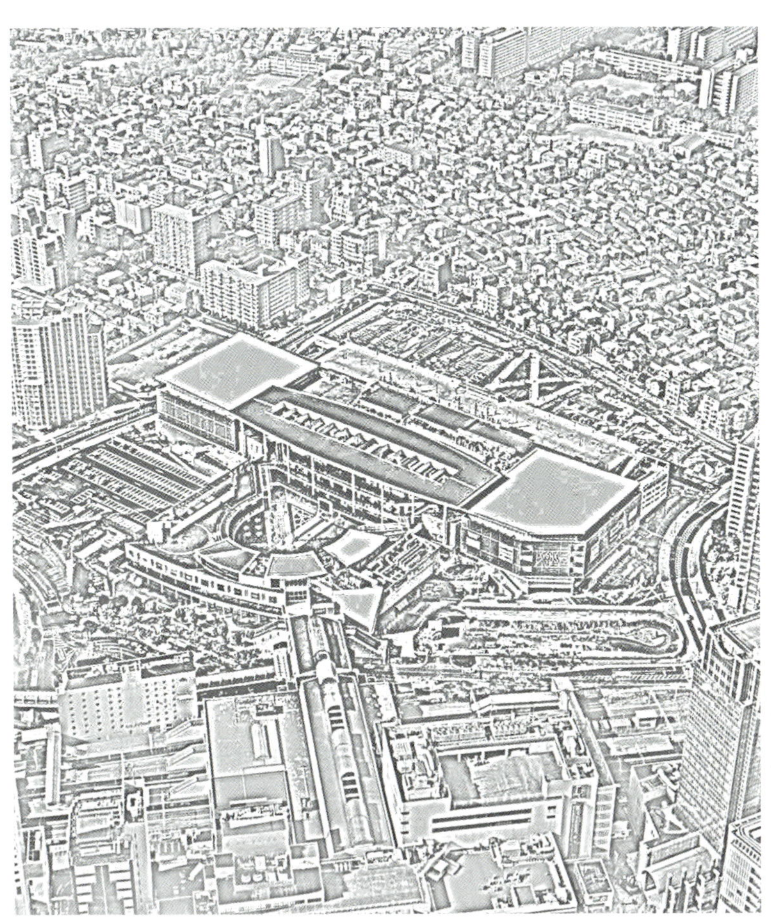

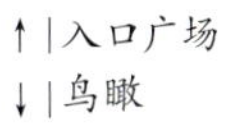
↑|入口广场
↓|鸟瞰

↑|Lazona川崎广场整体景观

CCM 建筑师事务所, Ralph Johns & John Powell 景观建筑师事务所 / Guy Cleverley, Ralph Johns

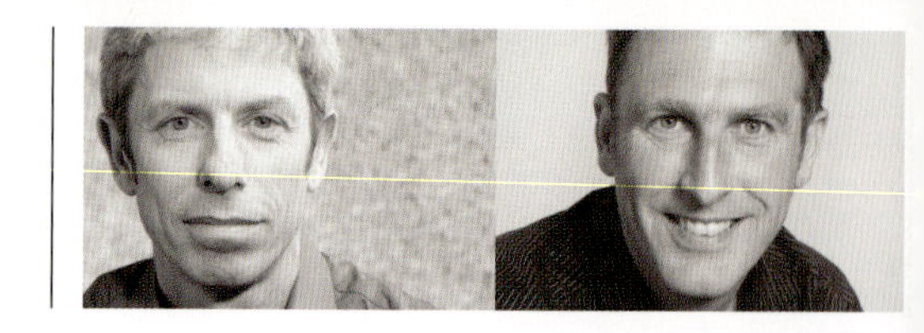

↑|鸟瞰
→|组合了灯具的座椅

城市心脏

北帕默斯顿

这个城市中央公园的更新改造规划已经被分阶段的完成了。公园中的坐凳、灯柱和其他家具构件设计, 均体现出这个地方的历史上和空间上原有特征。主要的人行通道被两侧的灯光所勾勒出来, 这里曾是一条穿城而过的铁路路轨。在场地的一个角上, 重新复建了一座钟塔。为了强调钟塔作为城市纪念碑的功能, 设计者将其高度升高, 还增加了照明设备。在坐凳、树池和地面上, 都嵌入了照明灯具, 还有一些垂直的灯柱, 为公园带来一个舒适的夜间活动场所。加冕花园的重建则强调平面的几何形状, 并设有大量的座椅, 还修复了石砌的喷泉。

项目概况

地址：新西兰，北帕默斯顿，4410。**委托方：**北帕默斯顿市议会。**完成时间：**2007年。**产品量：**单件。**设计方式：**个性化设计。**功能：**座位、照明、喷泉、树池。**主要材料：**阔叶木、不锈钢、花岗岩、混凝土。

↑|一组公共座椅
←|加冕花园

←|路灯

↓|活动草坪边的一排座椅

Isthmus / David Irwin, Tim Fitzpatrick, Grant Bailey, Yoko Tanaka

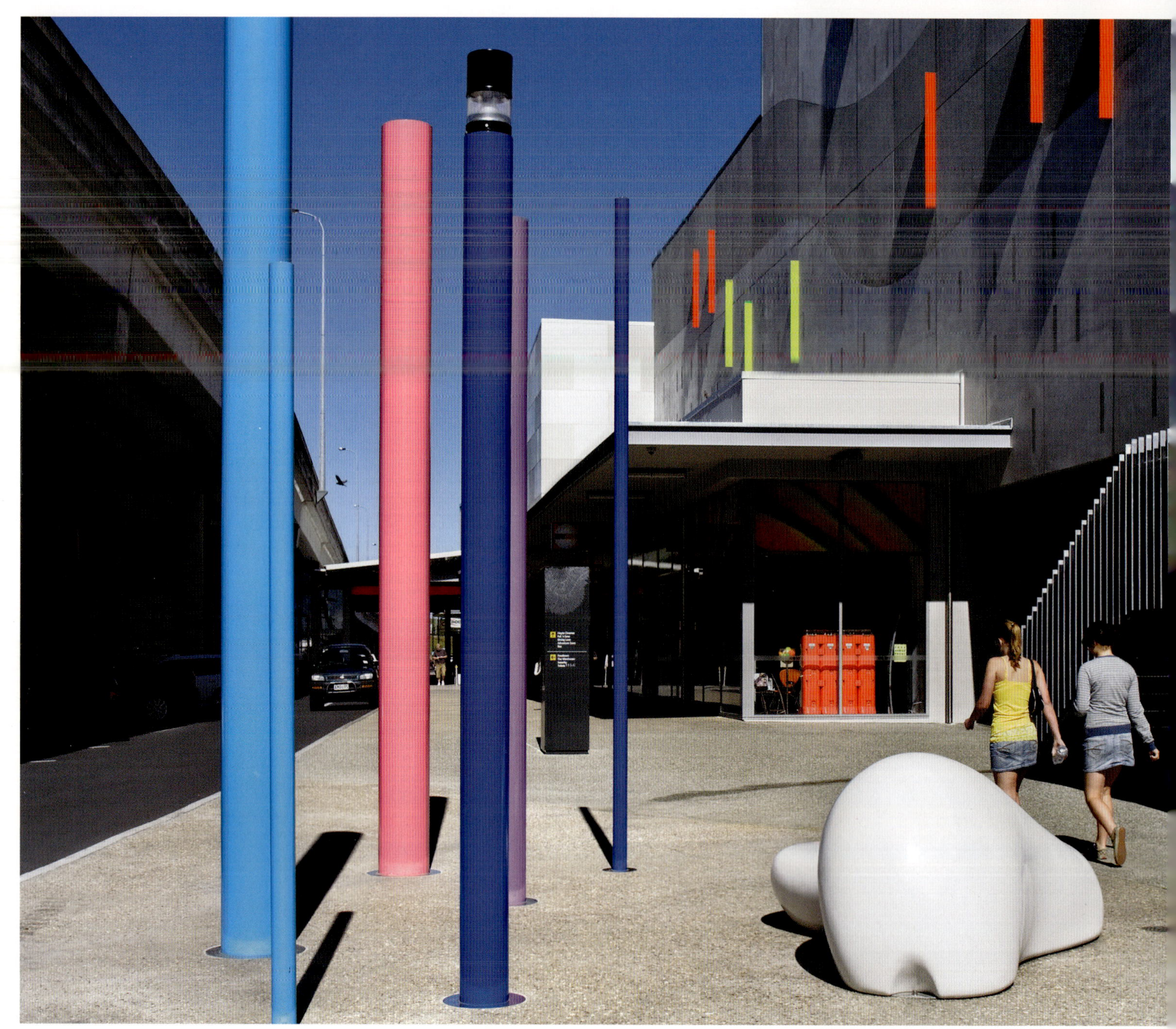

↑|坐凳和彩色柱子
↗|通向购物中心的路
→|东南面主要高架路的下方

西尔维亚公园

奥克兰

设计仅仅采用简单的垂直钢柱，但漆上了鲜艳的色彩后，竟给整个场地赋予了勃勃生机。这些柱子高低不一，被随意的树立在地上（就像森林里生长的树一样）。柱子的周边形成了大大小小的集会空间，为周末跳蚤市场、艺术表演和产品展示等，提供了活动的场所。地上放置的坐凳呈有机的自由形态，与高架桥的直线形成鲜明的对比。凳子是空心的，采用玻璃纤维作材料，并用了2部分模具拼装而成。设计师Isthmus的这些想法，是由Valentin Design公司制作出品的。

项目概况

地址：新西兰，奥克兰，MT惠灵顿，286 MT惠灵顿公路。**建造商：**CSP Pacific, Valentin Design。**委托方：**Kiwi Income Property Trust (KIPT)。**完成时间：**2008年。**产品量：**单件。**设计方式：**个性化设计。**功能：**座位、照明、垂直钢柱。**主要材料：**玻璃纤维、钢。

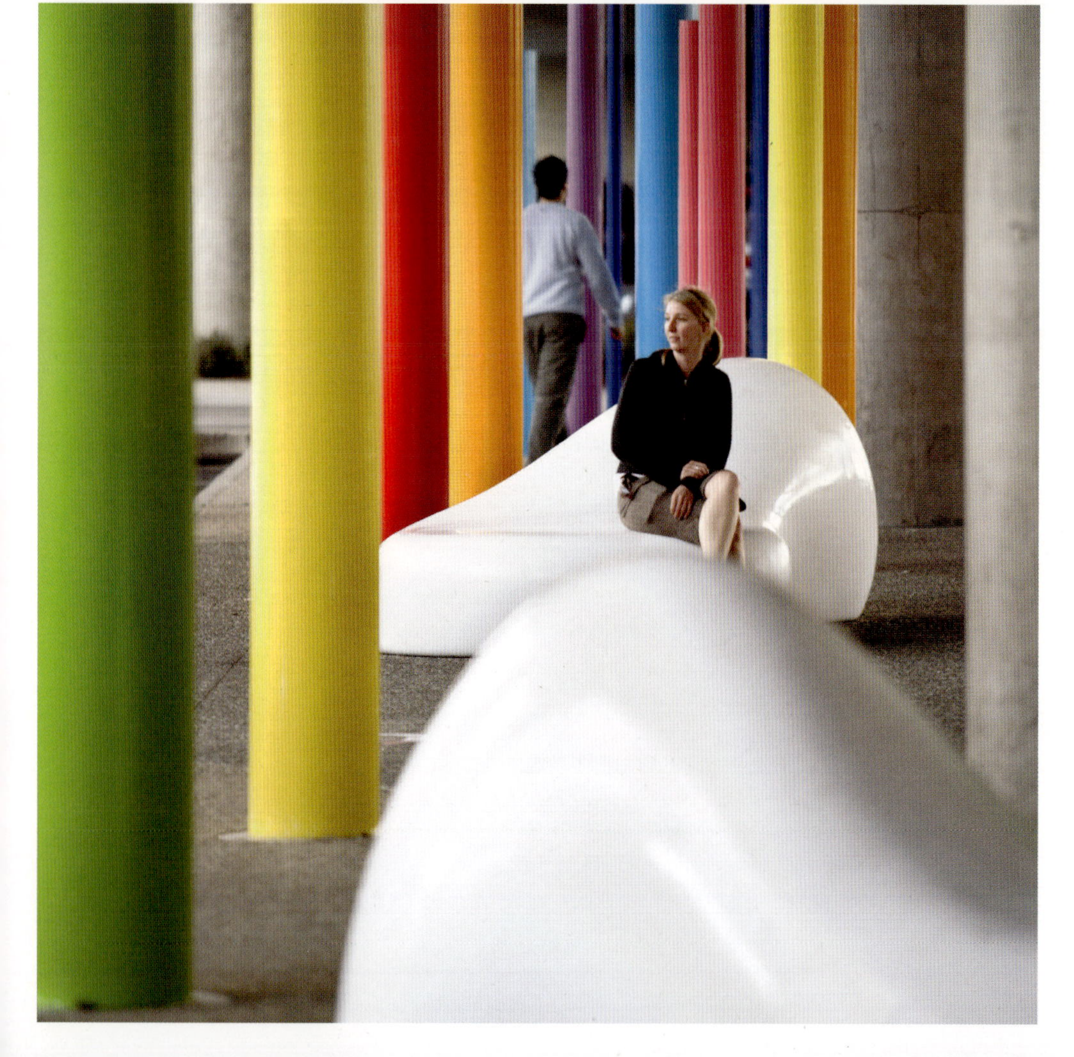

↑|垂直钢柱
←|坐凳和彩色柱子

←|某些柱子同时兼有照明功能
↓|概念模型

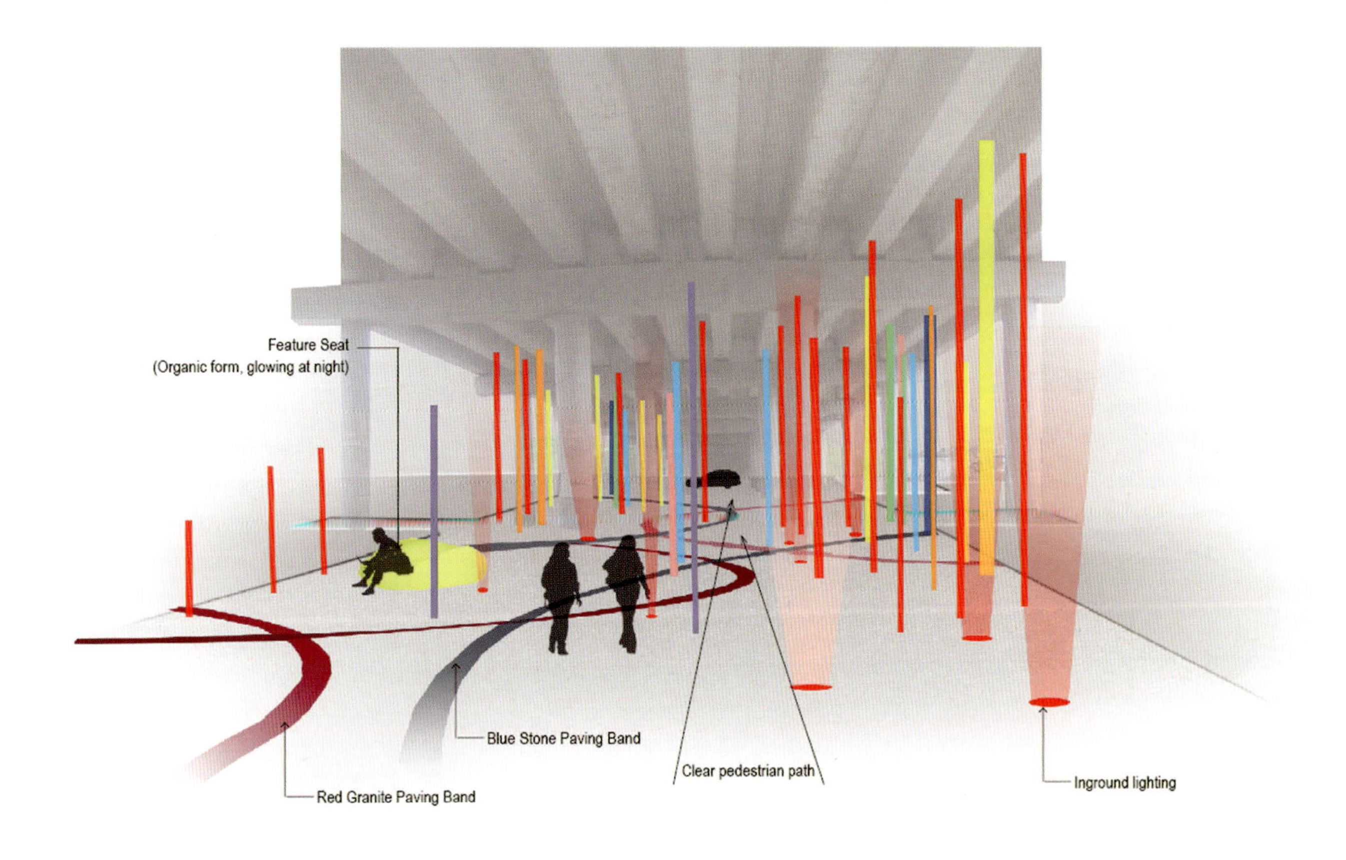

Isthmus与太平洋建筑设计工作室 / D. Irwin, S. McDougall,E. Williams, G. Marriage, D. Males, P. Mitchell

↑|灯柱和木筏形式的坐凳，码头广场
→|小路两侧的立方体照明设施

Kumutoto

惠灵顿

Kumutoto河从城市延伸至海边，再次把惠灵顿市和港口连接起来。通过街具的布置，向人们暗示着场地上原有的历史遗迹，优美的景观设计则充分显现出惠灵顿港口的自然特征。在Kumutoto河的河口处建设了一条新的步行桥，既让这条早已被遗忘的河道与码头再次连接在一起，更成为了滨水漫步时的视觉焦点。通长的阶梯式坐凳直接伸至水边，为人们提供了亲水活动的空间，同时还能起挡海风的作用。在不受海风影响的区域，设置了许多灯柱，看上去像是一块块漂浮的木板，下面用混凝土做成的坐凳，则看似一艘艘木筏，适合多人同时使用。

项目概况

地址：新西兰，惠灵顿，惠灵顿码头，Kumutoto。**委托方**：惠灵顿码头有限公司。**完成时间**：2008年。
产品量：单件。**设计方式**：个性化设计。**功能**：座位、照明、避风、桥。**主要材料**：木、混凝土、钢。

↑|Kumutoto的桥和台阶

←|Kumutoto河河口

←|Kumutoto广场上的坐凳
↓|Kumutoto桥、坐凳和栏杆

↑|休息区的艺术品

南波士顿航海公园

波士顿

设计师通过与当地的一家景观设计公司的合作，力求景观与建筑设计之间的充分协调，达到整体设计的效果。设计师把公园内3个独立的区域，以统一的材质和设计手法来进行设计。最大的区域在公园的北面，那里设置了一片凸起的草坪，并通过台阶与城市的北大街相连。2个大花架形成了到达公园中心区域的过度空间。中部区域设置了一些咖啡亭和室外座椅，南部区域则通过长凳和植物的围合，营造出较私密的环境。

地址：美国，马萨诸塞州，02210，波士顿，D大街和北大街。**景观设计：**The Halvorson Design Partnership。**图形解说：**Flanders + Associates。**艺术设计：**Ellen Driscoll与Make Architectural Metalworking（"水幽默"），Carlos Dorrien（"海浪"and "海上来客"）。**委托方：**马萨诸塞州港口管理局。**完成时间：**2004年。**产品量：**单件。**设计方式：**个性化设计。**功能：**座位、花架、咖啡室。**主要材料：**花岗岩、柚木、ipe木材、铜。

↑ | 花架和咖啡室

↓ | 立面，花架和咖啡室

↑ | 咖啡室近景

SQLA inc. LA / Samuel Kim

↑|北面效果图，从“艺术之路”通向“艺术与技术的中庭”

→|“艺术之路”、“雕塑草坪”和“艺术与技术的中庭”的鸟瞰效果图

西洛杉矶学院的步行长廊

卡尔弗城，加利福尼亚

学校打算建一条总长300m的步行道，该项目则是整个步行系统建设的第一阶段，用于连接新的科学与数学系大楼。该步道被分成头尾相接的几段，因为位于艺术学院大楼前面，所以各段步道被分别命名为“艺术之路”、“雕塑草坪”和“艺术与技术的中庭”。设计师用混凝土制的板条做成铺地，沿着建筑的立面向前展开，当遇到树木、灯杆、庭院灯或长凳时，混凝土板可以自由的伸缩调节。“艺术与技术的中庭”是一块下沉的区域，采用风化花岗岩铺砌，为后期规划好的咖啡吧提供了场地。场地内的家具包括：长凳、小花槽、庭院桌椅和太阳伞。

地址：美国，加利福尼亚州，90230，卡尔弗城，Jefferson大道10100号。**建筑设计：**ACSA公司。**委托方：**西洛杉矶学院。**完成时间：**2010年。**产品量：**系列品。**设计方式：**批量化设计。**功能：**座位、照明、垃圾箱、庭院桌椅、太阳伞。**主要材料：**金属。

↑↑|"艺术与技术的中庭"，桌椅和太阳伞
↑|标准化制作的长凳

↑↑|"雕塑草坪"
↑|"艺术之路"的南端

Janet Rosenberg 和合伙人事务所，
Claude Cormier建筑和景观设计公司 /
Janet Rosenberg, Claude Cormier

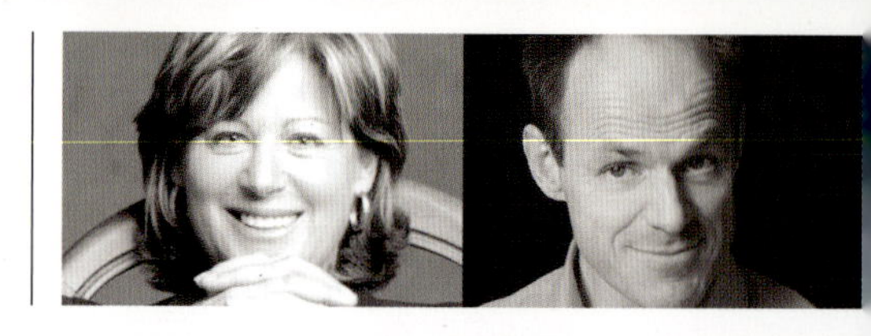

↑|阿迪朗达克椅子

HtO——城市中的海滩

多伦多

HtO成功之处是把人吸引到滨水区，并为人们提供了丰富多彩的娱乐活动。它一建成便成为了多伦多的城市象征，尤其是水边那些黄色的太阳伞。该名字源于对水的分子式H_2O的一个玩笑，寓意是把水和城市连接起来，减少从安大略湖到市中心的各种障碍物。进入海滩后，游人将沿着缓缓上升的绿色丘陵向前，丘陵上种满了柳树和银色的枫树，然后又慢慢向下到达开阔的沙滩，上面全是黄色的太阳伞。为了体现与水的接触，水边还设置了木栈道。

项目概况

地址：加拿大，多伦多，M5J2G8，Queens Quay blvd。**合作者**：Hariri Pontarini建筑师事务所。**委托方**：多伦多市。**完成时间**：2007年。**产品量**：单件。**设计方式**：个性化设计。**功能**：座位、遮挡阳光。**主要材料**：木、穿孔钢、不锈钢、混凝土。

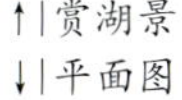

↑|赏湖景
↓|平面图

↑|散步道

Sitetectonix
个人有限公司

↑|波浪形的步道、种植槽和坐凳
→|兼有坐凳功能的种植池，种植着黄檀树

怡丰城

新加坡

怡丰城内设有有个大型购物中心。该项目的景观设计概念是要把座椅设施融合到硬质景观和软质景观当中。位于街道最前端的北广场，沿街道的方向设计了一系列像“海浪”一样起伏的小草坡，让人联想起海浪上下波动的节奏。草坡的石头挡土墙可以充当临时的座位，而草地本身也是一处受欢迎的休息面。在水边的木夹板步道上，几个阿米巴形状的花池不仅可以提供种植的空间，还是一组坐凳。这些阿米巴虫形状的种植槽区分了两个空间，一边是让人直接穿行的较繁忙的步道，另一边是较宁静的木栈道。

项目概况

地址：新加坡，1 Harbour Front Walk。**建筑设计**：伊东丰雄建筑师事务所。**委方**：Mapletree Investments Pte有限公司。**完成时间**：2006年。**产品量**：单件。**设计方式**：批量化设计。**功能**：座位、种植池、铺地。**主要材料**：天然石头、花岗岩、卵石、木、不锈钢。

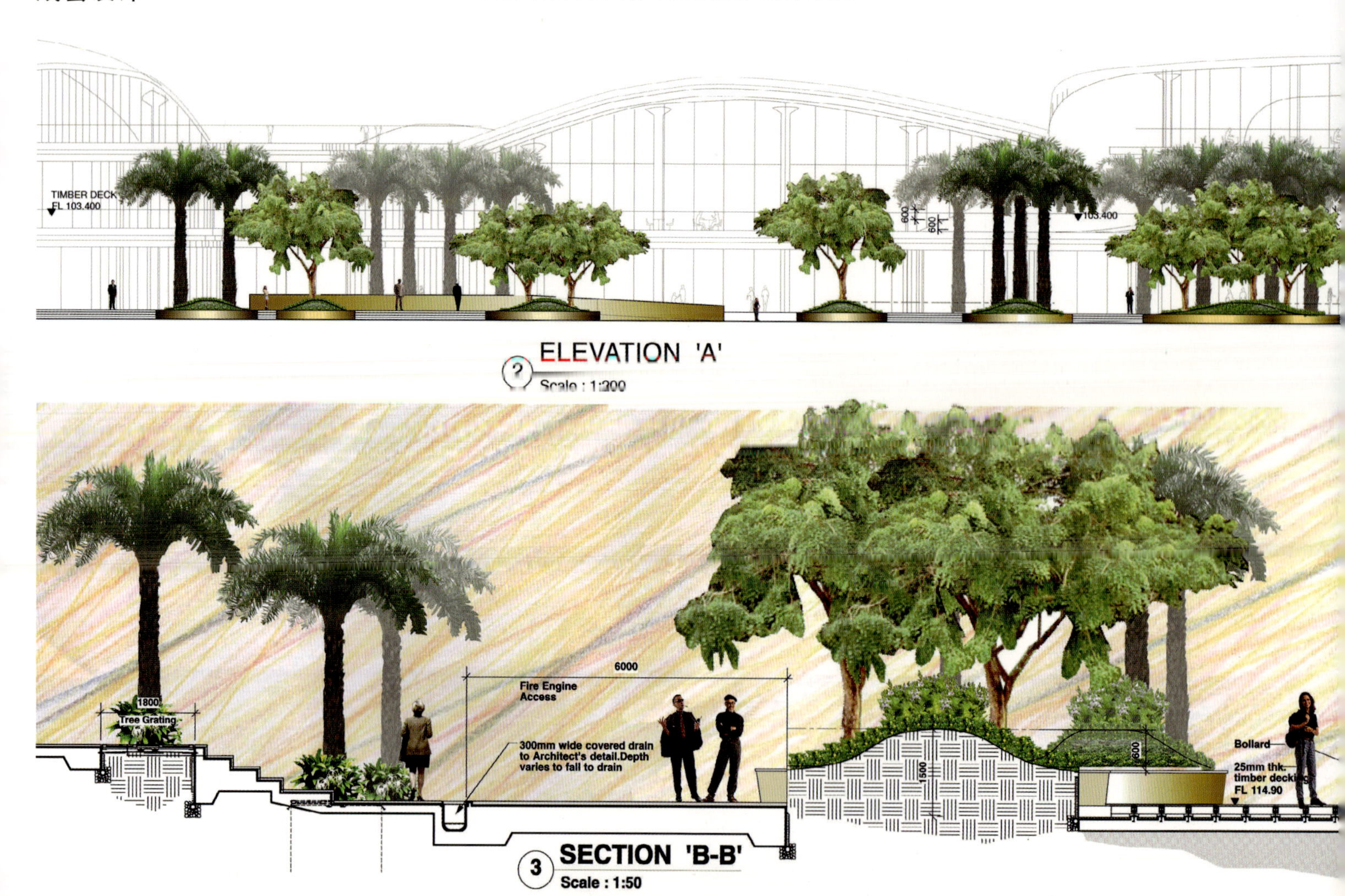

↑|立面和剖面图，步道上设置的种植池和坐凳

←|北广场鸟瞰，草坪土丘

←|步行木栈道上阿米巴虫形状的种植槽
↓|草坡，可作为闲逛时的临时休息座位

Grupo de Diseño Urbano / Mario Schjetnan

↑ | 街具细部和喷泉，旁边是塔马约当代艺术博物馆广场。

查普尔特佩克公园里的喷泉长廊

墨西哥

在查普尔特佩克公园修复的第二阶段中，一个全新的元素被加入进来——一条从人类学博物馆到塔马约博物馆的喷泉长廊。在此之前，这两座重要的公建之间并没有任何的连接物。设计师利用跌级变化的方法，不但让这条全长250m长廊显得格外突出，而且还大大减少了土方量。水池之间的种植池里，种有场地中原有的杜松、地中海白松、桉树、木麻黄，树下则栽植了蓝色非洲爱情花和蓝色的长春花。人行道上铺设的是黑色混凝土块和玄武岩石块，树木周边的地面则用鹅卵石铺砌，便于雨水渗透进土壤中。

地址：墨西哥，墨西哥市，C.P.11560，Reforma大街，查普尔特佩克公园。**合作设计师：**Marco Arturo González。**委托方：**墨西哥市政府，市民代表，复兴查普尔特佩克捐赠委员会。**完成时间：**2007年。**产品量：**单件。**设计方式：**个性化设计。**功能：**座位。**主要材料：**彩涂钢板。

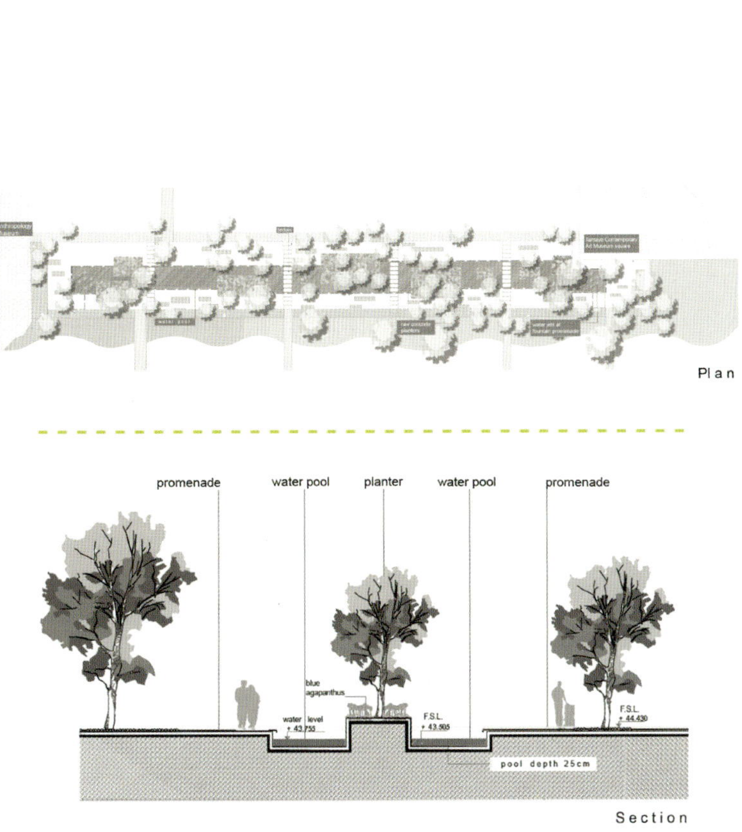

↑|喷泉长廊的平面图和剖面图
↓|喷泉长廊

↑|街具及小喷泉细部

Will Nettleship

↖↖|云门细部
↑↑|步道细部
↖|云门
↑|细部

地平线

代顿

大学校园中设有一条连接主停车场与校园核心的步行道，该设计则是步行道的入口。俄亥俄州的代顿市是Orville和Wilbur Wright的家乡，位于代顿市的这所大学还是Wilbur Wright档案馆的所在地。此外，代顿市一带还是代表美国土著文化的一个重要核心。该设计有2个主题：一是象征着Wright兄弟决心要俯瞰地平线的壮志，二是要体现出迈阿密河流域下游的美国土著文化。

项目概况

地址：美国，俄亥俄州，45435，代顿市，莱特州立大学。**委托方**：俄亥俄艺术顾问团，莱特州立大学。**完成时间**：2002年。**产品量**：单件。**设计方式**：个性化设计。**功能**：连接校园的步道和入口。**主要材料**：砖、混凝土、玻璃砖、光面混凝土块。

Vulcanica建筑师事务所 / Eduardo Borrelli, Aldo di Chio, Marina Borrelli

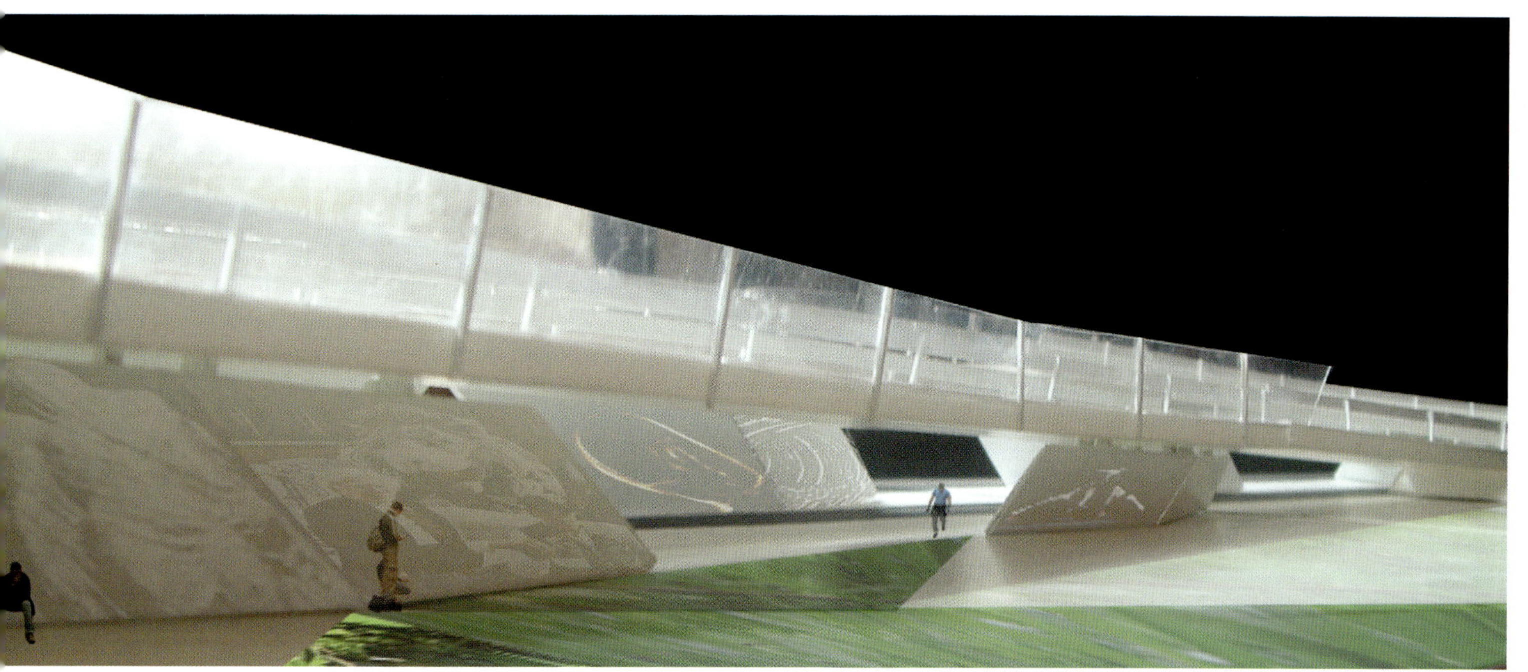

↑|模型
↑|建造中的桥墩
↗|从广场上看过去的效果图
↓|立面图

道路之下

那不勒斯

该项目位于那不勒斯市的卡波迪蒙蒂一座现有的桥梁之下，桥梁下方正好是一个广场。整个设计有力而统一，与广场的历史氛围融合得恰如其分。今天，这个广场的功能早已混乱不堪：繁忙的交通，任意的乱停车，还加上一个公交车站和地铁站出入口。因此，任何新的街具设计在这里都是多余的，桥梁本身就是塑造这片城市肌理的最佳元素。新设计的桥墩强化了场地的动态变化，它就像因速度而产生倾斜的现代方尖碑，或是一根倾斜度极大的长方体雕塑。总而言之，它让广场的历史感得到了进一步的提升。

项目概况

地址：意大利，那不勒斯，Di Vittorio广场。**委托方**：那不勒斯市。**完成时间**：进行中。**产品量**：单件。**设计方式**：个性化设计。**功能**：遮蔽、照明。**主要材料**：混凝土、钢。

3LHD与Irena Mazer建筑师事务所/
Tanja Grozdanic, Silvije Novak,
Marko Dabrovic, Sasa Begovic

↑|长椅
↗|有照明设施的遮阳棚
→|Riva休闲步道

斯普利特Riva滨水区

斯普利特

在地中海沿岸的众多有趣的地方里，斯普利特市及该市的Riva滨水区步道，是历史最悠久、特征最突出的一个。滨水区步道位于在戴克里先宫的前面，有着1700年的历史，是一个建设完善的公共开放空间。宫殿的罗曼式风格构成了城市形态的基本框架。设计师便用相似的尺度、材质和模数的混凝土构件，构成了Riva滨水区公共空间中的所有部件。全长250m，宽55m的Riva滨水区，现已成为该地区的一个主要公共活动广场。人们在这里开展各种社交活动，包括：体育比赛、宗教游行、节日庆典等，白天它是一条休闲步道，晚上它变成了游行的长廊。

地址：克罗地亚，斯普利特，Obala Hrvatskog Narodnog Preporoda，21000。**城市设计：**Numen / For Use。**灯光设计：**Novalux。**委托方：**斯普利特市。**完成时间：**2007年。**设计方式：**个性化设计。**产品量：**系列品。**功能：**座位、照明、垃圾箱、饮水机、遮阳棚。**主要材料：**混凝土、木、钢。

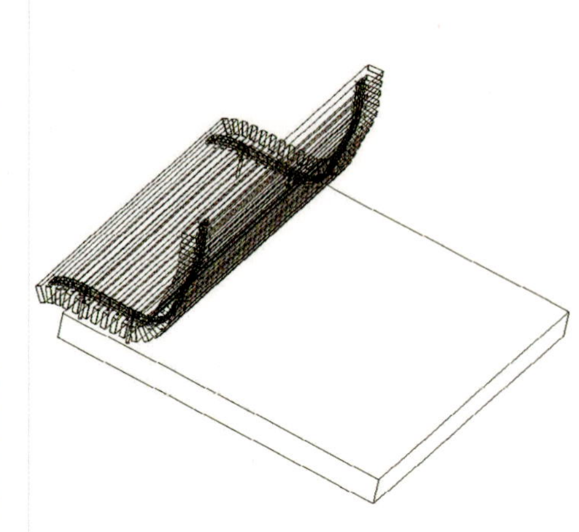

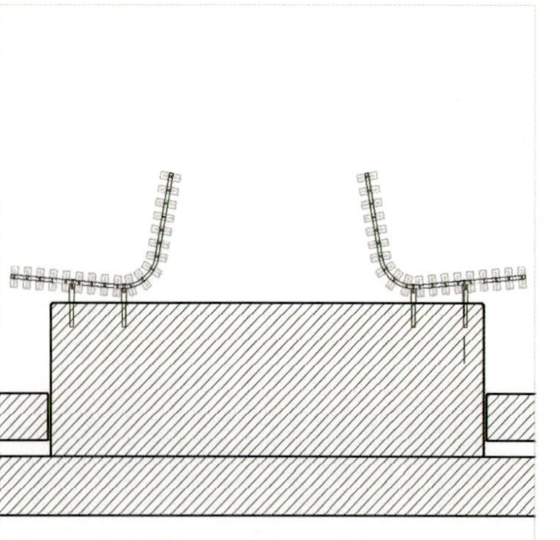

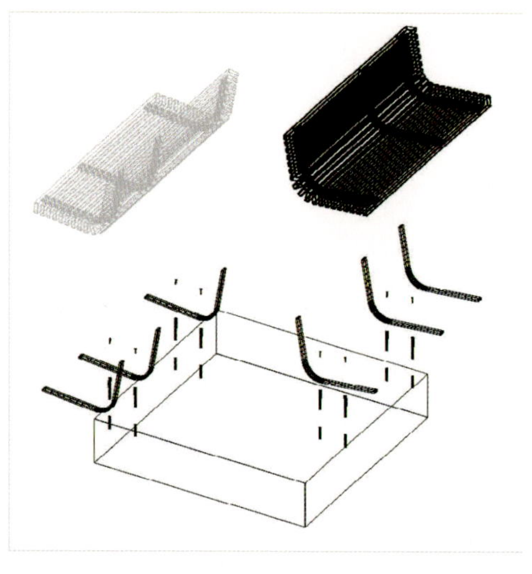

↑|鸟瞰

←|长椅设计图

←|长椅细部
↓|鸟瞰，被收起来的遮阳棚

灯具和标识

垃圾桶

边界

自行车架和游戏设施

座椅

成套设计

铺地

系列设计

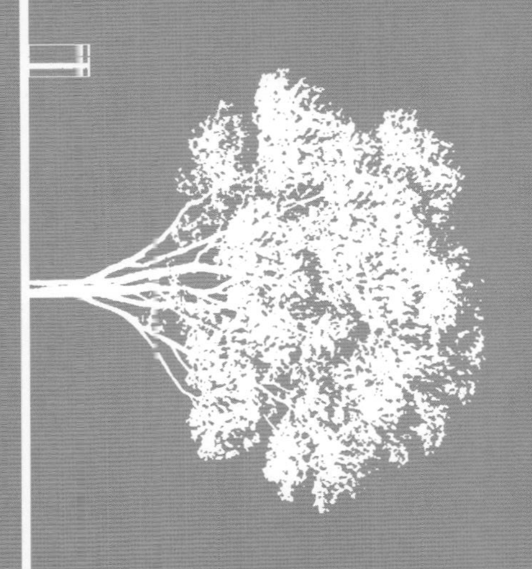

树池和水池

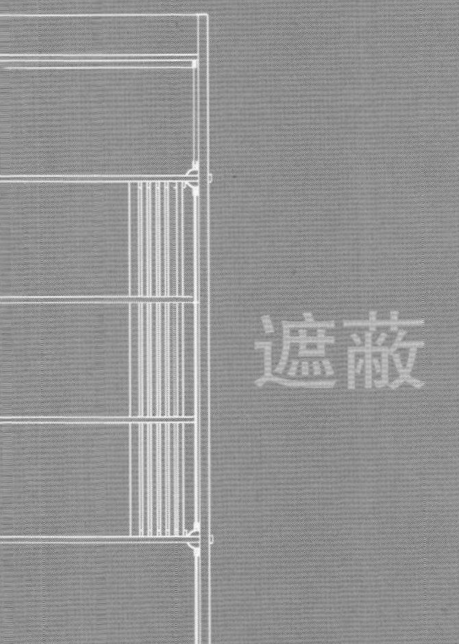

遮蔽

díez+díez diseño

↑ | 行列式布置的长凳

Godot

城市是一个相聚的地方，我们相约或偶然在此见面；城市是一个承载着过去和现在的空间，同时也是梦想无限伸展的地方；城市是一个排解孤独、探索快乐的场所；城市还是流浪者者与旅客心目中一个安静的小岛。这个项目的核心是，为游客提供相遇的广场，为原有的市民提供发现新事物的街道。因此，设计师创作了名为Godot的长凳，稳重的长凳与周围的树木及某些永恒的元素紧密的结合在一起。

项目概况

委托方： ESCOFET 1886。**完成时间：** 2005年。**产品量：** 系列品。**设计方式：** 个性化设计。**功能：** 座位。**主要材料：** 混凝土。

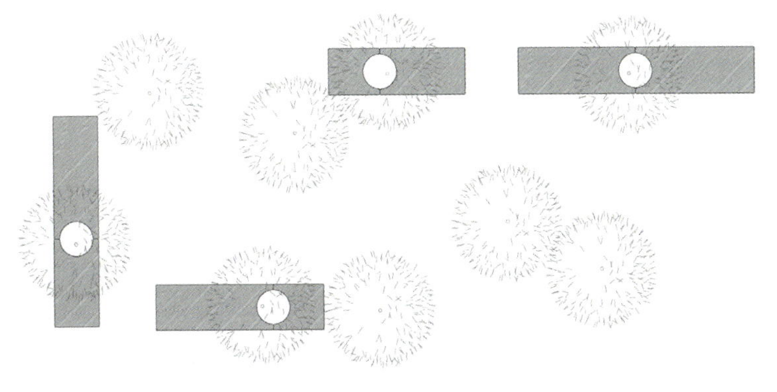

↑|细部
↓|坐凳

↑↑|内部锚固构件
↑|平面布置

↑|侧立面

千年森林

川崎市

在川崎市Lanzona开发区的一个停车场重建改造项目中，设计师把植物种在了一辆精心装饰过的车里。每当有人靠近时，这辆车的前灯还会自动打开。随着时间的推移，车里的树会越长越大，甚至会把整辆车都覆盖住。而这一棵富有象征意义的植物所传递出来的信息是："这里也可以长出一片森林"。

项目概况

地址：日本 212-0013，神奈川，川崎市 Lazona，堀川町幸区72－1。**委托方**：东芝/三井不动产集团有限公司。**完成时间**：2006年。**产品量**：单件。**设计方式**：个性化设计。**功能**：种植池。**主要材料**：钢筋。

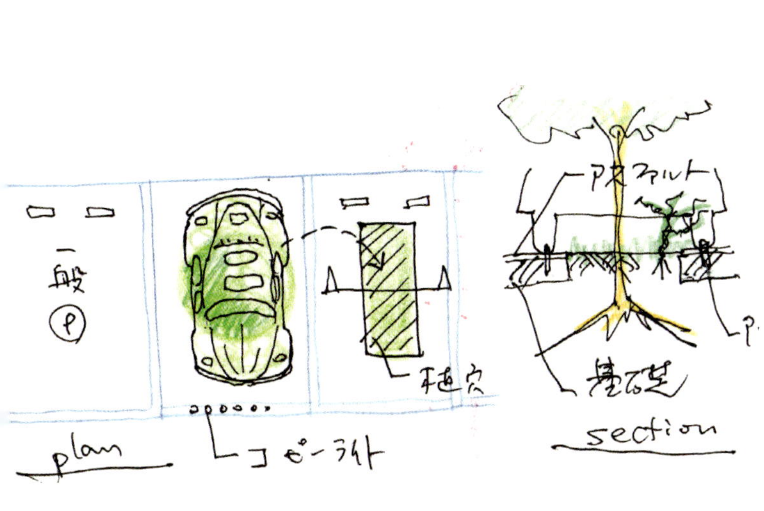

↑|设计草图

↓|有人靠近时，车前灯会自动打开

↑|车前部

↑|鸟瞰

梦想之树

川崎市

这棵橄榄树成为了川崎市重生的标志，它寄托了整个Lanzona开发计划。树枝上挂着的若干把锁，其钥匙已被埋在附近的一个湖里。也许在将来的某一天，有人会找到其中的一片钥匙并打开锁。树池被掏空成鸽子的形状，里面埋有蛋形的胶囊，囊中是川崎市Lanzona开发计划的工作人员写下的祝福之词。这些充满激励的话语，将成为橄榄树成长的养分，同时也支撑着川崎市的重生。

地址：日本 212-0013，神奈川，川崎市 Lazona，堀川町幸区72-1。**委托方：**东芝/三井不动产集团有限公司。**完成时间：**2006年。**产品量：**单件。**设计方式：**个性化设计。**功能：**树池。**主要材料：**白色大理石。

↑|种有橄榄树的树池
↓|掏空成鸽子形状的树池

↑|树上的锁，钥匙被埋设在周边的湖里

Estudio Cabeza /
Diana Cabeza

↖|使用方式
↑↑|阿根廷科尔多瓦市，Paseo del Buen教堂外
↑|细部

Chafariz饮水机

设计师根据传统的邻里取水口模样，在公共空间中设计了这个饮水设施。在游戏或骑车或夏日里的行走之后，那些出现在口渴的大人小孩们面前的Chafariz饮水机，能让他们重新恢复活力。图腾的造型同时也为使用者提供了方便，因为小孩子可以轻松的利用上面的踏步和抓孔，安全的喝到水。

项目概况

委托方：公共和私人用户。**开发小组**：Diana Cabeza, Leandro Heine, Diego Jarczak。**完成时间**：2001年。**产品量**：系列品。**功能**：饮水器。**主要材料**：铸铁、彩色磨砂聚酯热固性粉末涂料。

|“漂浮的长凳”兼升起的树池
|地下的拱顶，采用精巧的构造体系，装载供树生长的土壤和灌溉系统
|半球形的树池剖面图
|看似漂浮在石头铺地之上的树池

Wacker大街北一号

芝加哥，伊利诺伊州

该项目位于芝加哥市中心一栋高层办公楼之下，长度足有一个街区，宽度为12m，被用作人行步道。透过办公楼大堂的玻璃幕墙，可以清晰的看到它。拱形的树池与传统的树池完全不同，它利用特殊的半球形支架做支撑，在保持土壤覆盖的同时，还能让树的球根保持在街道地面之上。树池升起于地面，每个间隔为9m，同时可以兼做坐凳。人行道采用平坦的花岗岩火烧板铺砌，其大小与人体尺度相符。在Franklin北大街的入口处，设有3个大的种植兼坐凳的设施，但每个半球形装置中都没有种树，仅是漂浮在水池中。

项目概况

地址：美国，伊利诺伊州，60606，芝加哥，Wacker大街北一号。**建筑设计：**Lohan Caprille Goettsch建筑师事务所。**委托方：**John Buck公司。**完成时间：**2002年。**产品量：**单件。**设计方式：**个性化设计。**功能：**座位、种植池、水景。**主要材料：**石头、花岗岩。

Janet Rosenberg +
Associates /
Janet Rosenberg

↑|从街上看庭院

Adelaide东大街30号

多伦多

2棵高大的银杏树主导了整个庭院空间，而庭院的设计与周边建筑的几何感，形成了令人愉悦的合奏。一条粗大的花岗岩弯路把人们引向建筑的主入口，路的两侧还以不锈钢矮墙做围合。水边散落着数个用安大略湖出产的石灰石切割成的方块，既像一组雕塑作品，又为人们提供了理想的坐、看和交流的设施。一个简单的水池，隔绝了城市周边的烦嚣。种有墨绿色红豆杉的单色树池，与建筑形成了强烈的对比。院内精致的不锈钢街具均是为该项目特别订做的。

项目概况

地址：：加拿大，安大略省，多伦多市，Adelaide东大街30号。**规划合作：**Quadrangle建筑师事务所。**委托方：**Dundee房地产管理公司。**完成时间：**2002年。**产品量：**单件。**设计方式：**个性化设计。**功能：**座位、水景、树池、公共广场。**主要材料：**石灰石、不锈钢。

↑|特制的花盆

↑|喷泉

↓|平面图

↑| 鸟瞰

Minato-Mirai商业广场

横滨

原本沿海岸线发展起来的横滨市，如今却改向了高空发展，一座座拔地而起的高楼被建设在垃圾填埋场的上方。这个水池被比作海与天的交接处，因为透过它的镜面所映射出的景象，仿佛把天空与地面连接在了一起。反过来，当池底的水消失后，“海”又被显露了出来。它让人们对自身存在的重新思考，即人类的始祖是起源于海洋，而后又在陆地上繁衍生息的。

地址：日本，神奈川县，横滨市，3-6 Minato-Mirai Nishi ward。**合作设计师**：三菱地产。**委托方**：Tokio Marine & Nichido Fire Insurance Co., Ltd。**完成时间**：2004年。**产品量**：单件。**设计方式**：个性化设计。**功能**：水池。**主要材料**：石材、混凝土。

↑|穿过水池的步道

↑|平面图

↓|全景

↑|Battery广场上的倒影水池

倒影池

纽约市

因为西翼扩建的需要，犹太文化遗产博物馆需要对其周边环境进行重新设计。OLIN不但为博物馆设计了一个独一无二的景观作品，而且还从中反映出哈德逊河的景观特色。在入口处，采用抛光黑色花岗岩制成的反射水池，透露出恬静的气息。在距水面10cm之下，清水缓缓地从花岗岩石缝间涌出。清水溢出水池边框，顺流而下至预制的不锈钢水槽中，又再循环利用，从地下回到水池里。倒影池不仅造型吸引，同时还能满足博物馆的安防需要，即充当低调的机动车障碍物。

项目概况　**地址**：美国，纽约州，10280，纽约市，Battery广场36号。**合作设计师**：R.J. Van Seters。**委托方**：犹太遗产博物馆。**完成时间**：2007年。**产品量**：单件。**设计方式**：个性化设计。**功能**：水池、机动车路障。**主要材料**：抛光花岗岩、不锈钢、混凝土。

↑|犹太文化遗产博物馆总平面图
↓|水溢出水池的方式

↑|骑脚踏车的人在池边乘凉

OKRA 景观建筑师事务所 bv / Christ-Jan van Rooij, Hans Oerlemans, Martin Knuijt, Wim Voogt, Boudewijn Almekinders

De Inktpot

乌德勒支

↖↖|水池和花槽
↑↑|从水池和花槽之上看过去
↖|鸟瞰
↑|可移动的种植箱

设计师用模数化的铺装方式，开始对这个使用频率极高的场地进行设计。它既是火车站的广场，同时又是一个休闲娱乐的公共空间。为了在有限的空间和照明设施下，提供尽可能多样化的使用方式，设计师创造出了一套可以流动的街具。例如，可以移动的花池、围栏，不固定的庭院桌椅等。当人们需要更多的座位，又或者需要私密的空间时，可以通过移动这些街具来实现。甚至可以很轻松的把所有设施推移到一边，以适应起重机的操作需求。另外，庭院中所增添的这些可移动的椅子和遮阳伞，大大提升了空间的灵活性被。

项目概况

地址：荷兰，乌德勒支市，Gebouw De Inktpot, Moreelsepark 3, 3511 EP。**委托方**：Prorail. Completion。**完成时间**：2004年。**产品量**：单件。**设计方式**：批量化设计。**功能**：座位、花槽、水池。**主要材料**：混凝土、花岗石。

↑|长凳细部
↑|带长凳的水池
↗|Campeon的水池

Cameon的水池

诺伊比贝格

该设计位于慕尼黑Unterhaching行政区的Infineon公司总部，这个区域属于Campeon总体规划的一部分，。该公司想在其场地内的绿化空间中，设置一个屋顶咖啡座，供游客和员工们使用。简洁的水池加上长长的木凳，给人创造了一个沉思的空间。水池的边框是采用耐候钢做成的斜面。池边笔直的长凳，吸引着游客来到水边停留。

项目概况

地址：德国，诺伊比贝格，Am Campeon 1–12,85579。**合作设计师：**美国洛杉矶TEC PCM。**委托方：**Mo To Projektmanagement GmbH。**完成时间：**2006年。**产品量：**单件。**设计方式：**个性化设计。**功能：**座位、水池。**主要材料：**耐候钢、木。

灯具和标识

垃圾桶

边界

自行车架和游戏设施

座椅

成套设计
铺地
系列设计
树池和水池
遮蔽

Caesarea
景观设计公司

↖|带烟灰缸的垃圾箱
↑↑|设在墙边的垃圾箱
↑|设在凳子边的垃圾箱

954型高级垃圾箱

这个方形的不锈钢垃圾箱，与现代正交式的城市网格特性协调一致。垃圾箱表面采用2mm厚的金属板，板面穿了许多方形的小孔。垃圾箱顶板及其底部的圆形支撑则用了4mm厚的金属板，顶板上面设有圆形的投掷孔。隐藏在垃圾箱底部的垫脚采用橡胶制作，垃圾箱内胆则采用0.5mm厚的聚酯材料，表面经过了镀锌和喷漆处理。

项目概况

委托方：“G” Kfar Saba购物中心。**完成时间：**2009年。**产品量：**系列品。**设计方式：**批量化设计。**功能：**垃圾箱。**主要材料：**穿孔金属板，不锈钢。

↑|Caesarion 948LK垃圾桶细部
↗|购物中心里的垃圾桶

谢莫纳乌诺市的垃圾桶

这个圆柱形垃圾桶具有独特的装饰纹样。表面的金属经过了镀锌和上漆处理。垃圾箱的底部为使用橡胶做成的腿或水泥做成的基座。

项目概况

委托方：谢莫纳乌诺市的Prestigious购物中心。**完成时间：**2008年。**产品量：**系列品。**设计方式：**批量化设计。**功能：**垃圾箱。**主要材料：**激光处理金属外壳。

EBD 建筑师事务所 ApS

↑|城市型垃圾桶模型

Envac垃圾输送道

在众多负压吸引型垃圾收集系统中，Envac垃圾输送道是其中的一种，而这款垃圾桶是该系统中可以移动的部件。它既可在家庭中使用，也可以放置在城市公共空间中。与之前的设计相比，它的体量更轻巧，操作更方便。垃圾投送口处有一个翻盖，即使使用者双手拿着垃圾时，也能非常方便的打开盖子。另外，翻盖可开启较大的角度，方便投入较大的垃圾。垃圾桶的造型可与不同的环境相配。采用耐用钢做成的水平曲线，不但让这款垃圾桶的造型富有建筑感，还起到了警示作用，防止恶意的破坏。

项目概况

委托方：ENVAC Denmark A/S。**完成时间：**2008年。**产品量：**系列品。**设计方式：**批量化设计。**功能：**垃圾箱。**主要材料：**彩涂钢、不锈钢。

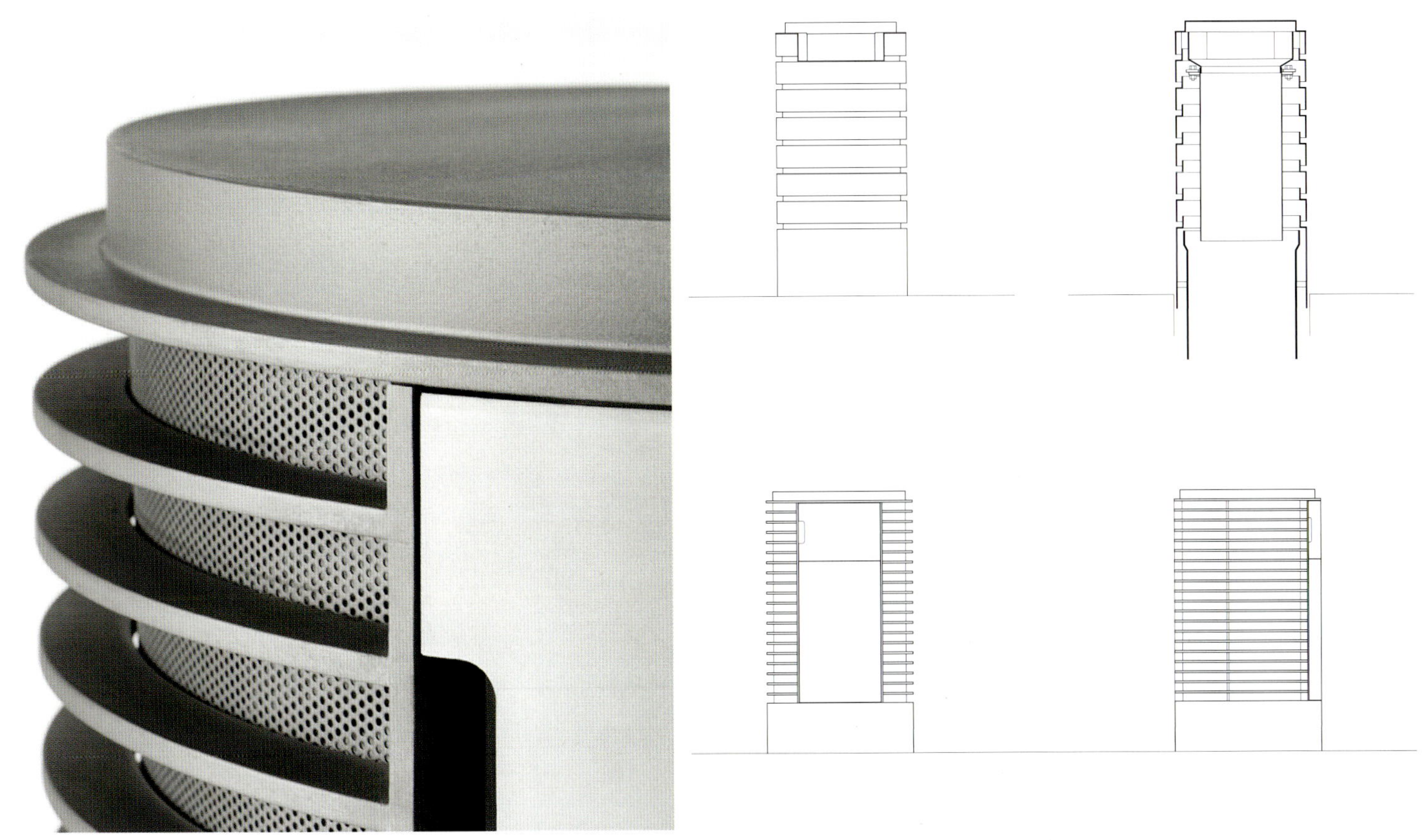

↑|防护条和投送口细部

↑|“街道型”和“城市型”垃圾桶的设计图

↓|设在街道上的垃圾桶

mmcité a.s. /
David Karásek,
Radek Hegmon

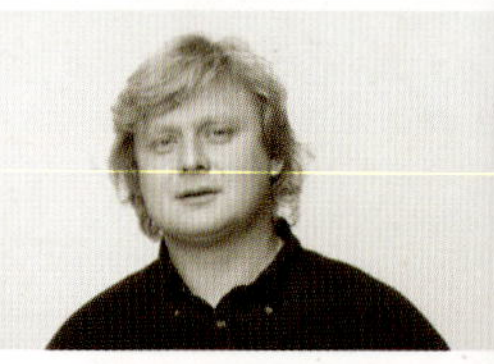

↑|公园里的圆柱垃圾桶

圆柱体垃圾桶

这款外观像一个超大蛋糕或绕线圈的垃圾桶，内部有着很大的容积。外面的圆肋采用黑色聚乙烯做成，内部的容器则采用表面光滑的耐用钢做成，能方便清洁。容器底部可以带混凝土底座或是钢腿，还可以用一根钢管支撑。该垃圾箱有2种不同直径大小的型号。

项目概况

委托方：mmcité a.s., Santa y Cole。**完成时间：**2000年。**产品量：**系列品。**设计方式：**个性化设计。**功能：**垃圾箱。**主要材料：**黑色聚乙烯、混凝土、电镀钢。

↑|带混凝土底座的型号

↑|大直径型号的垃圾桶

↓|设计图

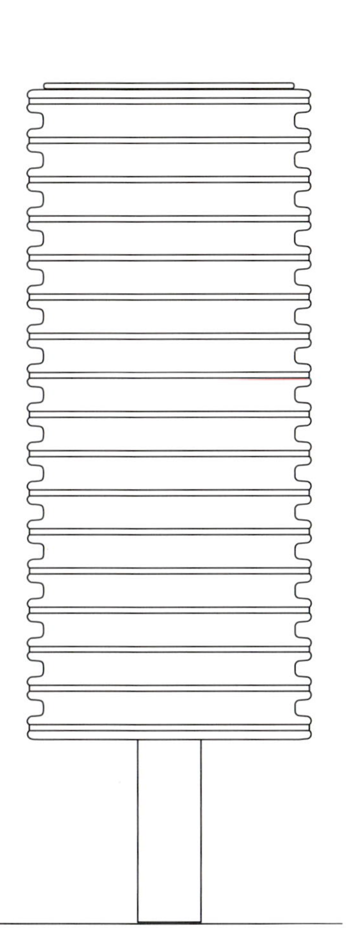

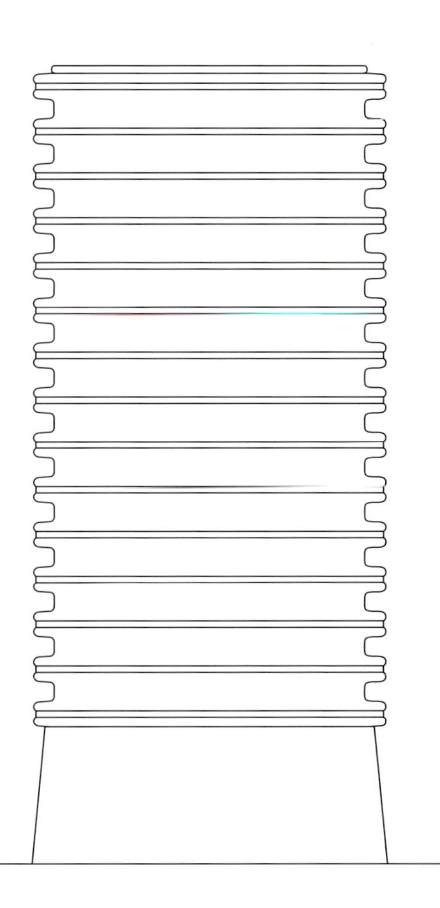

Gonzalo Milà Valcárcel / Martina Zink, Gonzalo Milà Valcárcel

↑|鸟瞰，巴塞罗那的沙滩

BINA

这2个由聚乙烯制成的垃圾桶中，最主要的构件就是用来栓着垃圾袋的箱体。因为垃圾桶的盖子是用金属插栓和卡口固定住的，既可以防止不小心被打开，又可以防止垃圾溢出的不雅，很受居民的欢迎。这种垃圾桶共有2个不同的构造形式。最开始的设计是为了在沙滩上使用的，因此垃圾桶的底部空腔中可以灌满沙子以防止其倾倒。当在其他地方使用时，垃圾桶的底座可以直接插入地下，起到固定作用。

项目概况

委托方：Santa & Cole。完成时间：2004年。产品量：系列品。设计方式：个性化设计。
功能：垃圾桶。主要材料：聚乙烯。

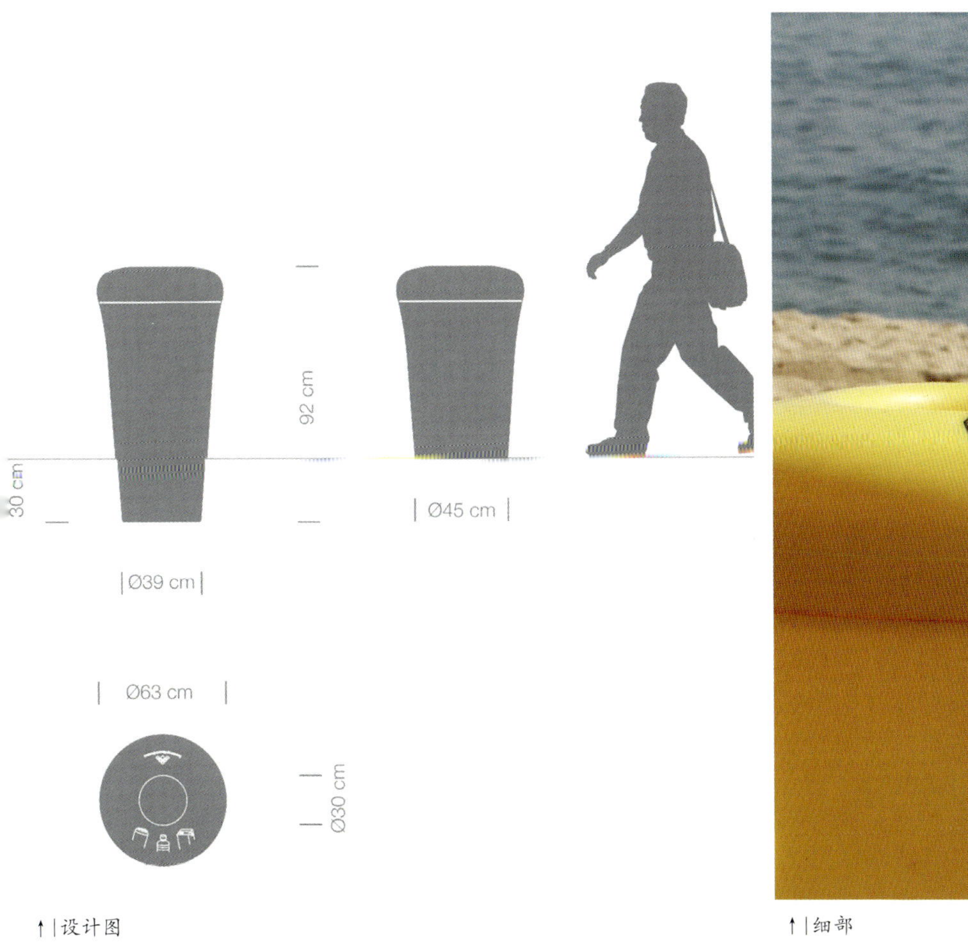

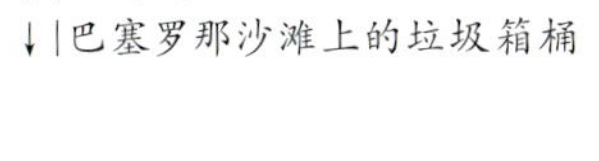

↑|设计图
↓|巴塞罗那沙滩上的垃圾箱桶

↑|细部

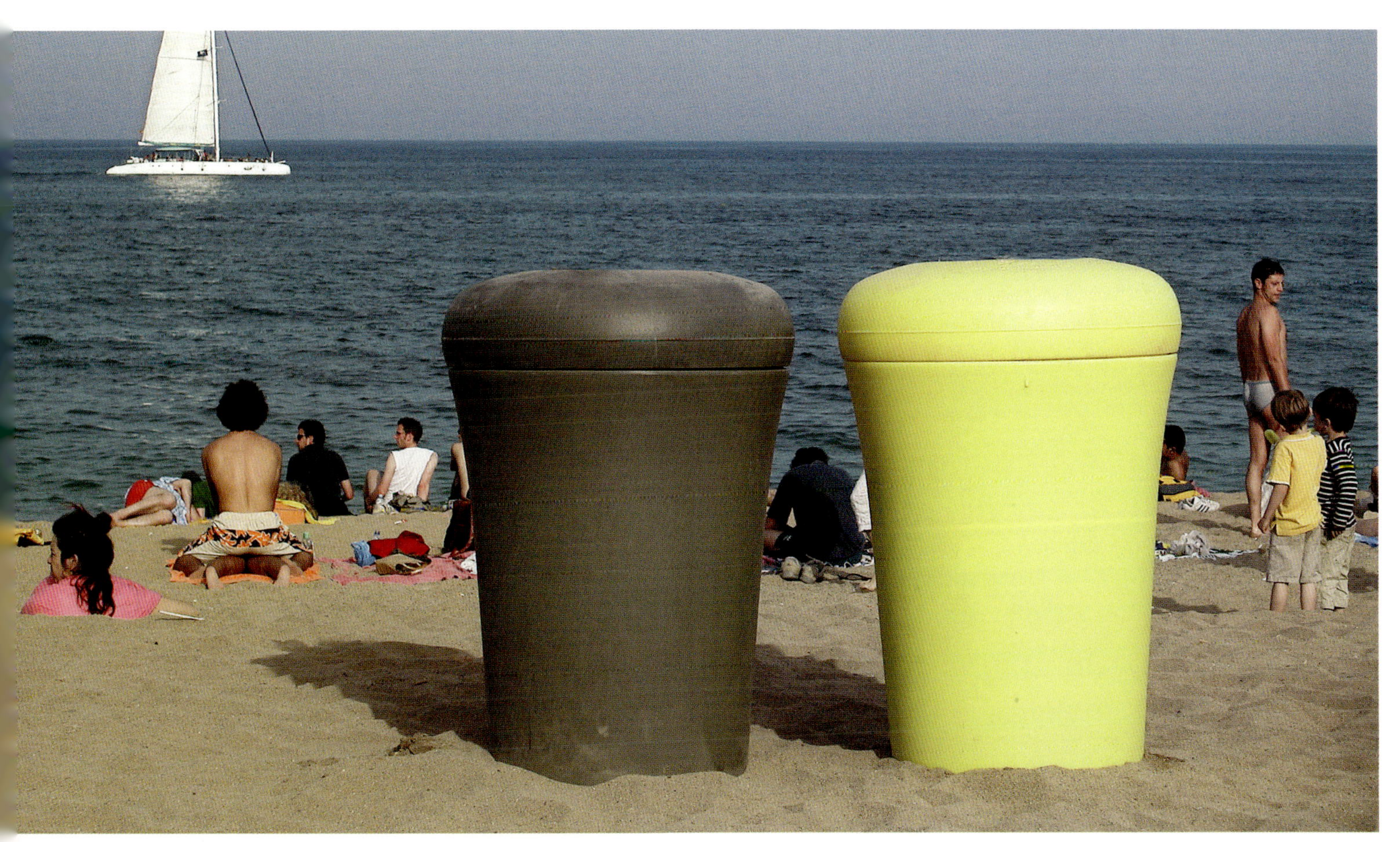

灯具和标识

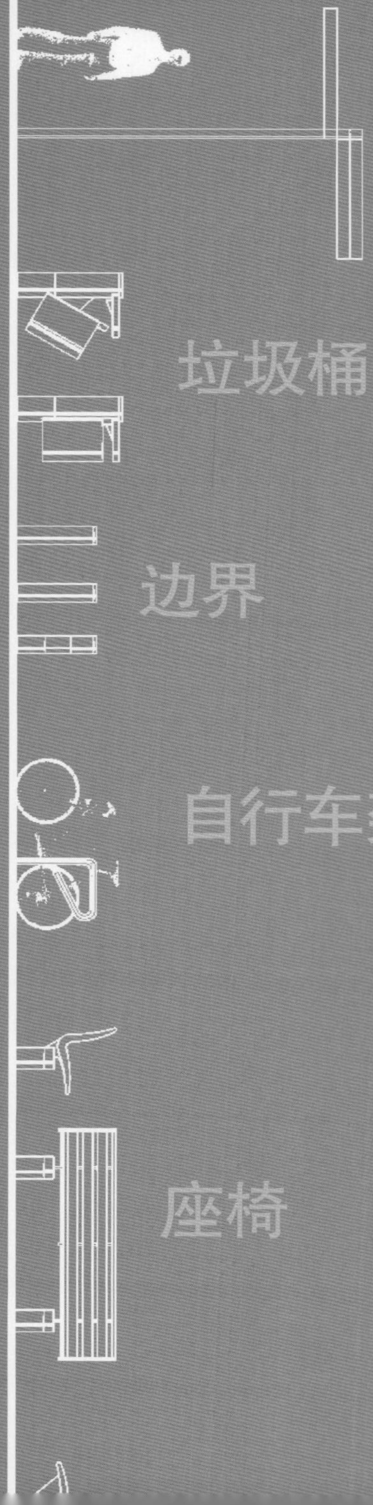

垃圾桶

边界

自行车架和游戏设施

座椅

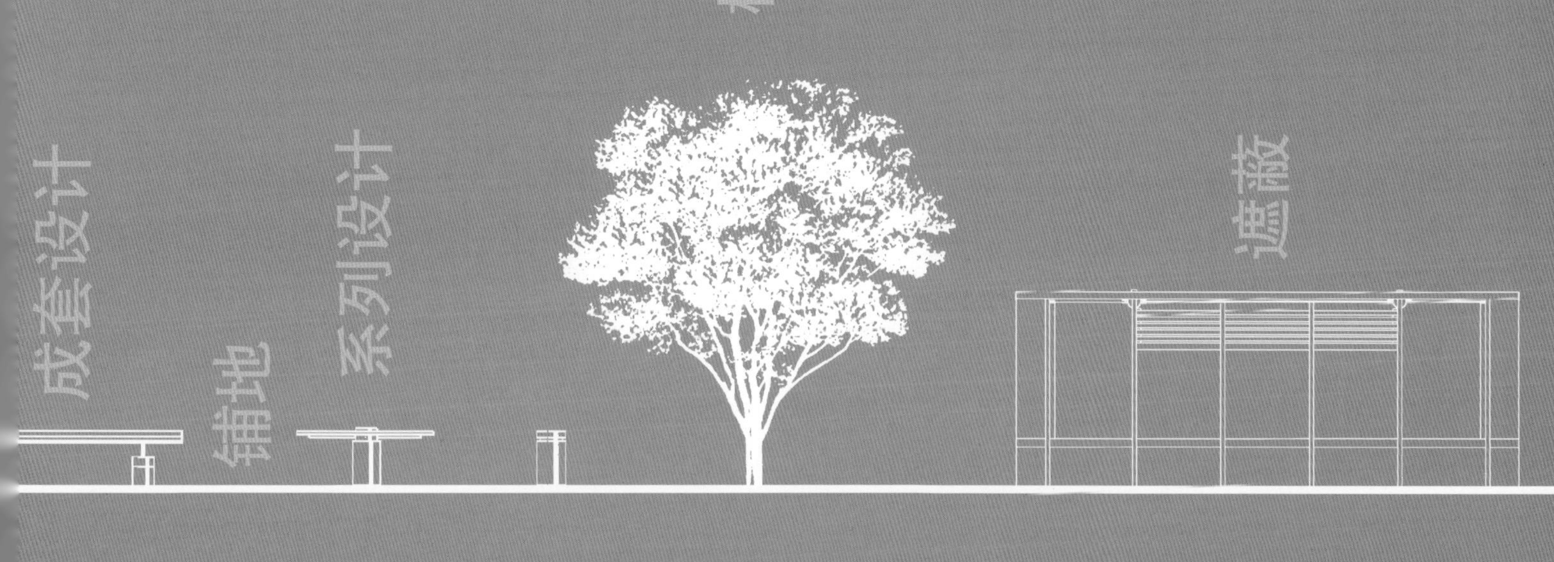
成套设计
铺地
系列设计
树池和水池
遮蔽

↑|亭子，设计与城市的文脉相结合
→|标识牌细部，关于巴吞鲁日的历史

指路和解说图设施

巴吞鲁日

为了给游客提供便利的服务，Sasaki特意为巴吞鲁日市中心创作了一系列的指路标识。由于设计师在法国、英国、西班牙和美国本土的丰富文化遗产中浸淫了很长的时间，因此，他们抽取了属于这座城市的视觉词汇来完成创作。除了有各区域的地图，还有信息亭，街道名牌，以及关于城市历史和文化的解说文字和图片。它不仅仅是一个简单的指路牌，它所使用的设计元素、形状、风格，甚至细节，都反映出这个城市的历史。设施上的历史解说，既呈现出城市的历史遗产痕迹，也让整套设计有了更多的深度。

项目概况　**地址：**美国，路易斯安娜州，巴吞鲁日市。**合作设计师：**asher-Hill Lipscomb建筑师事务所，Covalent Logic,Inc。**委托方：**巴吞鲁日市。**完成时间：**2007年。**产品量：**系列品。**设计方式：**个性化设计。**功能：**标识。**主要材料：**铝、玻璃。

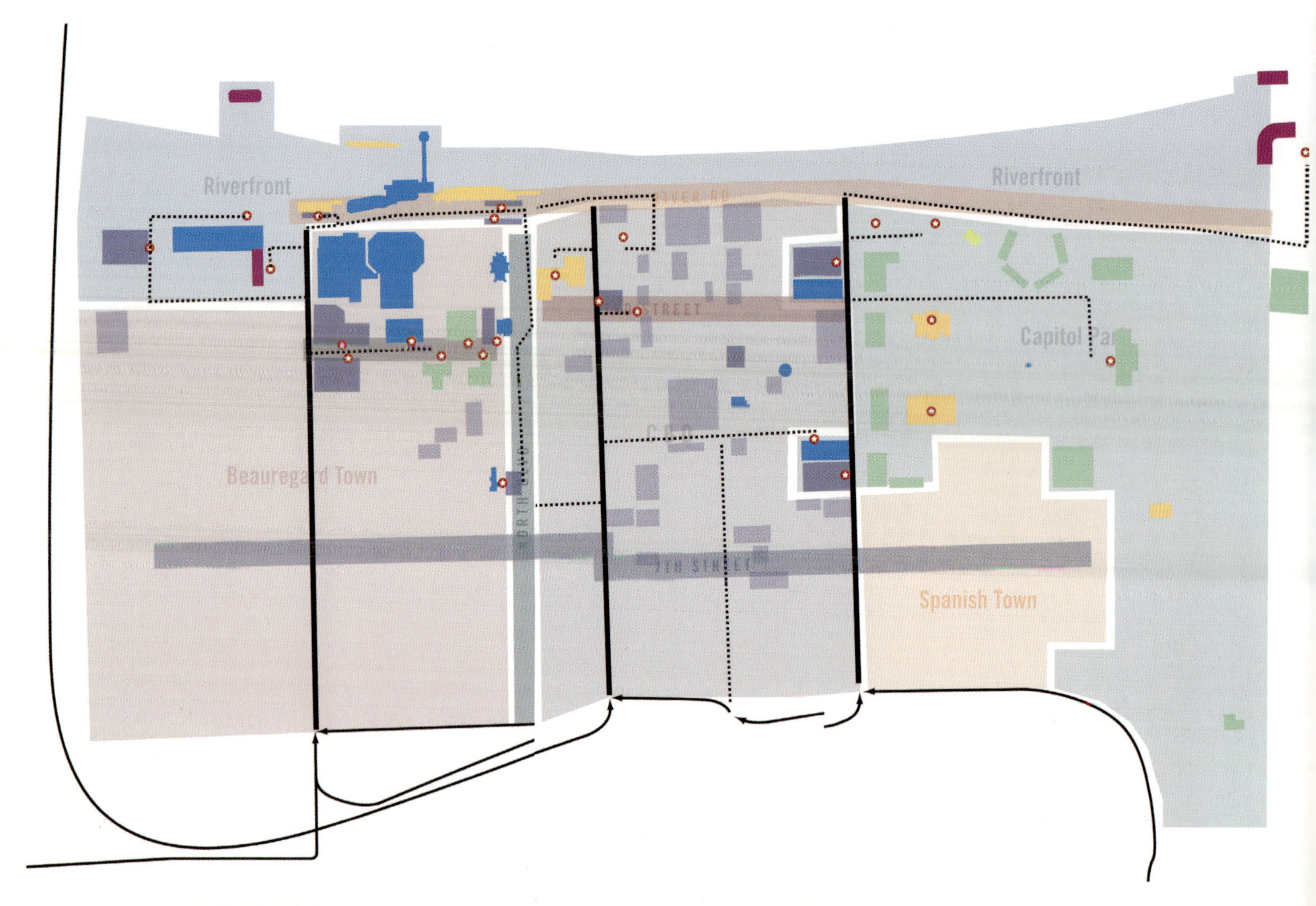
Riverfront
Riverfront
Capitol Park
Beauregard Town
Spanish Town
7TH STREET

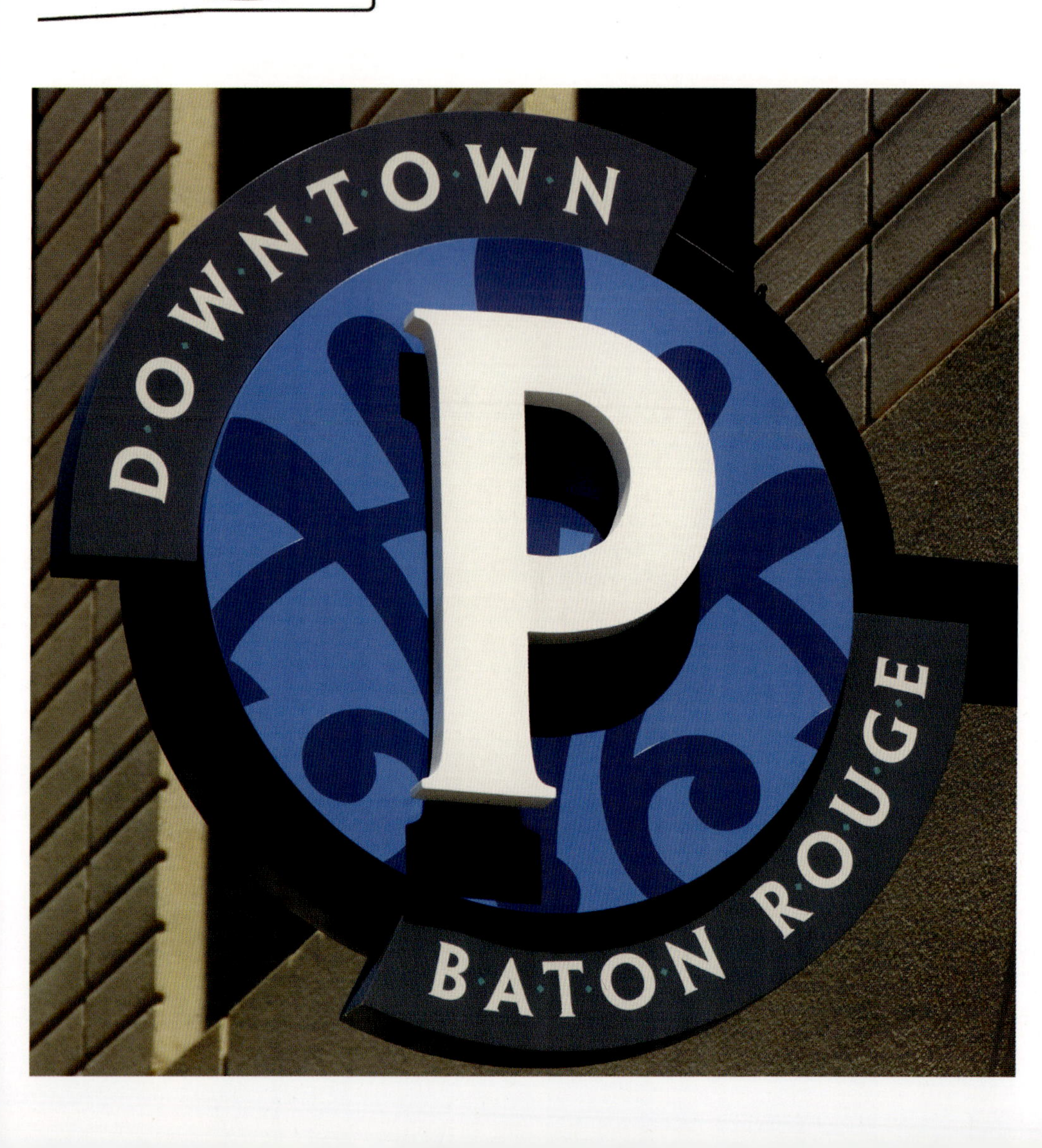
DOWNTOWN
P
BATON ROUGE

↑|导览图
←|标牌细部
→|指路牌

Shaw Center
Capitol Park
Old State Capitol
LA State Museum
City Hall, Courthouses
Pentagon Barracks
River Center
Welcome Center
DOWNTOWN
P
BATON ROUGE
Jimmie
Davis

Despang
建筑师事务所

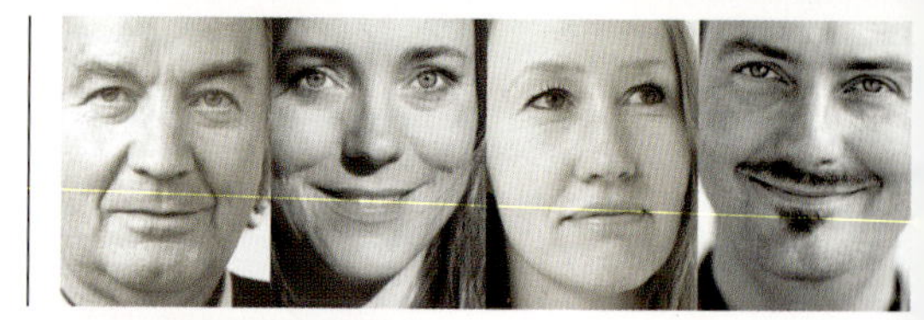

↑|车站广场

路牌

卡尔斯鲁厄

现代城市生活中，公共空间的感官负荷越来越大。最主要的原因是：在以机动车出行为主导的社会中，人们对行驶时的舒适性和方向指引要求越来越高。为此，设计师用化繁为简的方式，设计出这款路牌，并设置在了卡尔斯鲁厄市的各处。它用U-300结构钢做成坚固的外框，框架中包裹这多种功能的标识。通过表面材质的不同，实现了视觉上的差异性。框架表面的涂层采用了大颗粒的云母铁矿涂料，涂料中还充填了加工过的黄铜。为了使用起来更方便，路牌上还加入了发光二极管（LED）照明技术。

地址：德国，卡尔斯鲁厄市，31275。委托方：卡尔斯鲁厄市，Verkehrsbetriebe。完成时间：2002年。
产品量：系列品。设计方式：个性化设计。功能：标牌。主要材料：钢、黄铜、不锈钢、发光二极管。

↑|设计图
↓|细部

↑|基本型
↓|有轨电车站

Matthias Berthold, Andreas Schön

↖↖ | 花洒头
↑↑ | 村庄池塘边的花洒
↖ | 基座
↑ | 启动按钮

Bargteheide的声音花洒

巴格特海德

这个“花洒”被作为雕塑一般树立在公园或公共广场之上，最初不免引起人们的疑惑目光，但它却不仅只是为了吸引眼球而设的。这个花洒头并不会喷水，相反，它内部设置了一个扩音器。当巴格特海德的居民们按动花洒上的按钮时，就有以水为主题的声音和音乐传出，它们是由艺术家们通过不断的相互交流，收集和创作出来的。在花洒的底座平台上，横七竖八的散落着用发光金属片做成的字母，看上去就像上一次被用完后，没有来得及收拾一样。在这个花洒下嬉戏，已经成为了每个来公园的人必做的事情。

项目概况

地址：德国，巴格特海德市，Rathausstrabe / Mittelweg，22941。**委托方**：巴格特海德市。**完成时间**：2008年。**产品量**：单件。**设计方式**：个性化设计。**功能**：艺术品。**主要材料**：电子音响、高强钢、混凝土。

Kramer设计顾问公司(KDA) /
Jeremy Kramer

↑|行人指引之导引地图
↗|行人指引之指路牌
↑|汽车指引之停车场及建筑物标识
↗|汽车指引之目的地方向牌

约克大学的标识和道路指示系统

多伦多

KDA不但要为驾车者和步行者设计一套新的道路指示设施，还要为55英亩的大学校园提供一套综合的内部标识。它们必须清晰、易用、与环境协调且经久耐看。设计既考虑了设施的安全性，为夜间的使用提供更多的方便，同时还反映出当代教学研究机构不断创新的传统，还有其绿地空间的开阔性。

项目概况

地址：加拿大，安大略省，ON M3J 1P3，多伦多市，Keele街4700号。**委托方：**约克大学。**完成时间：**2003年。**产品量：**系列品。**设计方式：**个性化设计。**功能：**标识。**主要材料：**粉末喷涂钢柱、铸铁链接件、丝网印刷信息牌。

Rainer Schmidt
Landschaftsarchitekten

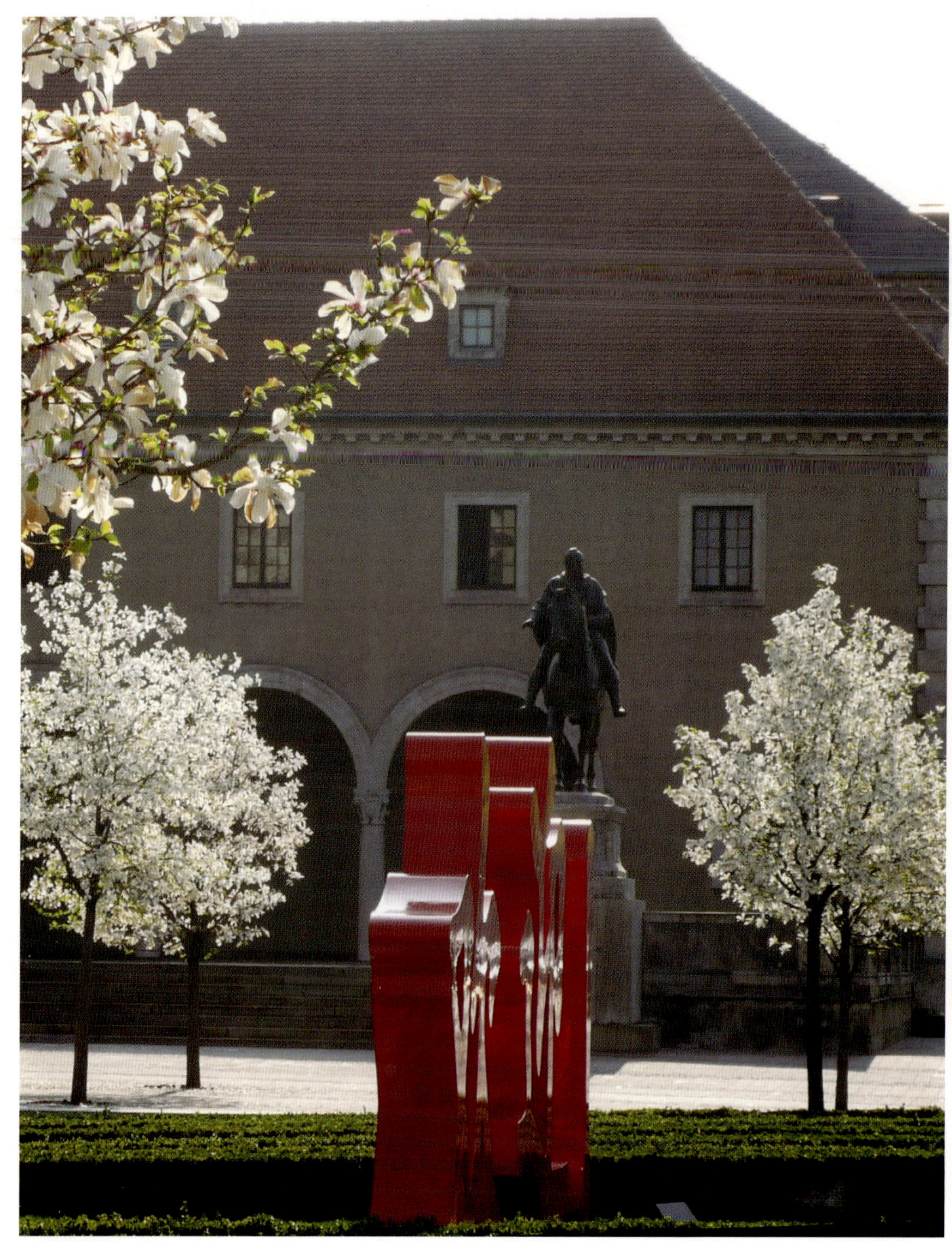

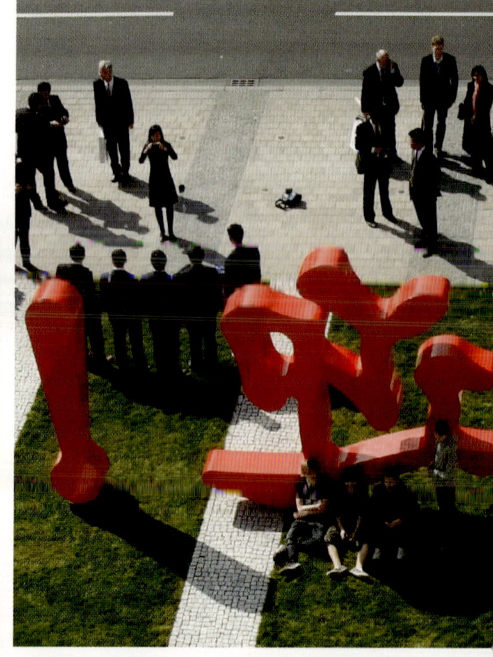

↖ | 侧面，春天里的“欢迎”标志
↑↑ | 中国人的拍照景点
↑ | 学生旅行团，巨大的坐凳
↓ | 与实地照片剪辑的设计效果图

欢迎！

慕尼黑

巴伐利亚国家博物馆举办了一次的名为“维特尔斯巴赫府邸和中央帝国——中国与巴伐利亚400年”的展览，设计师为这个展览构思了一个简短的标语式标志。它由2个中国汉字“欢迎”所组成。巨大的字体被树立在博物馆前院的草坪上，这个前院同样是由Rainer Schmidt在2005年设计的。2个汉字用钢做支架，表面再覆以厚木板。除了让中国游客当作一个拍照的最佳景点外，这个标识还很受青少年的喜爱，他们喜欢在它上面玩耍和坐着。

项目概况

地址：德国，慕尼黑，80538，摄政王街3号。**规划合作**：Atelier Seitz。**委托方**：巴伐利亚国家博物馆。**完成时间**：2009年。**产品量**：单件。**设计方式**：个性化设计。**功能**：标识。**主要材料**：钢、木。

Willkommen!

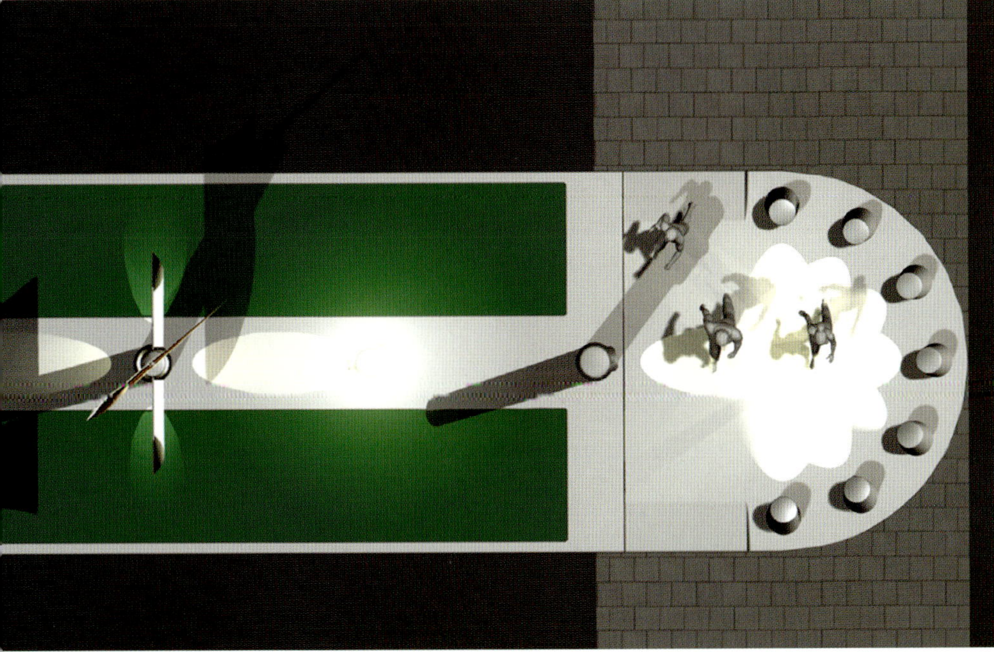

↑ |鸟瞰透视图
↗ |顶部的装饰
↑ |透视图
↗ |整体景观，让人联想起帆船

Honore–Mercier大道

魁北克市

老的Dufferin-Montmorency大道是一条进入魁北克市的主要道路，该项目的目的是为了将其改造得更具可达性，界面更友善，让魁北克市不负在联合国教科文组织中的历史地位。设计概念希望突出魁北克在军事、历史和航海方面的特质。布置在边界上的黑色花岗岩石头，让人联想起昔日的炮筒。而那些风向标杆则让人想到了魁北克市的标志物——三桅帆船。

项目概况

地址：加拿大，魁北克市，Honore-Mercier大道。**合作设计师：**WAA – William asselin ackaoui。**委托方：**魁北克市。**完成时间：**2005年。**产品量：**系列品。**设计方式：**批量化设计。**功能：**照明、边柱。**主要材料：**花岗岩、不锈钢、玻璃纤维。

西8城市设计与景观建筑设计事务所

↑|第一个OliviO，设在比利时的Kanaaleiland Bruggen桥上
→|英国Middlesborough城市广场上的OliviO

OliviO

这款由西8设计，德国制造商Se' lux生产的照明灯和支柱，已出现在世界各处的几个由西8设计的项目中。OliviO的出现，满足了人们对户外照明设施的某些需求：充满活力、样式永恒和各处通用。现在，这款产品已经有了各种不同的尺寸大小和色彩，还可以选择安装在护栏还是围墙上。灯的形状是由一个圆锥形交上其顶部的圆球形而组成的，给人以圆润、快乐的感觉。灯与杆之间用一个可调节的铰链连接，供电电缆同时也被隐藏在铰接部位了。

项目概况

合作设计师：Se' lux。**委托方：**不同的政府和私人机构。**完成时间：**2000年至今。**产品量：**系列品。**设计方式：**成套设计。**功能：**照明。**主要材料：**铝。

↑|艺术化处理后的OliviO，英国伦敦Jubilee公园
↗|艺术化处理后的OliviO，荷兰阿姆斯特丹Noorder公园

↑|英国Middlesborough城市广场上的OliviO

西8城市设计与景观建筑设计事务所

↖ | 夜间效果
↑↑ | 白天效果
↑ | 龙爪的细部

龙灯

哥本哈根

这款灯是专门为Amerika Plads社区设计的。设计师West 8从现有的龙形灯柱中获得灵感，从而创造出更抽象、更独特的造型。在它所树立的每个角落，都会形成一种强烈的氛围。光线从龙的嘴巴中射出。灯具和灯杆都是由Se' Lux负责生产的。在Amerika Plads，这样的灯总共有25盏。

项目概况

地址：丹麦，哥本哈根 2100，Amerika Plads。**合作设计师：**Metaalgieterij Bruijs in Bergen op Zoom and Se' Lux。**委托方：**哥本哈根市及港口。**完成时间：**2007年。**产品量：**系列品。**设计方式：**批量化设计。**功能：**照明。**主要材料：**铝、镁、钢。

↑ | 灯的顶部
↑ | 整体效果
↗ | 细部
↓ | 设计图

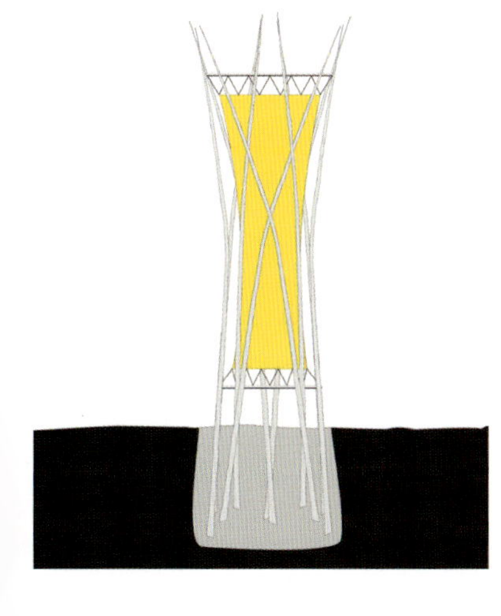

Weidenprinz树形灯

哈滕霍尔姆

这个看似一件植物雕塑品的路灯，采用了真正的植物制作而成。出于功能上的考虑，设计师在普通植物的包围中，设置了常用的街道灯具。这款灯具适合被用在城市广场或其他公共集会的场所中，尤其是那些普通照明设施与自然环境无法协调的地方。它就像树木一样被种植在地面上，从树根向上生长，所以无需设置任何灯具的基座。多年之后，树木的枝条交错生长在一起，而薄膜状的灯罩也会完全的嵌入到植物当中。

项目概况

地址：德国，哈滕霍尔姆24628，私人花园。**合作设计师：**Ferdinand Ludwig, Bauer Membranbau。**委托方：**私人。**完成时间：**2006年。**产品量：**系列品。**设计方式：**个性化设计。**功能：**照明。**主要材料：**活的植物、不锈钢、PVC膜、高压氖气灯管。

Gonzalo Milà Valcárcel

↖ |灯具
↑↑ |设计图
↑ |细部
↓ |设计图

LITA

这款灯具既可以在街道或公园等开敞空间，用作一般照明，也可以用在私人的庭院中，照亮步道的入口或休息平台的座椅区。设计师希望设计出一种谦虚、文雅的路灯，因此采用了像里程碑一样的简洁造型，以及素雅的大理石表面。这也让它看上去更像是家用的灯具。另外，由于其无色和不起眼的设计，这款灯也非常适合用在自然环境中，因为它们不会在自然界中显得很突兀。它们还能以灵活的尺寸进行制作，从而适应各种使用环境的需求。

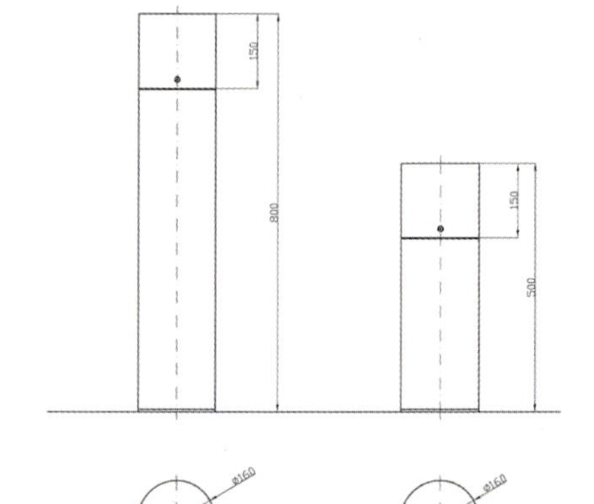

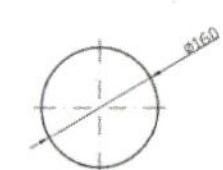

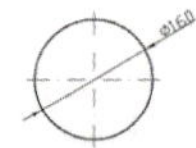

项目概况

委托方：Macaedis。**完成时间：**2003年。**产品量：**系列品。**设计方式：**个性化设计。**功能：**照明。**主要材料：**Blanco Macael大理石。

↑|比利时Knokke Lippenplein的尖顶灯，2007年
↗|细部
↑|街景

尖顶

这个专为公园、广场和其他城市空间设计的照明设施，由2部分组成，即灯杆和位于5.7m高的发光体。发光体主要由铝合金制成，灯杆则是镀锌钢的。玻璃体是采用透明或半透明的塑料制成。第一盏这样的路灯是为法国里尔市的JB Lebas公园设计的。后来曾多次出现在西8的设计项目中。

项目概况

委托方：不同的政府或私人机构。**完成时间：**2000年。**产品量：**系列品。**设计方式：**批量化设计。**功能：**照明。**主要材料：**铝合金、镀锌钢、(半)透明塑料。

Artadi Arquitectos / Javier Artadi

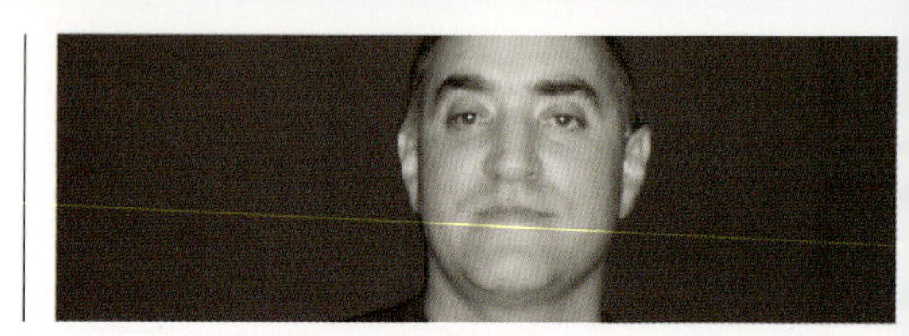

↑|绿柱子

Miguel Dasso大街

利马

Miguel Dasso大街是圣伊西德罗最传统的街道之一。它被分作3个部分，头尾2部分的景观被精心的控制住，而在靠近咖啡馆和书店的位置，设计师创造了一个与众不同的城市空间。设计对原场地进行了较大的干预和改造，可以归纳为2个要点：一是铺地的设计使该道路与城市空间连成一整体；二是加入了一列“绿柱子”，使其成为道路的中轴和新的代表符号。

地址：秘鲁，利马，圣伊西德罗，Miguel Dasso大街。**委托方**：圣伊西德罗市议会。**完成时间**：2007年。**产品量**：单件。**设计方式**：个性化设计。**功能**：照明、铺地。**主要材料**：混凝土块、大理石、钢结构、丙烯酸。

↑|场地平面图

↓|彩色铺装

↑|绿柱子夜景

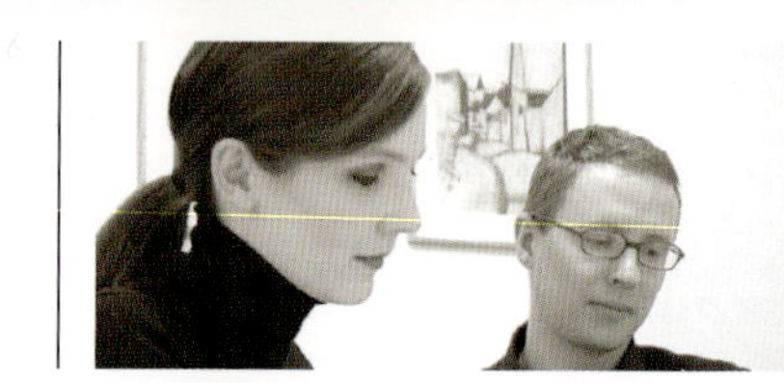

↑|形式多样的灯具，莱比锡，Mittlerer Ring

直线灯

这款灯的设计既简洁大方，又具有通用性。它被简化为2个主要元素：竖杆和出挑杆。这样简单抽象的造型，使其能在许多城市环境中被运用，并且用法很多。当高度设在4.5、6或8米时，它可以作为标准情况下的街道照明。灯罩采用铝做面层，灯杆则采用电喷涂钢。灯泡的下方设有一片用安全玻璃做成的方形隔板，可以不用任何工具进行拆装。

项目概况

委托方：hess AG。完成时间：2006年。产品量：系列品。设计方式：批量化设计。功能：照明。主要材料：铝、钢、玻璃。

↑｜莱比锡，Mittlerer Ring

↑｜细部

↓｜不同形式的直线灯具

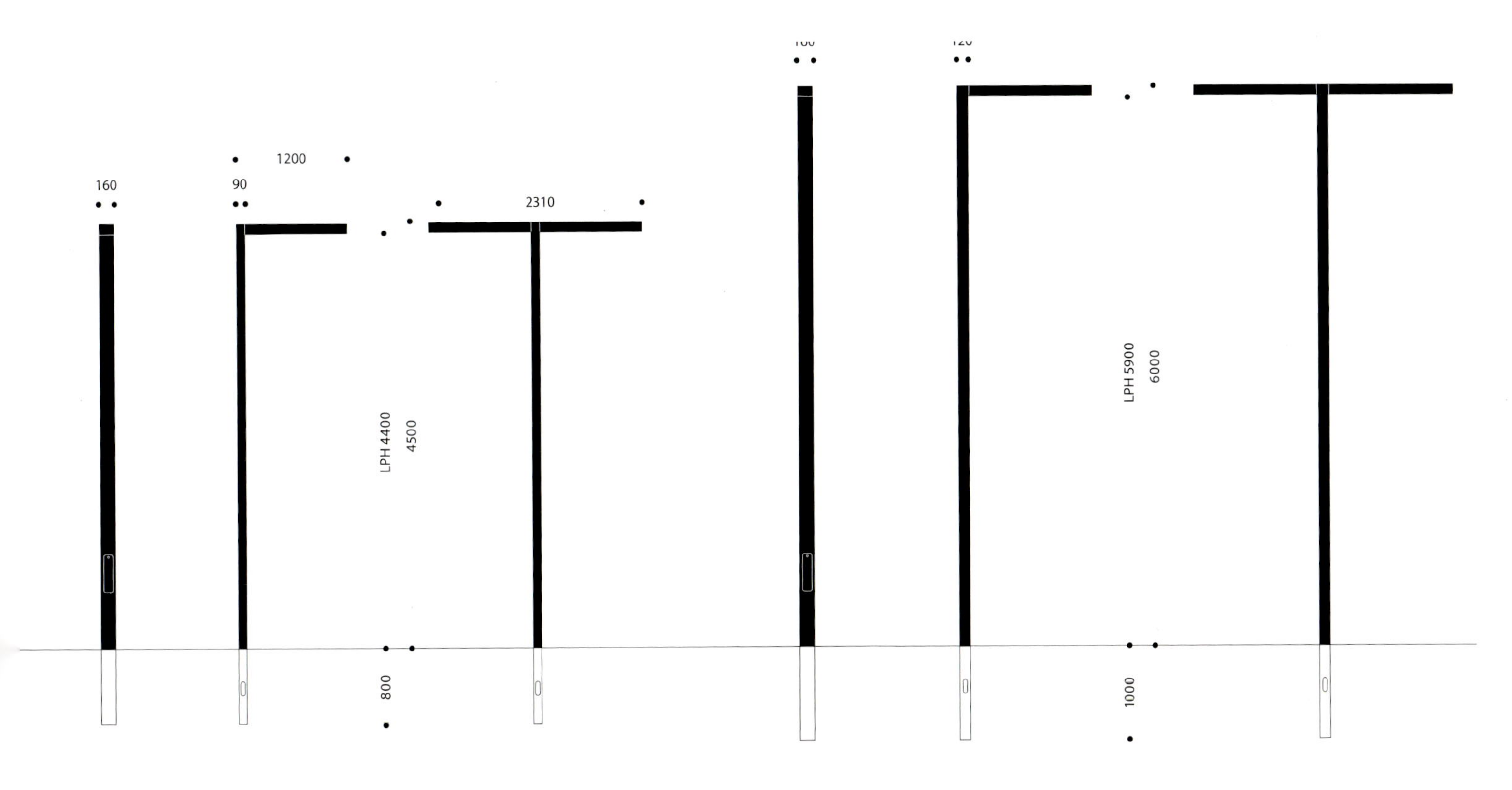

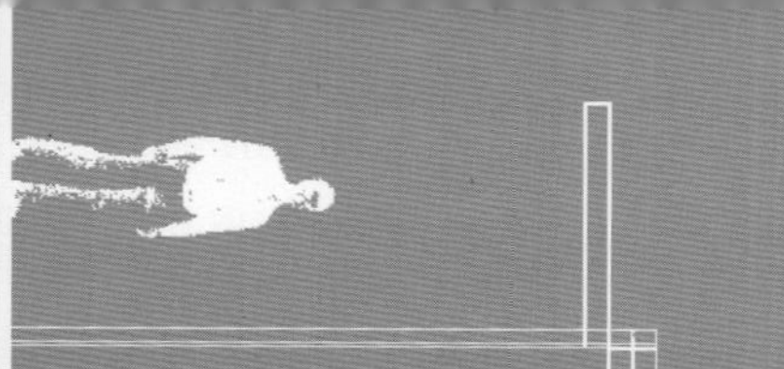

灯具和标识

垃圾桶

边界

自行车架和游戏设施

座椅

成套设计

铺地

系列设计

树池和水池

Biuro Projektów Lewicki Łatak /
Piotr Lewicki,
Kazimierz Łatak

↑|广场的整体效果

Nowy广场

克拉科夫

构成场地特质的主要元素中，除了形式、材质和风景外，还有人们的记忆。Nowy广场的设计便是为了勾起人们记忆。广场地面上的浅浮雕图案，都是从过往的历史中提炼出来的。例如："Ziarno"公司的招牌，现已不存在的青年文化宫的标识，名声显赫的市议员，以及黑社会的传奇人物。那些横七竖八摆放着的图案，有的是在广场建造过程中就刻在了表面上的，有的则是后加的。这些图案随着时间的流逝而逐渐被消磨，新的雕刻将不断的取而代之。

地址：波兰，克拉科夫，31-056，Nowy广场。**委托方**：克拉科夫市。**完成时间**：2011年。**产品量**：单件。**设计方式**：批量化设计。**功能**：座位、照明、遮蔽、自行车停放、垃圾箱、钟、标识、铺地、临时售卖亭。**主要材料**：玄武岩沙砾混凝土。

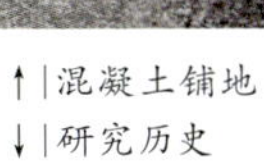

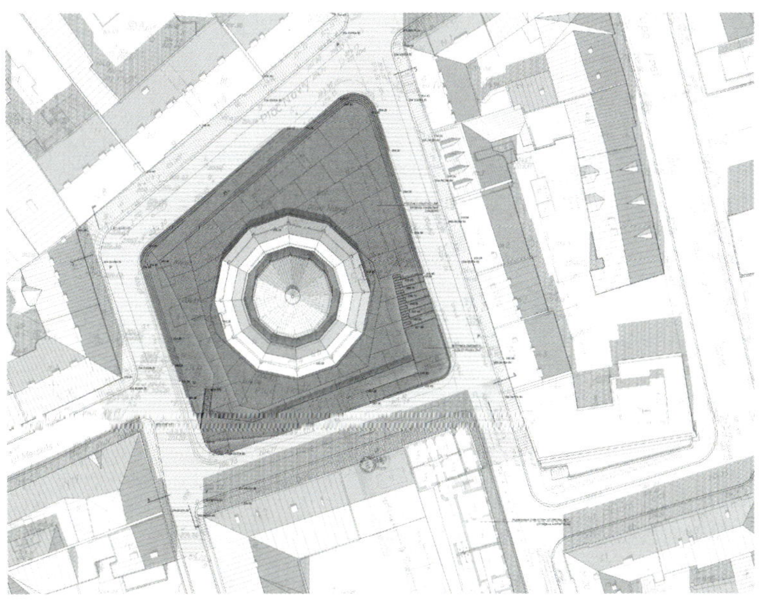

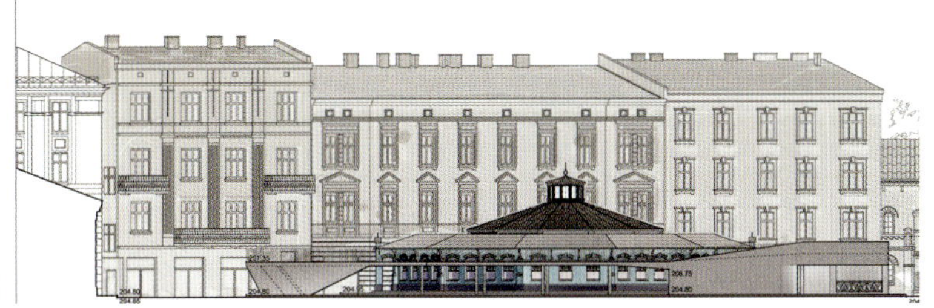

↑|混凝土铺地
↓|研究历史

↑↑|广场平面图
↑|南立面

Will Nettleship

世纪的交替

富尔顿

↖↖ | 庭院
↑↑ | 用常春藤树叶的抽象几何形体做成的中心柱
↖ | 伸向湖边的步道
↑ | 常春藤圈
↓ | 座椅区设计草图

该项目位于大学校园的中心。设计任务包括了对地形进行改造，为新的艺术大楼增设一个中央庭院，为老剧场设计一个入口广场，以及布置一条长244m的步道。这所大学最早创立于19世纪，因而拥有"常春藤"的美誉。为了表现这一特征，设计师用常春藤为原型，抽象出几何的铺地图案和雕塑，还在步道的铺地上刻下了常春藤的字符。

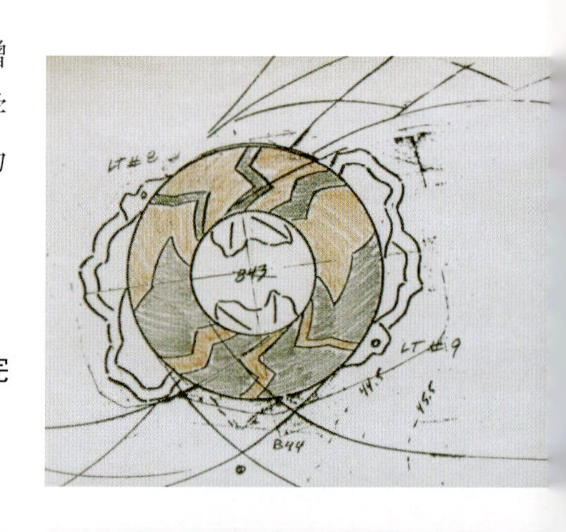

项目概况

地址：美国，密苏里州，65251，富尔顿市，威廉伍德大学。**委托方：**威廉伍德大学。**完成时间：**1999年。**产品量：**单件。**设计方式：**个性化设计。**功能：**座位、步行道。**主要材料：**铺地砖、混凝土、自然地形。

Biuro Projektów Lewicki Łatak /
Piotr Lewicki,
Kazimierz Łatak

↑ |广场平面图
↑ |展览、音乐会和聚会的场所
↗ |整体景观
↓ |雕塑喷泉，可兼做坐凳

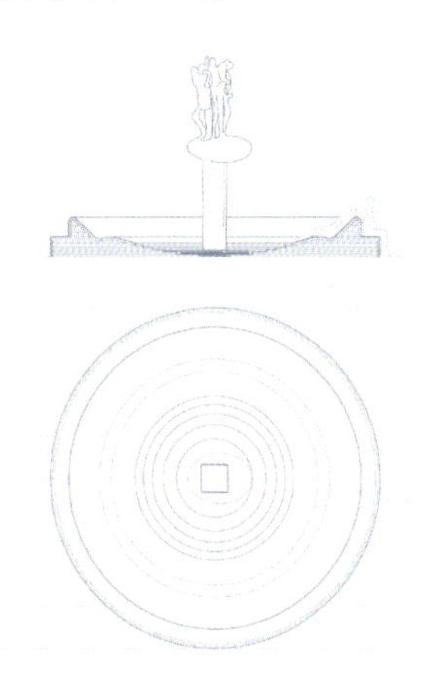

Wolnica广场

克拉科夫

场地上所采用的铺装材料是进口的柚木硬木板，它不仅受到使用者的喜爱，还让广场更富历史感和高品质。地板是未经加工过的大尺寸厚木板，粗糙的表面可以防止行走时打滑。广场上的长椅是由一堆厚木板钉合起来的，长椅的上面树有玻璃路灯杆。长椅的凳面和靠背可以改变角度，从而满足不同的坐姿需求。广场上还设有一个自行车棚和水池，它们均使用相同构造的基座，水池中还设置了一个Bronisław Chromy的雕塑。

项目概况

地址：波兰，克拉科夫，31-060，Wolnica广场。**委托方：**克拉科夫市。**完成时间：**正在建设中。**产品量：**单件。**设计方式：**系列设计中的一部分。**功能：**座位、照明、遮蔽、种植槽、自行车停放、水池、垃圾箱、铺地。**主要材料：**进口木材、玻璃。

JJR | Floor /
Kristina Floor, FASLA

↑|仙人掌花广场
↗|公共露天剧场处的水面悬挑平台
→|Donald Lipski的雕塑作品“门”，行列式种植的仙人掌

斯科茨代尔的亚利桑那运河滨水区

斯科茨代尔，亚利桑那州

斯科茨代尔滨水区位于亚利桑那州的斯科茨代尔市中心，是亚利桑那运河沿岸的一个带状公园。它被规划为高强度混合使用的区域，包括一系列的公共广场、零售店和居住区，里面还设置了许多公共艺术作品。设计采用了大胆的形式和色彩，用来自当地的各种仙人掌植物花朵的颜色，如：萨瓜罗仙人掌、仙人果、圆桶掌和墨西哥仙人掌等，拼贴出钻石形的广场图案。为了衬托这些抽象的花朵型广场、庭院和聚会空间，设计师在里面布置了各种色彩鲜艳的混凝土铺地、坐凳和喷水池。

项目概况

地址：美国，亚利桑那州，85251，斯科茨代尔。**建造者：**Weitz建设公司。**委托方：**Golub & Company，斯科茨代尔市，Opus West建筑师事务所。**完成时间：**2007年。**产品量：**单件。**设计方式：**个性化设计。**功能：**硬质广场。**主要材料：**彩色混凝土。

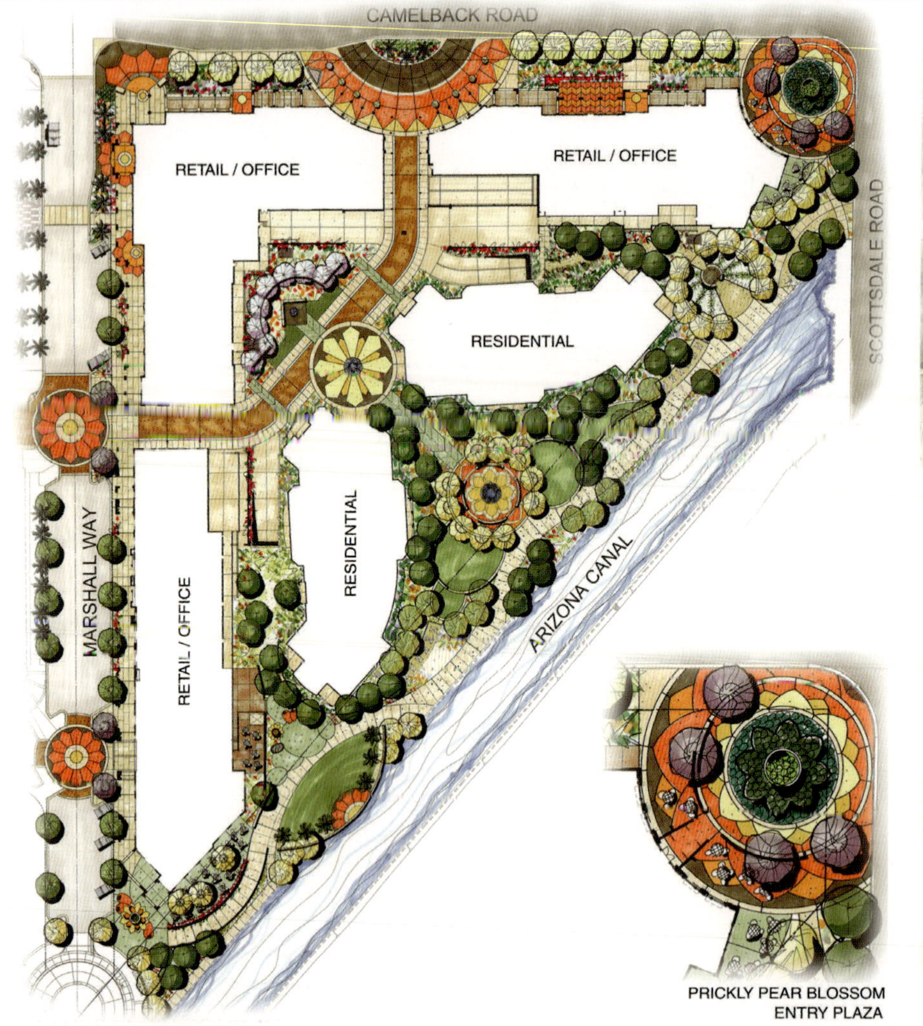

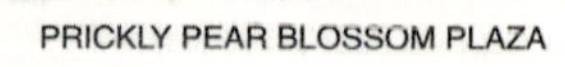

↑|场地概念设计

←|以仙人果的花为图案的设计

←|喷砂铺地图案细部
↓|Prickly Pea广场和露天剧场

Stacy Levy

↑|凳子细部
→|水地图和上面的孩子

水地图

温尼伍德

水地图这个作品讲述的是，围绕着Friends' Central学校蜿蜒流过的特拉华河。在广场上，特拉华河和舒伊尔基尔河流域的所有支流，都以喷沙的方式雕刻在青石砖铺地上。河流的名字和附近几个城镇的名字也被刻在了石头上。广场地面微微倾斜，便于把雨水排入旁边的小支流，再汇入更大的特拉华河。长凳的表面上，刻着从当地淡水水域中找到的微生物，而给老师坐的凳子上则可有海洋生物的图案。这里是校园中的户外教室和聚会的空间，它体现了这个流域的2种景观特点：一是小型化，二是非常开阔。

项目概况

地址：美国，宾夕法尼亚州，19096，温尼伍德，Friends' Central学校，Fannie Cox科学、数学和技术中心。**建筑设计：**Graham Grund。**委托方：**Friends' Central学校。**完成时间：**2003年。**产品量：**单件。**设计方式：**个性化设计。**功能：**座位、水池。**主要材料：**喷沙宾夕法尼亚青石砖。

↑|长凳上的女孩
←|长凳细部

←|鸟瞰
↙|地图细部
↓|水地图设计图

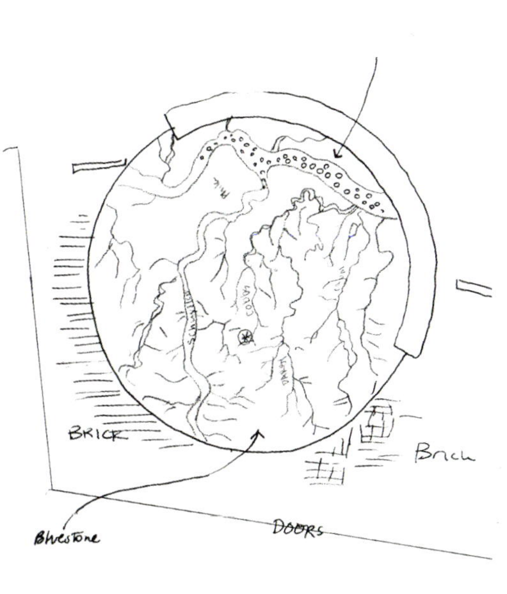

Stacy Levy

↑|无水状态下的景观

山脊与河谷

宾夕法尼亚

该设计在一块青石砖做的露台上，再现了Spring Creek流域水体的形状。河流分别被3条巨石墙所截断，它们就是这个露台上的“山脊”兼坐凳。本地所有的河川都被一一缩小了刻在上面，深度为6mm。没有水的时候，这块露台就是一个微缩的流域地图。而在下雨的时候，雨水从游客休息亭的屋顶上泻下，沿着刻出来的凹槽流动，便形成了一个真正的小水系。这个设计既有艺术性，也有科学性，它能使参观者惊叹水利循环的神奇。

地址：美国，宾夕法尼亚州，16802，宾夕法尼亚市，宾夕法尼亚州大学植物园。**合作设计师：**Philip Hawk & Co Stone Masons, MTR景观建筑师事务所。**委托方：**宾夕法尼亚州大学。**完成时间：**2009年。**产品量：**单件。**设计方式：**个性化设计。**功能：**座位、水景。**主要材料：**喷沙宾夕法尼亚青石砖。

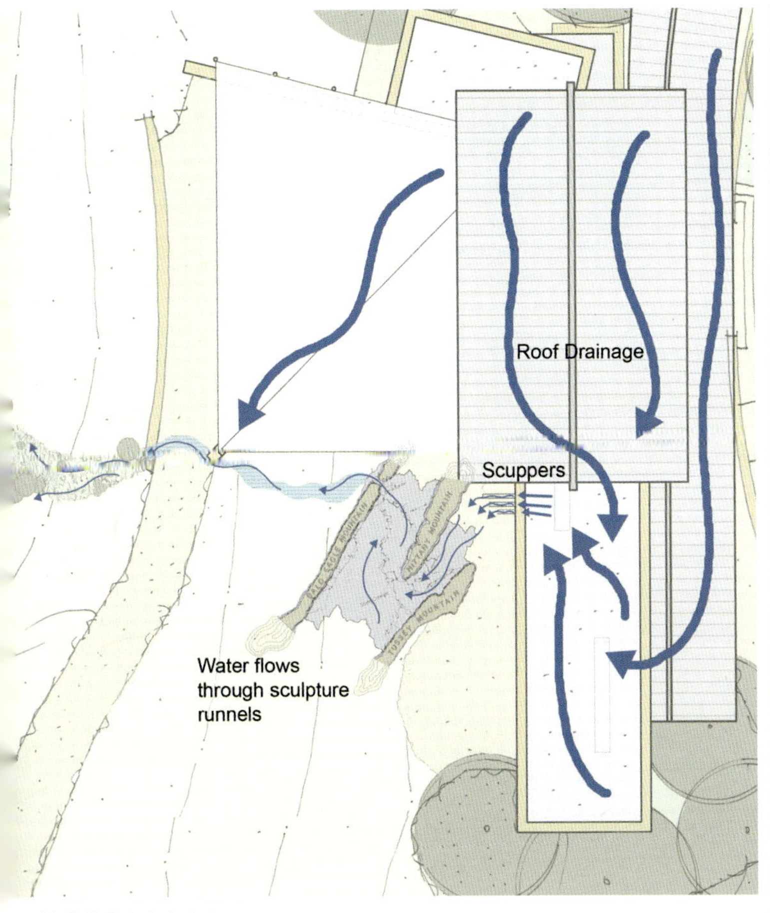

↑|平面图及水流方向

↓|坐凳细部

↑|雨后场景

↑|南面的木栈道

Parc des Prés de Lyon日光浴场

拉沙佩勒圣吕克

该项目要对一个建于1970年代的公园进行改造设计。公园中原有的设施包括步道、入口广场、植被和为青年人设计的娱乐设施，都要进行改造和扩充。此外，为了让公园更具吸引力和变化更大，设计师还增加了一个溜冰场、一个小型高尔夫练习场、一条舒适的小径等等。在公园核心处的一块尚未被使用的场地上，设计师还建起了一个170㎡的日光浴场。与其他令人兴奋的场地和设施相比，这里是一个让人放松身心的地方。

项目概况

地址：法国，拉沙佩勒圣吕克，10600，Parc des Prés de Lyon。**合作设计师**：AAVP + ON。**委托方**：Community d'Agglomération Troyenne。**完成时间**：2007年。**产品量**：单件。**设计方式**：个性化设计。**功能**：晒太阳的夹板。**主要材料**：木。

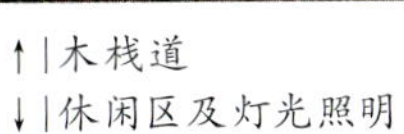

↑|木栈道
↓|休闲区及灯光照明

↑|背面的细部

Tom Leader
设计工作室

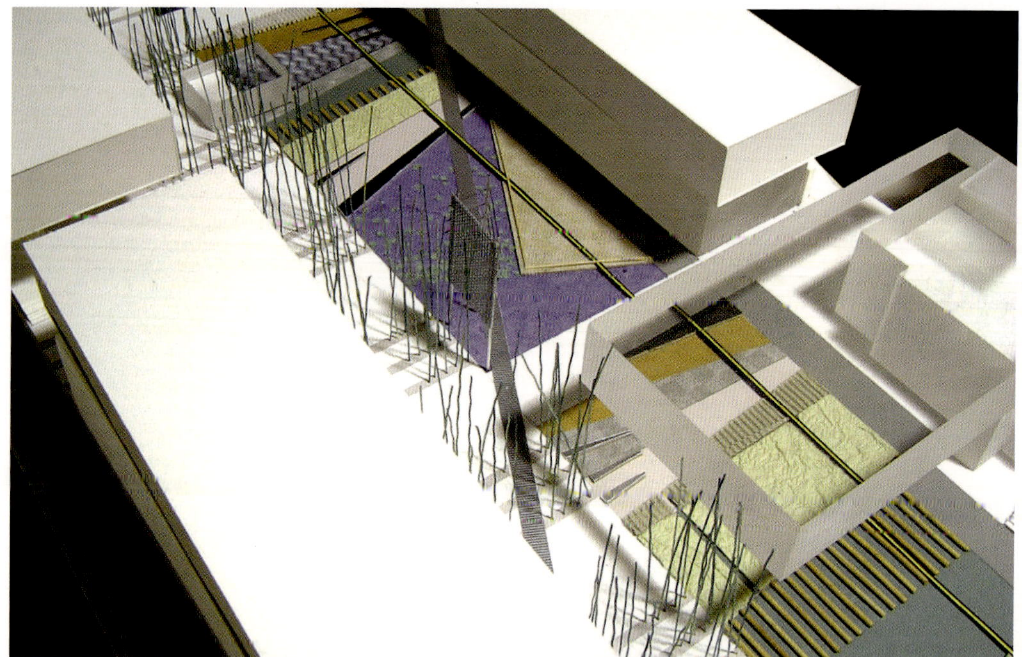

↖↖|模型细部
↑|"数据流"
↖|停车场模型
↓|广场剖面图

上海地毯

上海

设计的焦点是：要体现先进的数字化媒体与日常平凡的物质生活之间，形成的对比。这个新的户外空间，大部分区域均比街道标高下沉5m。广场的上方悬挂着由SOM设计的几个水晶盒子，盒子下方的铺地则采用富有历史感、乡土性及可循环再用的材料，例如：金属、石头、红砖和木材。设计师以平面构图的手法，把这些材料组合成一张长200m的浅浮雕"地毯"，并以竹林为边界。

项目概况

地址：中国，上海，200444，上海大学城。**建筑设计**：SOM旧金山事务所。**委托方**：瑞安房地产公司。**完成时间**：正在建设中。**产品量**：单件。**设计方式**：个性化设计。**功能**：铺地。**主要材料**：石头、砖、竹子、不锈钢。

Agence APS, paysagistes dplg associés

↑ | 鸟瞰
↗ | 边柱
↑ | 广场一角
↗ | 木夹板细部
↓ | 剖面图

Aristide Briand广场

瓦朗斯

面朝南方和落日，免受干冷强劲的西北风吹袭，Aristide Briand广场在瓦朗斯市中心占据了非常特殊的地位。为了展示广场的这一重要性，设计师把一排棕榈树种植于一片“木地毯”之上，并以此来唤起人们对瓦朗斯的“地中海”精神的记忆。在这26棵棕榈树之下，三两成群的布置着几组舒适的椅子，吸引路人在此停留晒太阳，看着夕阳慢慢落至Ardèche山的背面，享受着这一片宁静的市中心。广场中间的一条小溪流，也能让人想起这座城市的文化遗产。

项目概况

地址：法国，瓦朗斯，26000，Aristide Briand广场。**合作设计师**：Atelier Lumière, Cap Vert Ingenierie。**委托方**：瓦朗斯市。**完成时间**：2007年。**产品量**：单件。**设计方式**：个性化设计。**功能**：座位、水景、铺地、边柱。

Sitetectonix
个人有限公司

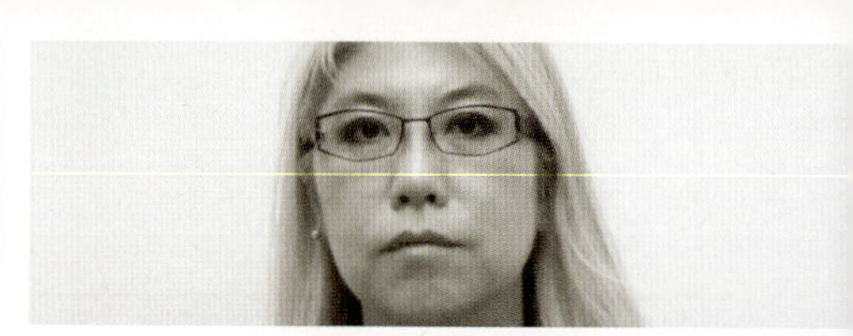

↑|放射"形和环形铺地的交汇处

ITE学院东区

新加坡

最初的铺地设计构思，是为了在场地的中心创造一个具有社交性和互动性的论坛区。广场被3座建筑物所环绕，广场的核心名为"热带的太阳"，铺地图案从这里向3条景观道形成发散的射线，每一条射线都有它自身的特点。这些放射性图案对场地的历史印记有着强烈的暗示，它还能把人们的注意力吸引到集会的核心区。环绕着中心论坛布置了许多座椅和台阶，铺地的射线图案则轻轻从这些设施上滑过。中心论坛上方设有屋顶花园，上面同样采用了"太阳射线"为图案，并从中间的天窗开始向外发散。天窗的作用是让人直接从高处俯视，看到下层放射形铺地的起点。

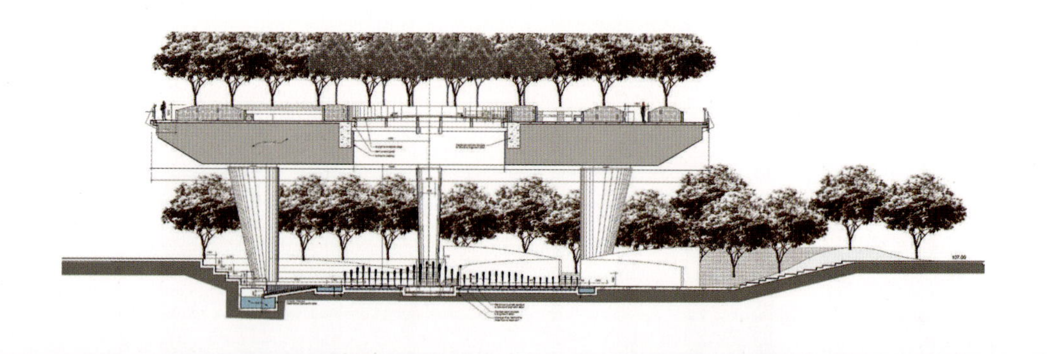

项目概况

地址：新加坡共和国，新加坡市，486047，Simei大道10号。**建筑设计：** RSP建筑师事务所，新加坡。**委托方：**技术教育学院。**完成时间：**2005年。**产品量：**单件。**设计方式：**个性化设计。**功能：**铺地、座位。**主要材料：**自然石材（花岗岩、卵石、石灰石、石板）、不锈钢。

↑|通向中心论坛的城市森林步道
↙|剖面图

↑|铺地和种植图案
↓|中心论坛的圆形剧场

灯具和标识

垃圾桶

边界

自行车架和游戏设施

座椅

系列设计

成套设计

铺地

树池和水池

遮蔽

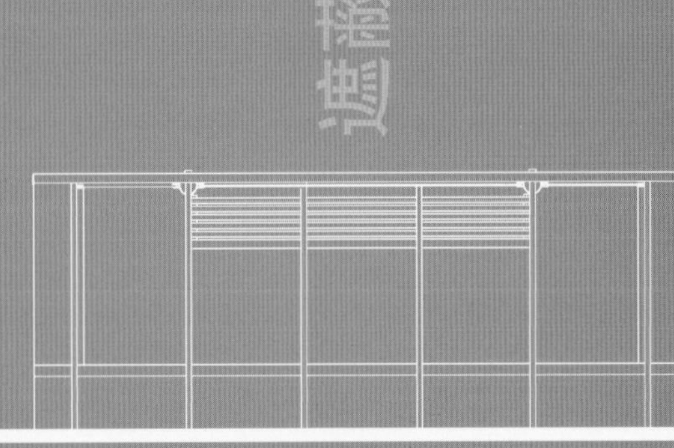

街道与公园设施公司 /
David Shaw

↑|冲浪板桌子和2张座椅

伯利的冲浪板系列

伯利黑兹，昆士兰

澳大利亚的黄金海岸是一处受游客欢迎的旅行目的地，同时也是世界著名的冲浪海滩之一。因此，在伯利黑兹开发计划中，设计师希望设计出一套以冲浪文化为主题的系列街具。整个设计均借用了冲浪板的造型，所选用的有色木板体现了1950年代的冲浪板设计风格，而那时冲浪运动刚刚在这里兴起。桌椅的支架造型也体现了海洋生物的特色，采用的不锈钢材料可以最大限度的抵御来自自然界的侵蚀。

项目概况

地址：澳大利亚，昆士兰，4220，黄金海岸市，伯利黑兹。**委托方：**黄金海岸市议会。**完成时间：**2003年。**产品量：**系列品。**设计方式：**批量化设计。**功能：**座位。**主要材料：**不锈钢、木材。

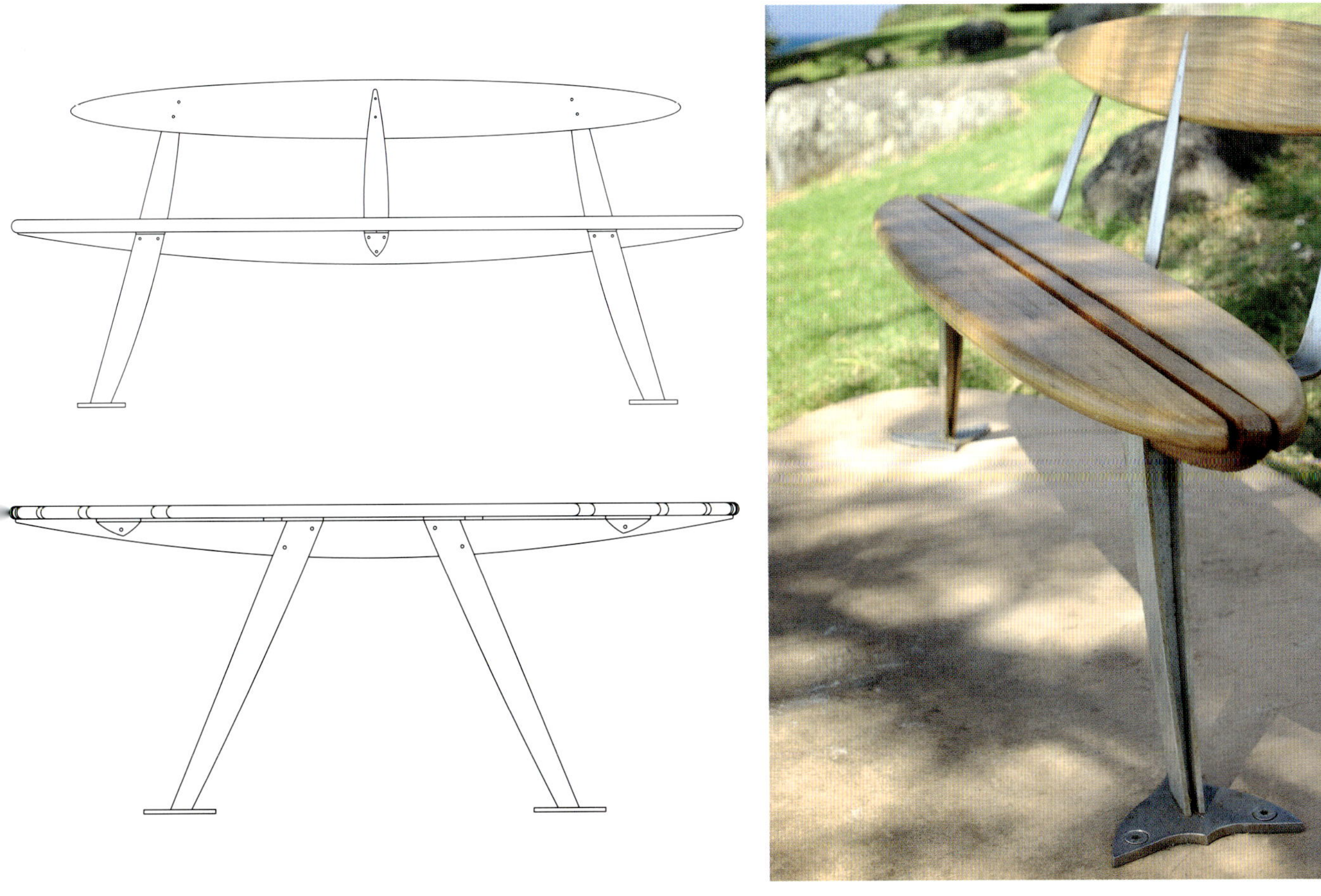

↑|靠背椅和桌子立面图

↓|靠背椅的背面

↑|靠背椅的侧面

Lifschutz Davidson
Sandilands

↑|新的电车站，卢森堡de la Liberté大街

卢森堡有轨电车站系列

卢森堡

该设计的目的是为了复兴卢森堡的电车交通系统，其创意灵感来源于这座城市的地形地貌和它的交通运输业传统。设计运用了3个简单的方法：一是去除掉所有不必要的东西，以免造成混乱；二是使用高品质的铺地和街具；三是形成舒适的林荫大道和公共空间，使其与周边的建筑物相呼应，而不是仅仅满足于机动车交通的需求。改造之后的街道，再次恢复往日的简洁朴素与灵活敏感，将吸引更多的咖啡厅和商店回归到公共活动领域中。将来，建筑师在为这条线路上的建筑进行设计时，能有更多的机会重新思考这些城市的广场，并把卢森堡建设成为整个欧洲城市的新典范。

项目概况

地址：卢森堡大公国，卢森堡市。**委托方：**卢森堡市。**完成时间：**2014年。**产品量：**系列品。**设计方式：**批量化设计。**功能：**座位、照明、候车亭、垃圾箱、标识、电车站台、数字显示屏、接触网系统。**主要材料：**铜、不锈钢、石材。

↑ | 单个信息柱，上面显示有最新的信息
↓ | 电车站分解图，采用标准化的构件

↑↑ | 新电车站立面，卢森堡de Paris广场
↑ | 座椅，采用不锈钢和石材加工而成

Lifschutz Davidson Sandilands

↑|Geo系列中的凳子，造型简洁
↓|部分设施的立面图

Geo系列

Geo是一系列街具系统的总称，与以往混乱的城市街道景观相比，它为公共空间提供的是一个连贯的、端庄的视觉环境。Geo利用一个标准模数和3项技术与美学标准，衍生出一系列涵盖了多种功能类型的产品，包括照明、家具和标识。在设计上，既要体现耐看、轻巧、耐久的特点，还要最大限度的满足现有的需求和技术水平。这些街具本身还要便于维护、符合安全及易清洁。整个系列包括了路灯、汽车站、坐凳、边柱、自行车停放架、电话亭和垃圾箱。

项目概况

制造者：Woodhouse有限公司。**完成时间**：正在建设中。**产品量**：系列品。**设计方式**：批量化设计。**功能**：座位、垃圾箱、照明、自行车停车架、遮蔽、边柱。**主要材料**：不锈钢、木。

|垃圾桶

|带照明功能的边柱细部

↑|指路牌和边柱

Kramer 设计顾问公司(KDA) /
Jeremy Kramer

↑|汽车候车亭和垃圾箱
→|汽车候车亭

多伦多市的和谐街具系列

多伦多

KDA的街具设计对这座城市的街道景观做出了重要贡献。这个系列的设计被选定为多伦多市的第一套街具，签订了长达20年的使用合同。其中包括了候车亭、垃圾箱、坐凳、公厕、自行车停放架、信息柱、公众张贴柱及多功能告示牌等。超过26 000件街具将在今后的20年中不断被投入使用。另外，KDA还为多伦多设计了其他系列的街具，包括：边柱、树池、栏杆、指路牌、街灯、花槽和亭子等。

地址：加拿大，安大略省，多伦多市。**委托方**：多伦多市。**完成时间**：2008年**产品量**：系列品。**设计方式**：批量化设计。**功能**：候车亭、垃圾箱、座位、公厕、自行车停放架、信息柱、公共张贴柱、多功能告示牌。**主要材料**：TPO合成塑料、铝扣板（垃圾箱）、聚碳酸酯、铝、安全玻璃（顶棚）。

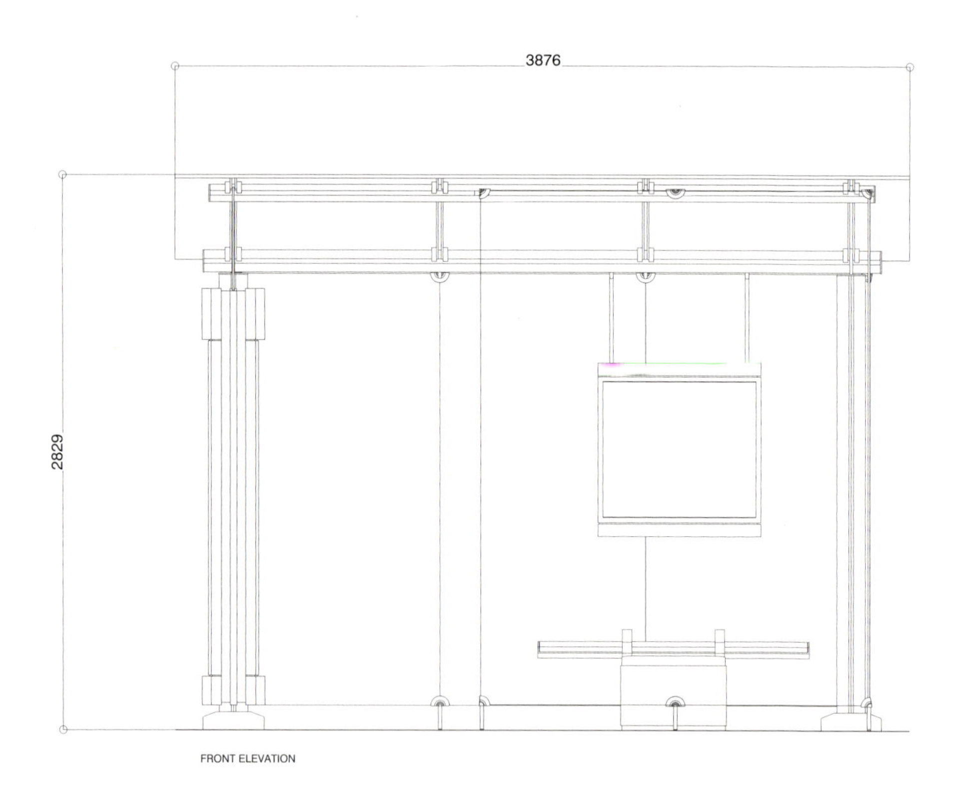

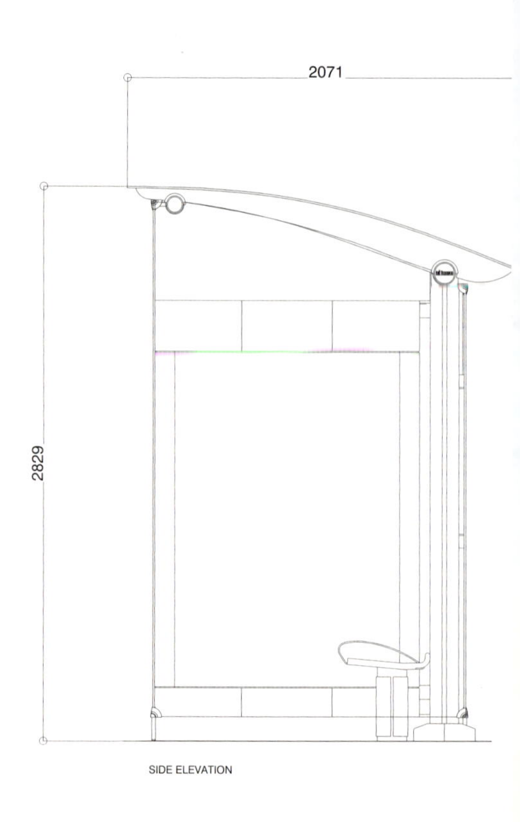

↑|汽车候车亭立面图

←|垃圾箱

welcome to toronto
we've been expecting you
INFOTO

←|信息柱
↓|汽车候车亭

Astral Media
ALDO
1200 BAY

EBD 建筑师事务所 ApS

↑|Mobilia系列的桌椅
↘|凳子立面图

Mobilia

Mobilia是指为城市空间所设计的一系列街具，它们就像建筑一样，结合了工业化生产的品质和个性化的设计优点于一体。这款长凳可以被单个设置在公共空间中，也可以几个连成一直线或弧线使用。单个直线的凳子长2m，若做成曲线形，便可以组合出一个最小直径为4m的圆环。通过这种工业化的标准设计，可为城市空间提供了多种全新的几何体街具。垃圾箱的设计既简洁，又能完全满足功能。

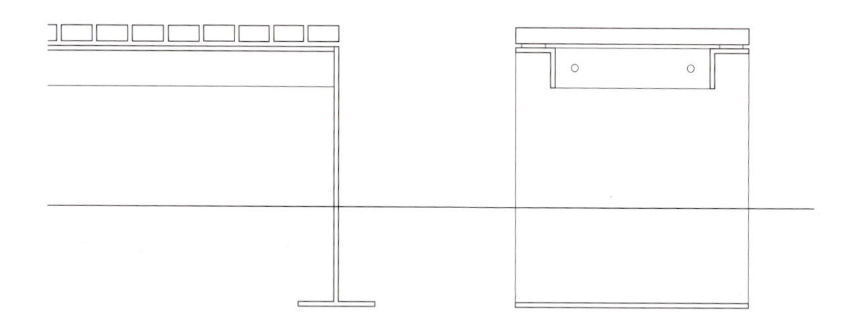

项目概况

委托方：GH form。**完成时间：**2002年。**产品量：**系列品。**设计方式：**批量化设计。**功能：**座位、桌子、垃圾箱、公厕、标识。**主要材料：**铸铁、钢、木。

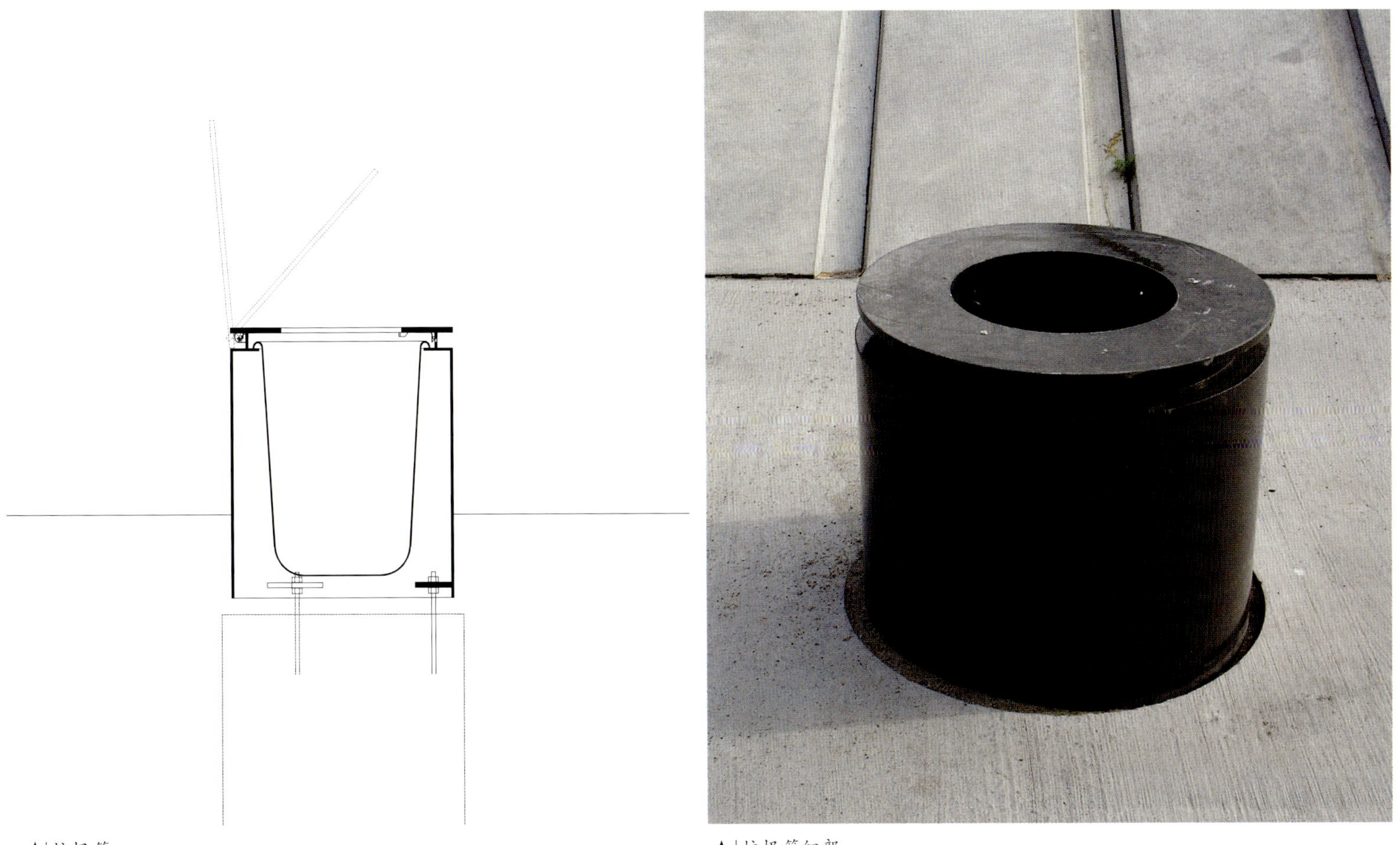

↑|垃圾箱
↘|Mobilia长凳

↑|垃圾箱细部

díez+díez diseño

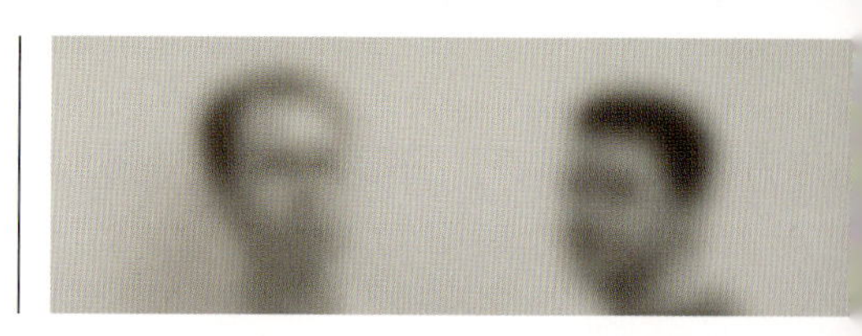

↑|该系列的所有作品，款式仍在增加中

禅

这款极富创新性的设计，通常被看成一种城市街具，用作长凳或建筑物的边界。它的本质是为使用者带来精神上的安宁和平衡。外形的构思则从天然石块的形状中抽取提炼出来的。因此，无论是在自然环境或是建筑空间中，它都能轻易的融入环境中。它的有机形态完全有悖于主流和传统的造型。“禅”这个设计为使用者与周围的环境搭起了一条对话与沟通的桥梁。由于坐凳以圆形为基本元素，因此没有任何方向性。

委托方：mago:URBAN。**完成时间**：2010年。**产品量**：系列品。**设计方式**：批量化设计。

功能：座位、种植槽、边界。**主要材料**：混凝土。

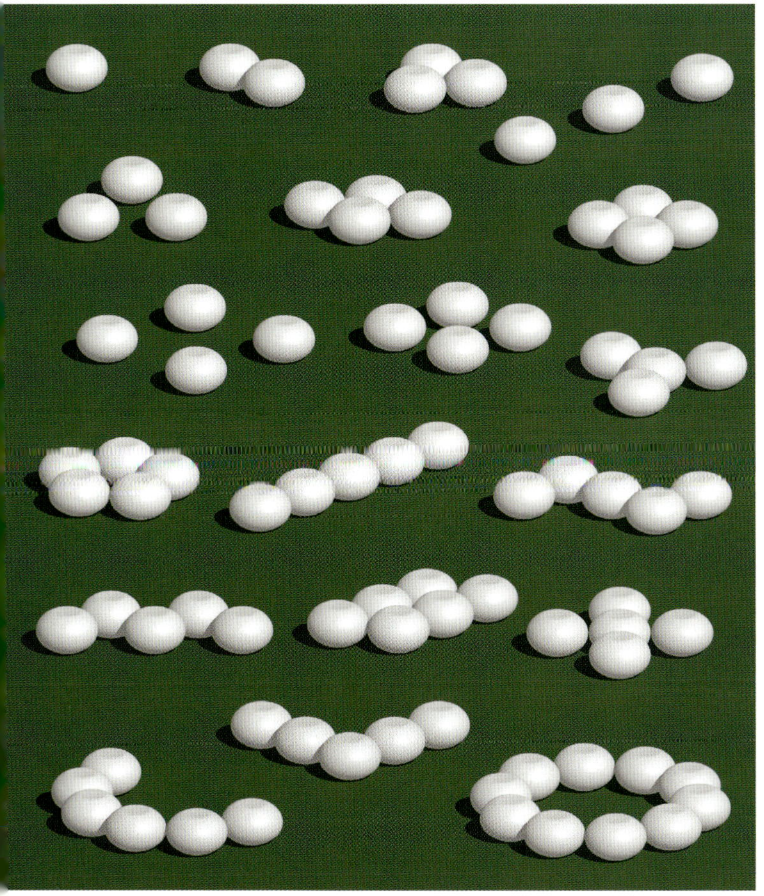

↑|组合方式

↓|单个装置

↑|单个细部

mmcité a.s. /
David Karásek,
Radek Hegmon

↑ |镭系列的长椅，带有木制靠背和凳面
↘ |LR130和LR160两款凳子的设计图

镭系列公园长凳

在这个系列的设计中，最主要元素和特点是：它们的支撑框架均是由一片金属铸成的。这使得凳子从正面看过去，显得尤为精巧和纤细。金属框架上还可以安装木制的凳面和靠背。另外，凳子的表面形式也有多种选择，以便适应不同的使用场所。这一系列的凳子还有带靠背和无靠背两种。虽然简单，但它却是一个令人为之感到兴奋的设计。

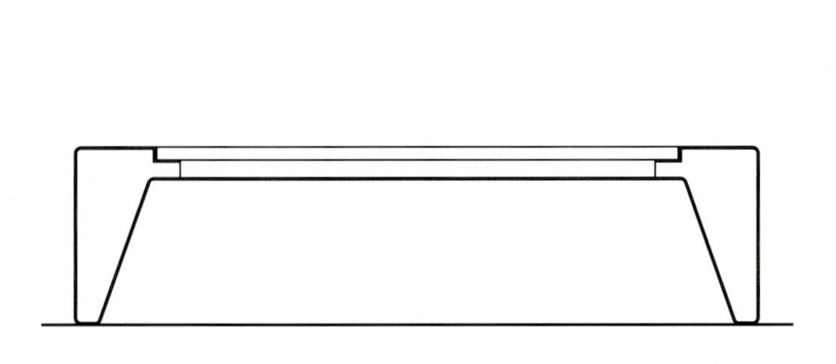
 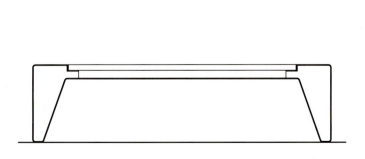 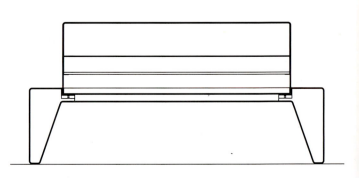

项目概况　**委托方**: mmcité a.s., 布拉格机场, 佩斯市。**完成时间**: 2005年。**产品量**: 系列品。**设计方式**: 批量化设计。**功能**: 座位。**主要材料**: 镀锌钢、金属片或实木板。

↑ | 镭系列的小凳
↓ | 公园里的Radium系列凳子

↑ | 细部, 不同形式的凳面

Agence Elizabeth de Portzamparc / Elizabeth de Portzamparc

↑|候车亭

波尔多有轨电车

波尔多

设计师Elisabeth de Portzamparc为波尔多市新的有轨电车设计了一系列的配套设施。第一阶段设计囊括了44.6km轨道线上的124个站点。作为当代的公共交通，设计体现出了特有的优雅与现代感。因为造型的优雅纤细，加上大量使用玻璃，使得这些设施成为谦卑的城市背景之一，如果不认真看，几乎觉察不到它们的存在。设计师采用经打磨和焊接的钢片，加上铸铝，制作出纤细、独立和女性化的形态，同时又足够坚固以应付日常的使用。

地址：法国，波尔多市。**委托方**：CUB（波尔多市政委员会）。**完成时间**：2004年。**产品量**：系列品。**设计方式**：批量化设计。**功能**：座位、照明、遮蔽、垃圾箱、站台、人行道栏杆。**主要材料**：铸铁、玻璃、木。

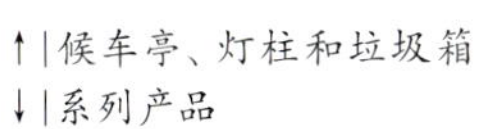

↑|候车亭、灯柱和垃圾箱
↓|系列产品

↑|候车亭和灯柱夜景

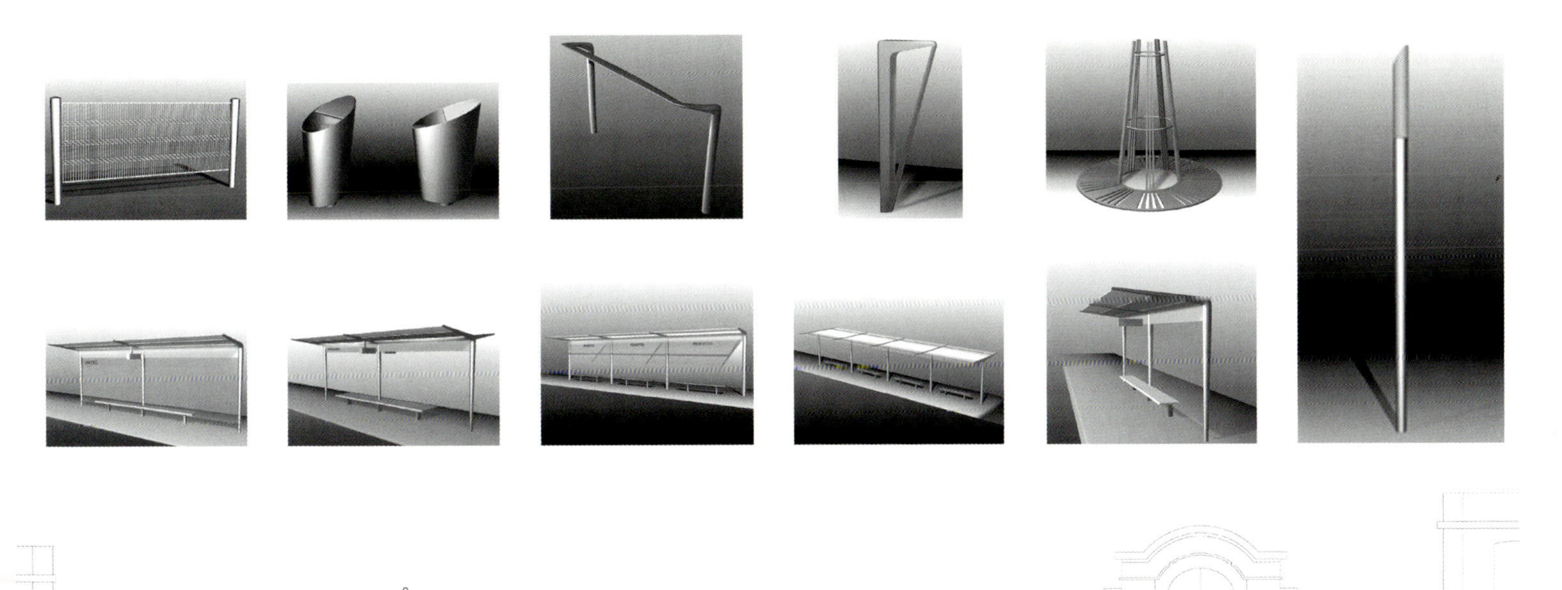

灯具和标识

垃圾桶

边界

自行车架和游戏设施

座椅

成套设计
铺地
系列设计
树池和水池
遮蔽

Mitzi Bollani

↖|座椅设计草图
↑↑|Bibbiena市的“红蘑菇”
↑|用于Poggibonsi市公共汽车站

Finferlo

Finferlo是一种可以适应多种需求的小巧的彩色座椅。它占地很少，因而可为公共汽车站或其它小品建筑提供有趣的倚靠和休息处。它可以安放在没有座椅的地方，供疲倦的旅客休息。若干这样的座椅还可以成组的布置以形成一个非正规的交流和休闲场所。

项目概况

委托方：MODO srl。**完成时间**：2005年。**产品量**：系列品。**设计方式**：个性化设计。**功能**：座位。**主要材料**：铁。

Anouk Vogel
景观建筑师事务所

↑|麻雀纹样的长椅
↑|菜檬树纹样的长椅
↗|长椅两端成对的纹样

Vondel公园韵律

阿姆斯特丹

Vondel公园更新改造的最后一步就是更换掉现有的各个时期的标准化设施。“Vondel公园韵律”的设计灵感来源于该公园最初的设计思想——浪漫的英式园林。公园现在包含着各种不同的风格，而这些多样性的风格也反映在以当地动植物为主题的长椅框架的装饰纹样上。该公园灯柱的水仙花蕊图案，以及小亭子上的常春藤图案，都在椅子纹样的植物主题之中获得了延续。

项目概况

位置：荷兰，阿姆斯特丹市，Oud Zuid区，Vondel公园。**合作设计师：**Johan Selbing。**委托方：**阿姆斯特丹市。**完成时间：**2011年。**产品量：**系列品。**设计方式：**个性化设计。**功能：**座位。**主要材料：**铸铁、经涂层处理的木材。

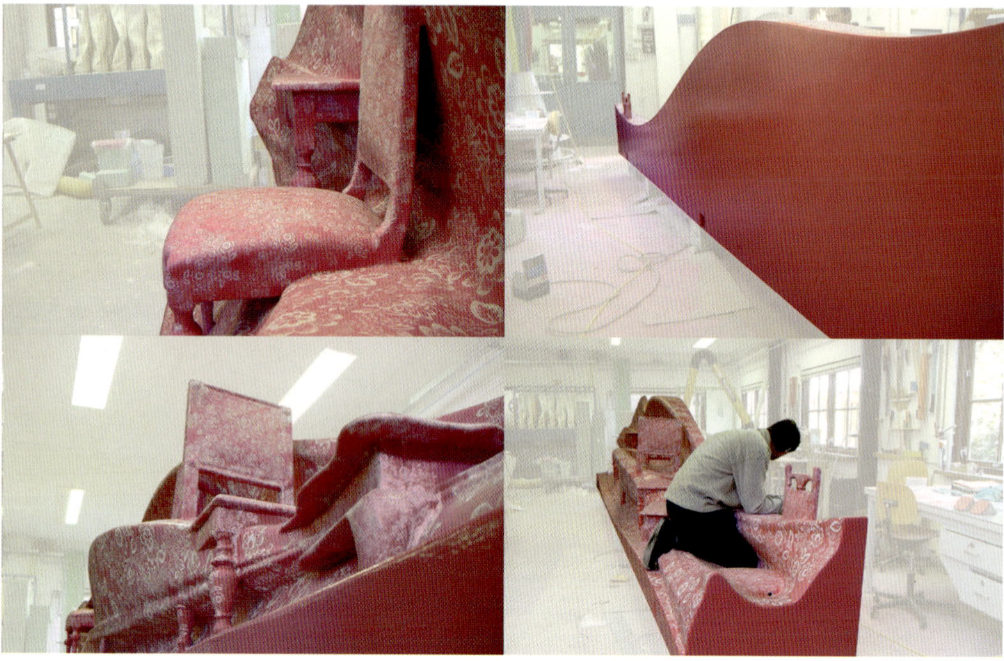

↖↖ | 正立面
↑↑ | 整合了餐桌和餐椅的细部
↖ | 制作过程
↑ | 侧立面

东京都市长椅

东京

这件作品称作“一日游旅客”，是基于对街上游客在一天内不同姿势——学习、坐、蹲坐的研究。7种姿势的活动被整合到这个波浪形的作品。还有一些更具象的家具（如餐桌和餐椅）也被整合进来。这个作品最初是按照欧洲的审美趣味和文化背景来设计，但最后设计师选择了粉红底上印白花图案的聚酯玻璃纤维来制作这件作品的外壳。

项目概况

地址：日本，东京。**合作设计师**：Silvijn v/d Velden, Christiaan Oppewal。**委托方**：Droog设计公司。**完成时间**：2002年。**产品量**：单件。**设计方式**：个性化设计。**功能**：座位。**主要材料**：木、玻璃纤维、聚酯纤维。

sandellsandberg /
Thomas Sandell

↑|外观全貌
↑|有人使用时的状况
↗|细部
↓|设计草图

街景家具

东京

东京的六本木山是日本近年来最大的土地综合开发项目之一。该项目的理念是将生活、工作和购物消费相结合以便节约交通时间。Thomas Sandell 和 sandellsandberg获得委托为该项目的外部空间设计一组座椅设施，其形状和用材都要与该项目所追求的现代、娱乐和有魅力的街道景观相称。

项目概况

地址：日本，东京，六本木山。**委托方：**森大厦株式会社。**完成时间：**2003年。**产品量：**单件。**设计方式：**个性化设计。**功能：**座位。**主要材料：**注入聚氨酯泡沫的热成型可丽耐。

Buro Poppinga

↑|大型长椅透视

大型长椅

大型长椅是为Grijsen 公园和straatdesign的现代公共空间设计的耐用产品。外露的粗壮支架使其前后两面看起来同样精彩。它是那种铸铁架搁木板的传统公园长椅的现代翻版。它由一对H形的侧支座框架和90mm×120mm断面的木板条组成。这种椅子有一个特殊细节：不是所有的木板条都安装在铸铁支座框架上，椅面的最前一根和椅背的最顶上一根木板条都是直接贯通全长的。这两根通长的板条是通过椅面和椅背的其他板条连接并固定在铸铁框架上。

项目概况　委托方：Grijsen公园和straatdesign。完成时间：2007年。产品量：系列品。设计方式：个性化设计。功能：座位。主要材料：涂层铸铝，硬木。

↑|侧立面

↑|轴测图

↘|从后面看同样优美的造型

NL建筑师事务所

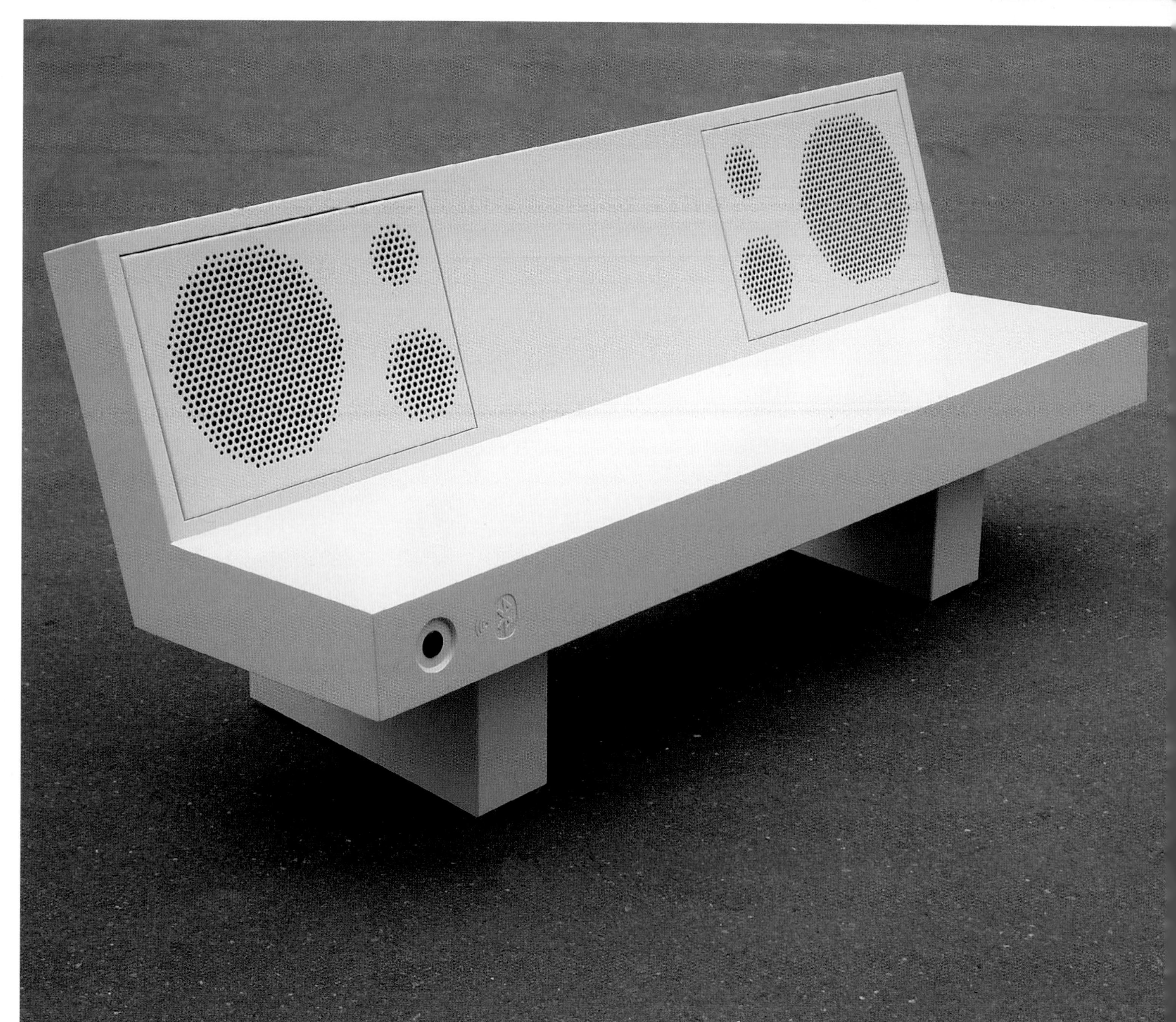

↑|整合了高保真音响功能的轰隆隆椅

“轰隆隆”椅

这个不同寻常的街具兼有高保真音响和长椅的功能，可供人在公共场合聆听自己带来的音乐，很好的满足了年轻人希望与他人分享音乐的需求。轰隆隆椅装有8个60瓦的同轴扬声器和2个低音喇叭，并可通过蓝牙方式驱动。轰隆隆椅就像一个巨大的扩展坞站，每个人都可以把自己的手机或者音乐播放器连接到上面，播放出95dB的音响。这个独具匠心的街具为公众同时提供了视觉和听觉享受。

项目概况 合作设计师：Scott Burnham。**委托方**：Droog设计公司。**完成时间**：2008年。**产品量**：系列品。**设计方式**：个性化设计。**功能**：座位、高保真音响、无线网络基站。**主要材料**：胶合板、不锈钢。

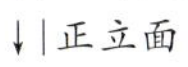

↑|一群儿童在享用音乐长椅

↓|正立面

↑|长椅的使用状态

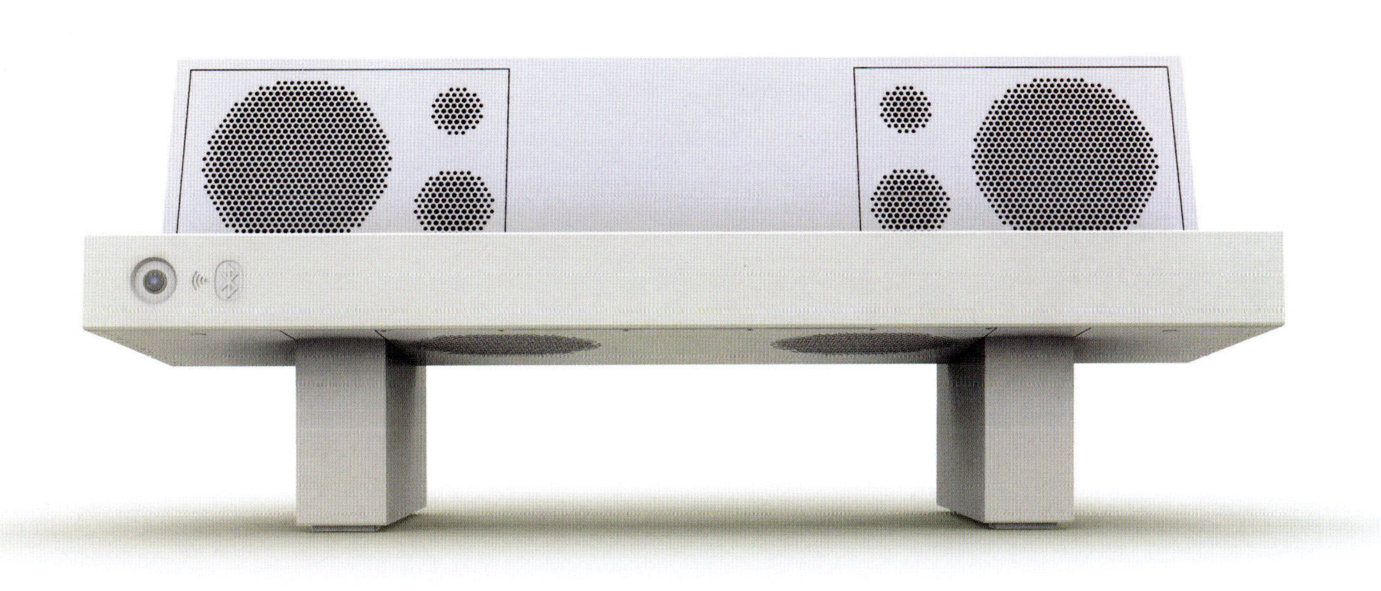

Estudio Cabeza /
Diana Cabeza

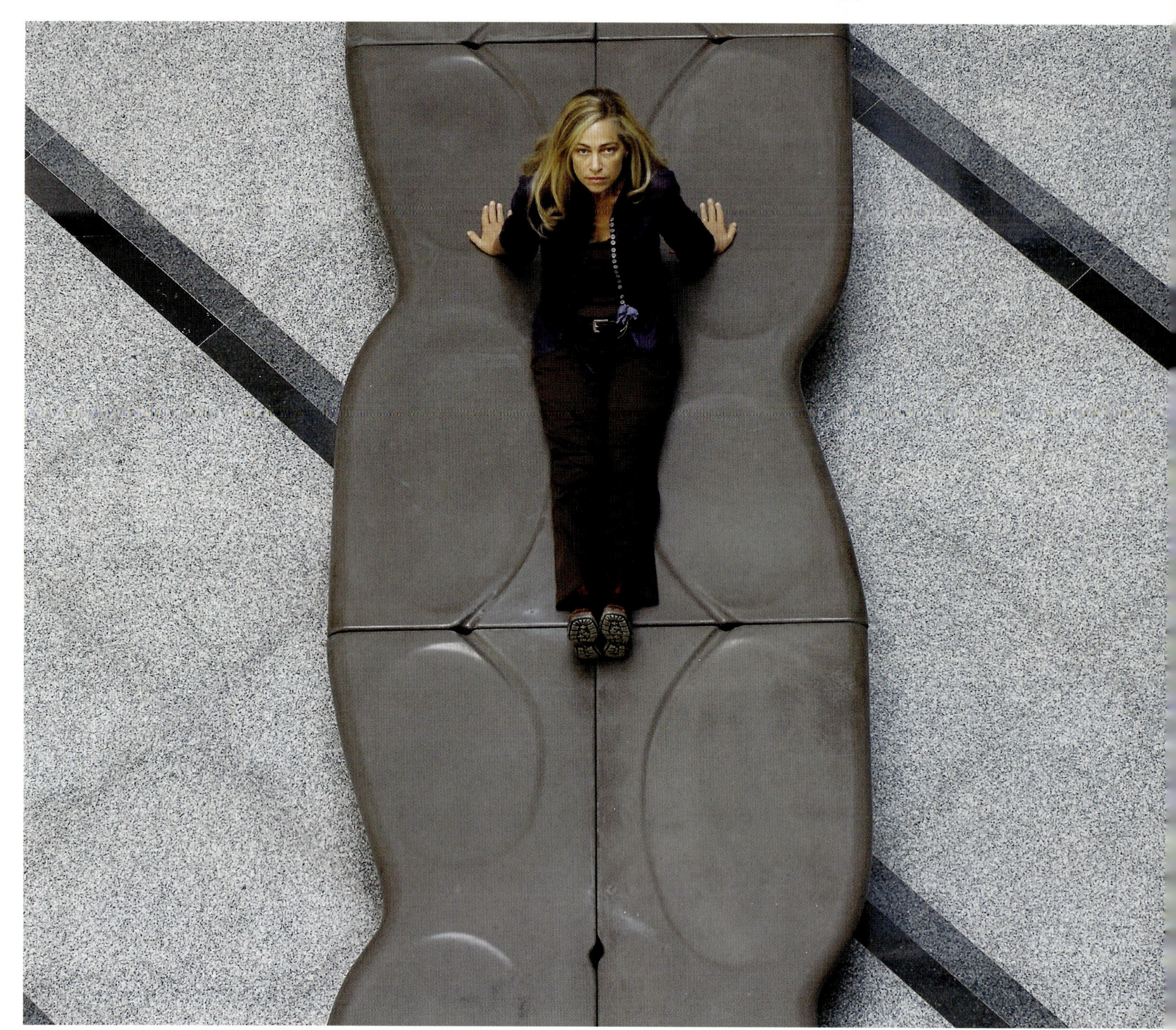

↑|成行排列，组成大面积座椅

Topografico长椅

这个长椅的波浪型蜿蜒的表面既不对称也不规则，就像地表的起伏、又像水流过湿砂，在潮湿的表面形成的水印。长椅所用的混凝土材料处理得非常亲切，象征着地形学的表面同样符合人体工学的舒适要求。该系列座椅是由尺寸为1.8m×0.7m×0.4m的带靠背或不带靠背的基本模块组成，可以不同组合方式，摆放成面对面、背靠背等多种方式。模块之间既可以化学方法粘合，也可以机械方式锚固。

项目概况

委托方：布宜诺斯艾利斯市政府及私人委托人。**开发团队**：Diana Cabeza, Martín Wolfson, Diego Jarczak。**完成时间**：2003年。**产品量**：系列品。**设计方式**：个性化设计。**功能**：座位。**主要材料**：彩色骨料预制混凝土、天然饰面。

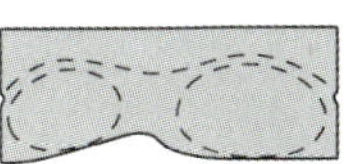

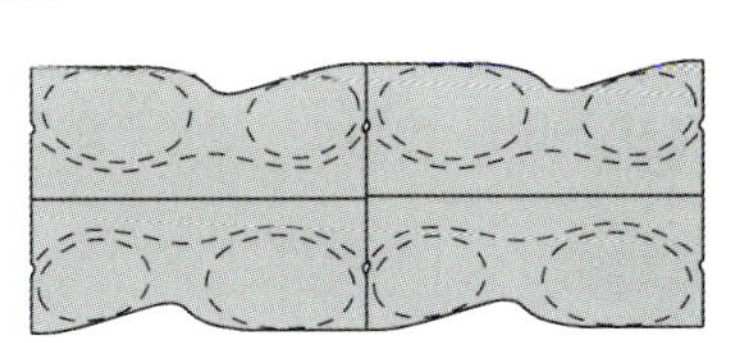

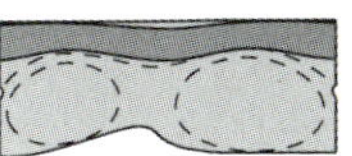

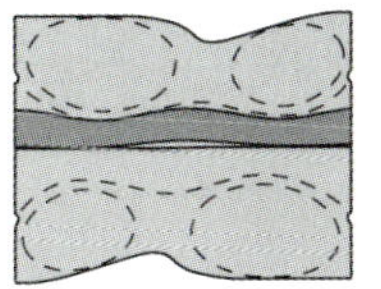

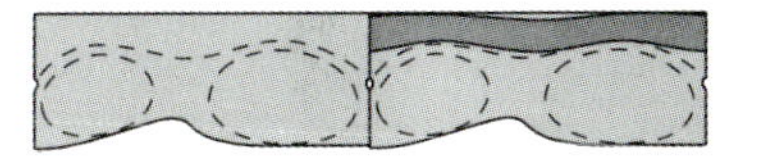

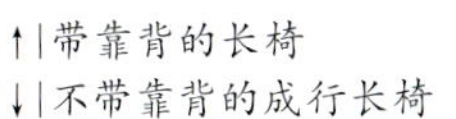

↑|带靠背的长椅
↓|不带靠背的成行长椅

↑↑|近景
↑|设计图

Estudio Cabeza /
Diana Cabeza

↑|带靠背和不带靠背的长椅
→|使用状态

传承历史的长椅

布宜诺斯艾利斯

这个长椅是专门为布宜诺斯艾利斯历史城区设计。它是由一组预制白色混凝土组件拼合而成，看上去与布宜诺斯艾利斯19世纪末20世纪初的历史建筑立面非常和谐。带靠背或不带靠背的1.4m长的基本单元可以单独使用，也可灵活地拼接成长条椅。由于靠背可安装在不同的方向，更可以获得更多独特的组合方式。每个长椅都是固定在单独的混凝土基础上。

项目概况

地址：阿根廷，布宜诺斯艾利斯历史城区。**开发团队**：Diana Cabeza, Alejandro Venturotti, Diego Jarczak。**委托方**：布宜诺斯艾利斯市政府。**完成时间**：2008年。**产品量**：系列品。**设计方式**：个性化设计。**功能**：座位。**主要材料**：彩色骨料预制混凝土、天然饰面。

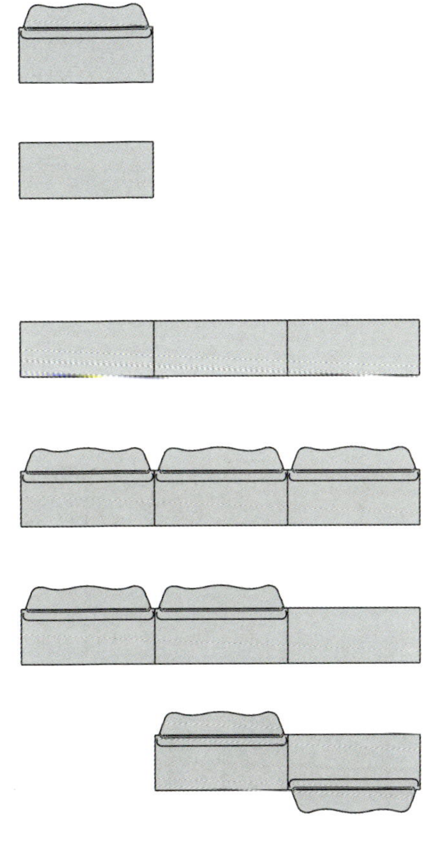

↑|设计图
↓|近景

Estudio Cabeza /
Diana Cabeza

↑ | 不同的组合
→ | 细节，红色和棕色的花岗石
↑ | 单人、双人和三人座椅

Encuentros

布宜诺斯艾利斯

“Encuentros”的设计灵感来自于Playa Negra的岩石——一种南大西洋火地岛海岸的黑色岩石。这个座椅象征着连接不同地方的桥梁，其设计是为了向这“世界的尽端”致敬。“Encuentros”提供了一个相遇的场所，人们在这里等候相遇、休息、看人与被看，最终，自身的愉悦情感和大自然在这里相遇。

项目概况

地址：阿根廷，布宜诺斯艾利斯市，Tribuna广场，2009年CasaFoa展览会。**开发团队：**Diana Cabeza, Alejandro Venturott。**委托方：**布宜诺斯艾利斯市政府。**完成时间：**2009年。**产品量：**单件。**设计方式：**个性化设计。**功能：**座位。**主要材料：**红色和棕色的阿根廷红花岗岩。

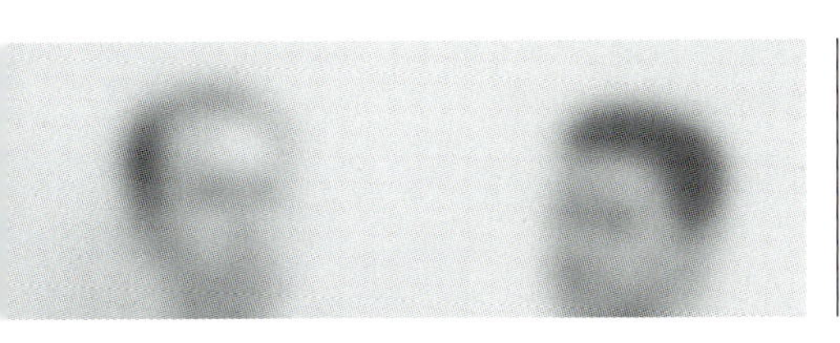

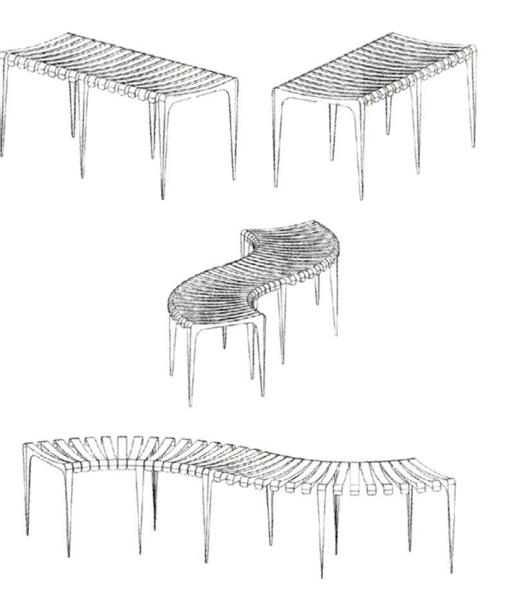

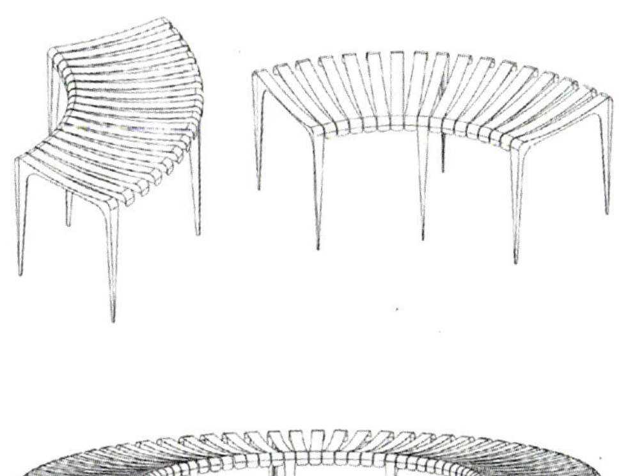

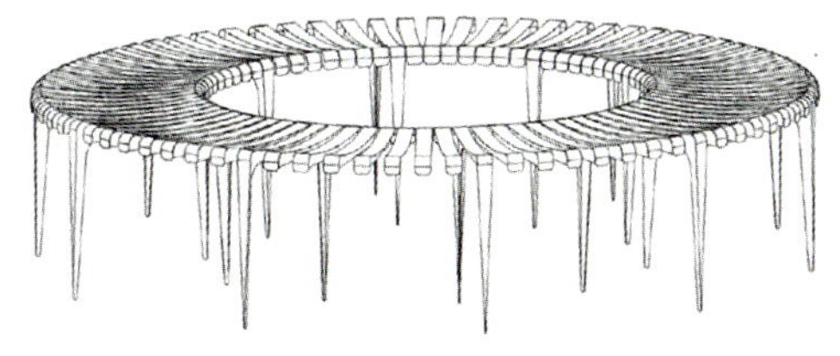

↑|带靠背的长椅
↑|不同组合方式
↗|细部

Miriápodo

这个座椅的设计是通过基本座椅元素的横向扩展和连续变化，激发出各种用途，在城市和乡村、广场和建筑物内的各种公共空间，满足人们的多样化需要。各种功能都是由2种可拼接的基本单元模块以不同方式组合而成，这些单元模块是由椅子腿和板条椅面组成。2种基本模块通过关节件相连并固定在需要的地方。这样的设计可以直线、曲线或直曲线相结合的方式，提供从50cm的单个座位直到任意长度的长椅。

项目概况

合作设计师：Trem diseño工业公司。**委托方**：Tecnología & diseño Cabanes。**完成时间**：2005年。**产品量**：系列品。**设计方式**：批量化设计。**功能**：座位。**主要材料**：铸铝。

Owen Song

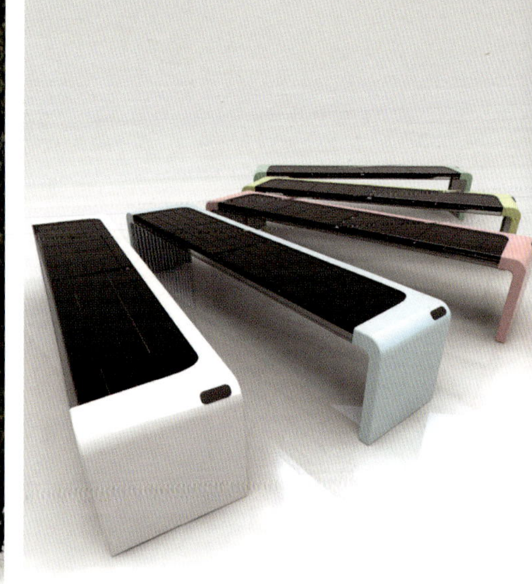

↖|太阳能长椅
↑↑|多样化的色彩
↑|无线网络基站细部
↓|平面图

太阳能长椅

首尔

与传统的长椅设计理念完全不同，太阳能长椅是对长椅概念的创新。除了提供传统长椅的坐卧功能，太阳能长椅同时还是无线网络的基站，其太阳能薄板电池也可以为夜间照明提供能量。除了太阳能电池板之外，它由铝和回收塑料制成，非常环保。它直接转化太阳能为公共活动提供能量，也是首尔“生态城市”计划的一个组成部分。

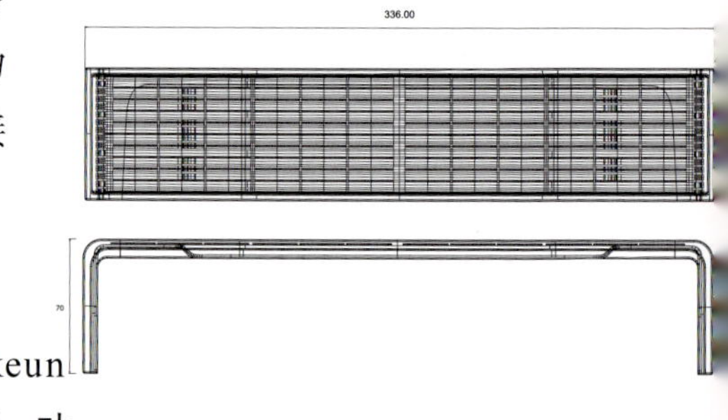

项目概况

地址：韩国，首尔市，论岘洞70－7，135－010。**合作设计师：**Byungmin Woo, Seonkeun Park。**委托方：**三星电子公司。**完成时间：**2008年。**产品量：**单件。**设计方式：**个性化设计。**功能：**座位、高保真音响、照明。**主要材料：**工程塑料、太阳能电池板。

海外建筑师事务所
(FOA) / Farshid Moussavi,
Alejandro Zaera-Polo

↑|成排的座椅
↑|使用状态
↑|基本单元

cuc

通过基本模块单元的组合，Cuc可以排列成各种长度的长椅。座椅单元侧面的曲线型凸凹可以帮助它们之间互相咬合连接，也可以实现长条座椅的弯曲。Cuc是为2004巴塞罗那文化论坛的项目之一——巴塞罗那Parc dels Auditoris设计的。基本单元模块重229kg，外表有浅灰和黄灰2种颜色。

项目概况

制造商：mago集团。**委托方：**巴塞罗那公园。**完成时间：**2005年。**产品量：**系列品。**设计方式：**个性化设计。**功能：**座位。**主要材料：**混凝土。

Nea工作室/
Nina Edwards Anker

↑|使用中的鸟榻
↘|平面和剖面图

→|不同型号的铝翼鸟榻

鸟榻

北冰洋家具公司出品的鸟榻是可供2人使用的坐卧两用长椅。坚固耐用的表面使其适合于作为城市街道和公园的休闲小品。在人的体重压力下，它会适度弯曲成一个舒适的角度。它的外形看起来很像飞鸟，使用者坐在“翅膀”上，就像在空中翱翔。这种座椅有2种型号可供选用：公园型的需要挖掘并埋入地基（最好是安装在中等硬度土壤或人行道上），而有基座的型号则可用螺栓固定在地面。2.5mm厚的磨光铝板使得整个座椅看起来苗条又轻盈。

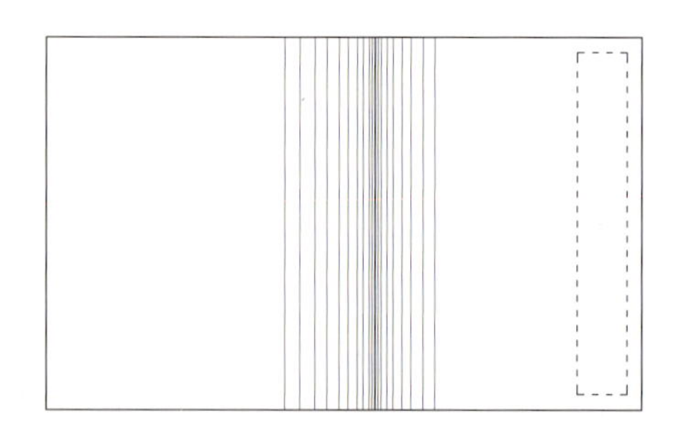

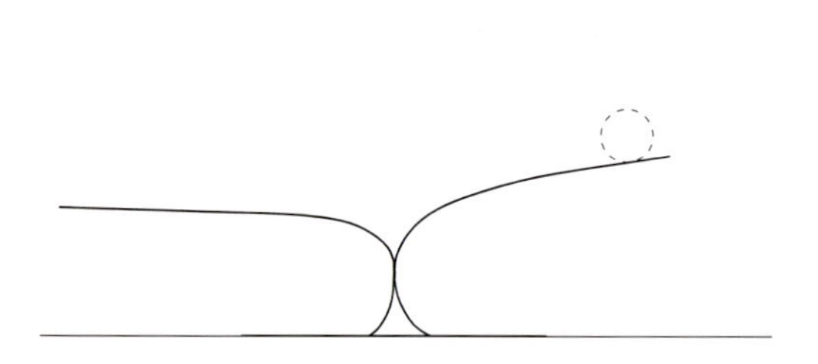

项目概况

委托方：私人。完成时间：2006年。产品量：系列品。设计方式：批量化设计。功能：座位。主要材料：铝

Architektin Mag. arch.
Silja Tillner

↑|维也纳的“潮人”公园长椅

“潮人”公园长椅

“潮人”长椅是维也纳Gürtel环路复兴计划的一部分。它的动感曲线与城中心环路地区的新面貌非常协调，而其符合人体工学的形状则吸引路人就坐和休息。符合人体工学弧线的椅面和靠背板条，都是用雪松木板制成，而支撑框架则使用扁钢。无论是单独使用还是成组布置，这种座椅都为城市面貌增色不少。这种既坚固又美观的长椅不愧为城市家具的经典。

项目概况

委托方：维也纳市。**完成时间：**1998年。**产品量：**系列品。**设计方式：**个性化设计。**功能：**座位。**主要材料：**木，钢。

↑|正立面

↓|近景

↑|精致而简洁的造型

↖|侧立面
↑↑|透视
↑|细部

“城堡”717型长椅

这种外观独特而雅致的座椅适用于动感的环境。椅腿和支架是用灰色、黑色或蓝色的GGG-40优质铸铁。8根不同品种的木板条固定在铸铁的侧支架上，这种座椅的长度有1.4、1.1、0.7m等不同的规格。

项目概况

委托方：Ceasaria公园。**完成时间：**2010年。**产品量：**系列品。**设计方式：**批量化设计。**功能：**座位。**主要材料：**铸铁、木板条。

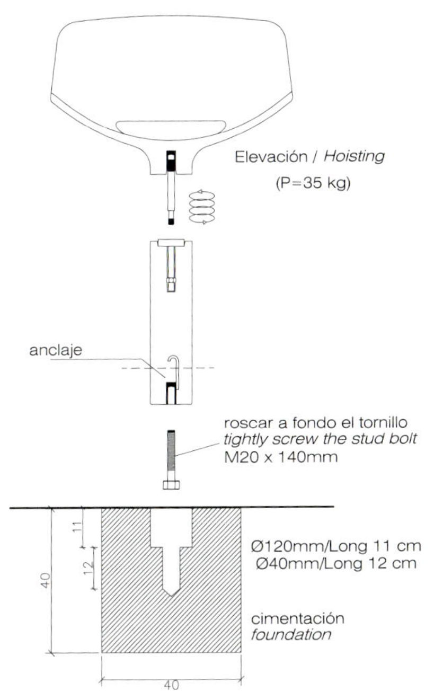

↑|城市型座椅SOL

↑|座椅设计图

↗|与SOL座椅配套的垃圾桶NET

SOL和NET

SOL包括一种用高标号混凝土制成的35kg重的椅子。铲斗状的座椅支承在一根细管状的支架上，支架用螺栓锚固在地面。有一套旋转构件让椅子可以像办公室转椅旋转。憎水的椅面都经过酸洗处理，有黑白2种颜色可选。称作NET的垃圾桶/烟灰缸表面也是同样的处理，垃圾桶的筒体是增强型铸石制成。

项目概况

委托方：ESCOFET 1886。**完成时间：**2005年。**产品量：**系列品。**设计方式：**批量化设计。**功能：**座位、垃圾桶。**主要材料：**聚合物混凝土（座椅）、增强型铸石（垃圾桶）。

Martelo系列长椅

↖↖ |Martelo 791型长椅和Caesarion 958BM型垃圾桶
↑↑ |Martelo 792型长椅
↖ |Martelo 791型长椅
↑ |Martelo 746型长椅

该系列曲线造型现代感十足的金属长椅和无靠背的波浪形长凳都有着正方形穿孔板的椅面。镀锌和聚酯涂层的表面色彩都满足德国工业标准色彩系统(RAL)。该系列还包括很多选配件,如:人行道锚固件、橡胶脚垫以及白色或灰色、表面粗糙的坚固水泥支撑和扶手。

项目概况

委托方: 金色互联网公司、(以色列)阿夫拉市政府、Carmiel市购物中心。**完成时间:** 2008年。**产品量:** 系列品。**设计方式:** 批量化设计。**功能:** 座位。**主要材料:** 穿孔金属板、不同色调的石饰面基座。

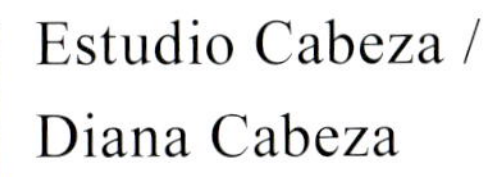

Estudio Cabeza /
Diana Cabeza

↑ | 成套的桌椅
↗↗ | 印有国际象棋盘的桌子
↗ | 成套的桌椅和单独的凳子

Alfil成套桌椅

这种成套桌椅是为公园和其他休闲娱乐区设计的，人们可以围坐着下象棋、玩西洋跳棋或纸牌。聚合物混凝土预制件日常维护简便，其柔和的曲线外形可以广泛适用于各种环境和多种用途。埋地的基础上可以装配2~4个座椅。如果不做单独基础的话，这些桌椅也可以与场地的混凝土浇筑在一起。不同的基础构件可以适应不同的地基土层。

项目概况

开发团队： Diana Cabeza, Mario Celi, Diego Jarczak。**委托方：** 公共和私人机构。**完成时间：** 2000年。**产品量：** 系列品。**设计方式：** 批量化设计。**功能：** 成套桌椅、饮水器。**主要材料：** 黑色骨料预制钢筋混凝土，天然饰面。

西8城市与景观设计公司

↑|Lippensplein的该系列木座椅，Knokke，比利时，2006年

西8系列木座椅

20年前，这种长条形座椅在鹿特丹的Schouwburgplein建成。今天，这种将长椅作为室外聚会场所的思路已经大获成功。这种纪念碑式巨大尺度的长椅能够与环境很好的结合，吸引路人前来休闲逗留。从人体工学方面考虑的座椅提供了舒适的座位和遮蔽。该设计的原理经过了时间的考验，目前正被众多街具厂商效仿。独特形状的椅面和靠背比例成了该系列座椅大家族的特色，并被广泛使用在其他的西8系列产品中。它们都是与所处环境和谐的优秀的室外家具。

委托方：各地方政府和私人机构。**完成时间**：第一版完成于1993年。**产品量**：系列品。

设计方式：批量化设计。**功能**：座位。**主要材料**：木，钢。

|Schouwburgplein的线性木长椅，鹿特丹，荷兰，1993

|Leidsche Rijn公园的木长椅，荷兰，1993

↑|Neude的木长椅，乌德勒支，荷兰，1998

西8城市与景观设计公司

↑|乌德勒支大学图书馆的涡卷座椅

西8涡卷长椅

涡卷长椅是由很多小段组成优雅的圆环形状，可以适应各种场地。分段构件的尺寸使得整个座椅可以由很少的人安装调试。座椅中间的坑可以让人选择面朝内或者面朝外坐，前者较多隐私，后者则可以与其他人和周边环境更好的交流。座位设计得矮而宽，这样坐起来更舒适。长椅上的肚脐眼般的小孔其实是用来排除积水。每段座椅都是由上下2个浇筑件组合而成，可以有多种色彩和表面质感。除了圆环形之外，长椅的组合还可以有其他形式。

项目概况

委托方：各种各样。**完成时间**：第一版完成于2005年。**产品量**：系列品。**设计方式**：成套设计。**功能**：座位。**主要材料**：聚合物混凝土。

↑|涡卷座椅基本构件的不同组合方式
↓|艺术化的涡卷座椅,乌德勒支大学图书馆

↑↑|莫斯科Luxury村的涡卷座椅,1995
↓|不同组合方式

↑|木板和混凝土制成的结实的公园长椅

Pirrama公园长椅

新南威尔士州悉尼市

Pirrama公园的主题是在Pyrmont半岛曾经的工业用地上创建一个新的公共空间。公园位于悉尼滨水区，为本地居民和更广泛社区提供了很好的纪念性。该公园还要求提供适合当地社区和公众需求的设施，包括遮荫凉棚、长椅、亭子和公共卫生间等。为此专门设计和定制的长椅是公园整体设施设计的一部分。长椅用可回收再利用的木板条作椅面和靠背，固定在一个坚固而不失雅致的混凝土基座上，该混凝土基座一直延伸到长椅前面，就像坐者脚下的一幅地毯。

项目概况

地址：澳大利亚，新南威尔士，悉尼市，Pyrmont区Pirrama路。**合作设计师**：Hill Thalis建筑师事务所、城市规划公司、CAB顾问公司。**委托方**：悉尼市政厅。**完成时间**：2009年。**产品量**：单件。**设计方式**：个性化设计。**功能**：座位。**主要材料**：混凝土、木材。

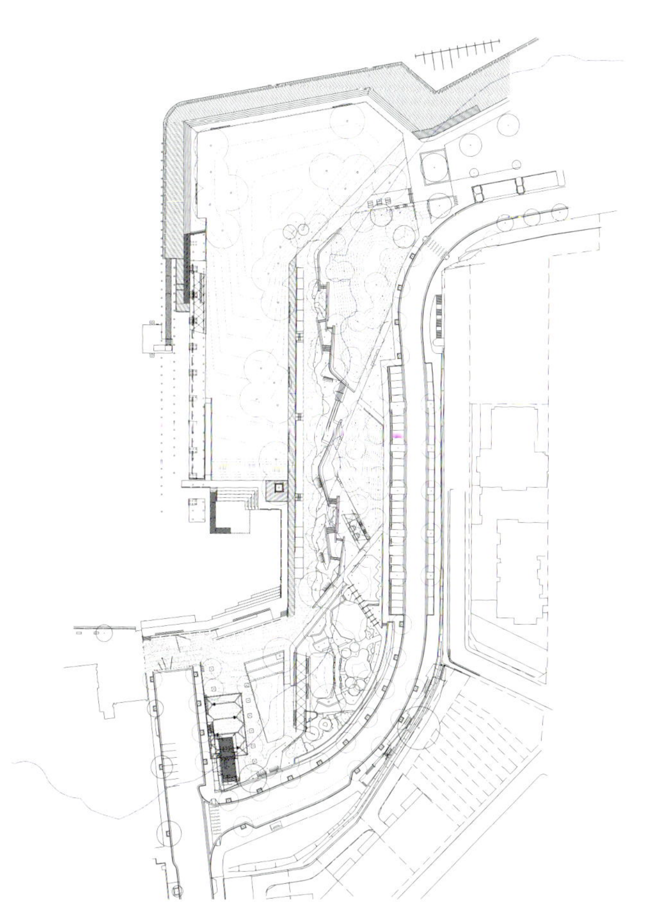

↑ | 侧面透视

↑ | Pirrama公园总平面图

↓ | 黎明微光中的座椅

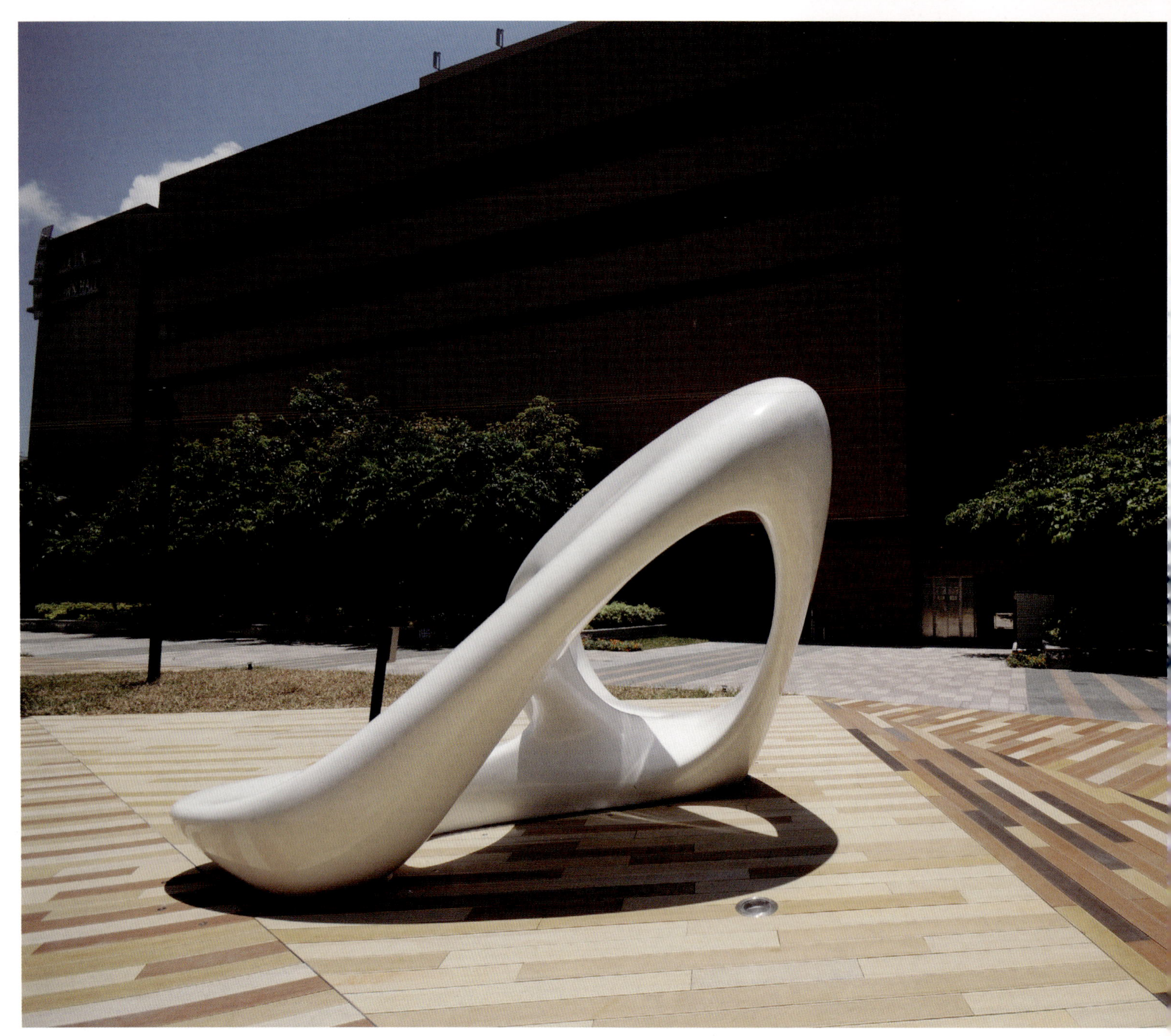

↑|全貌

Wirl

香港

Wirl是一件典型的可作为街具使用的艺术作品。它的创作初衷是以柔韧的方式表现出活力和激情。它那充满活力的扭曲和翻转的表皮，把动感和街具的使用功能很好的结合起来。膨胀展宽的部位可以当作座位，而拉伸的部位则可以放置必要的设施。向上舞动的那一笔既可以提供遮荫，又成为欣赏周围景观环境的景框。不同尺寸的孔洞鼓励各个年龄段的参观者走入这个雕塑之中进行互动。当他们走进这个雕塑，身边就像被涡流卷云所环绕。

项目概况

地址：中国，香港，新界，沙田，源禾路1号，城市艺坊。**合作设计师：**Patrik Schumacher。**委托方：**新鸿基地产公司。**完成时间：**2008年。**产品量：**单件。**设计方式：**个性化设计。**功能：**座位、雕塑。**主要材料：**玻璃纤维增强的EPS泡沫。

↑ | 雕塑亦可作为长椅

↓ | 侧面

↑ | 背面

Broadbent /
Stephen Broadbent

↑|青铜浇铸的细部

利奥波德广场座椅

谢菲尔德

在英格兰的谢菲尔德，一组已被列入II类登录历史地标的精美的维多利亚女王时代的学校建筑现正在进行精心的修复和更新，在这个混合用途的发展项目里面新增了一些现代建筑，其中心则是一个新的市民广场。Broadbent通过Planit-ie景观建筑师事务所承接了为这个市民广场设计雕塑座椅的项目，该设计是为了纪念谢菲尔德中心学校的悠久历史和杰出人物。设计师Broadbent收集了该校毕业生对于母校的图文并茂的个人回忆，并把它们浇铸在青铜座椅上。

项目概况

地址：英国，谢菲尔德S1 1RG，利奥波德广场。景观建筑师：Planit-ie。委托方：Ask地产公司。
完成时间：2007年。产品量：单件。设计方式：个性化设计。功能：座位、雕塑。主要材料：青铜。

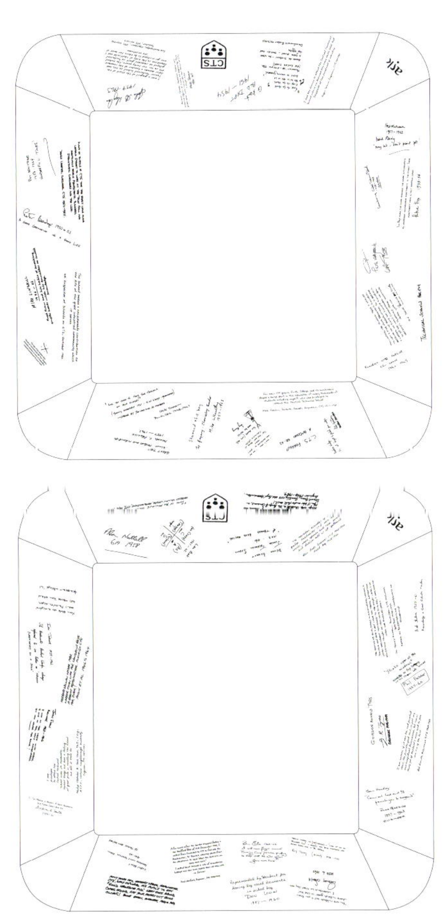

↑|青铜板上雕刻的设计图
↓|利奥波德座椅和喷水池

↑|座椅和广场全貌

街道和园林设备公司/ Surya Graf

↑ |黎明时分的海浪座椅
↓ |平面图

海浪座椅

Alexandra海岬

除了座椅的功能之外，海浪长椅的设计还要求与海岸景观协调并成为滨海步行栈道上的视觉焦点。长椅的灵感来自于海边的区位，设计反映出滨海的环境和生活方式。从整体造型到椅面木板条和曲线型金属支架的细节，无不体现出海洋的主题。此外，该设计还容许不同使用者以自己的方式使用这些座椅。计算机辅助设计技术保证了该座椅的高品质，并且提高了生产速度，降低了造价。该设计采用的木材和金属构件都很耐久并易于维护。

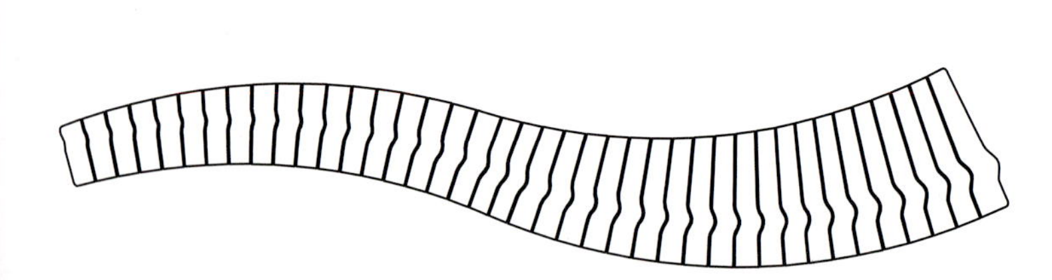

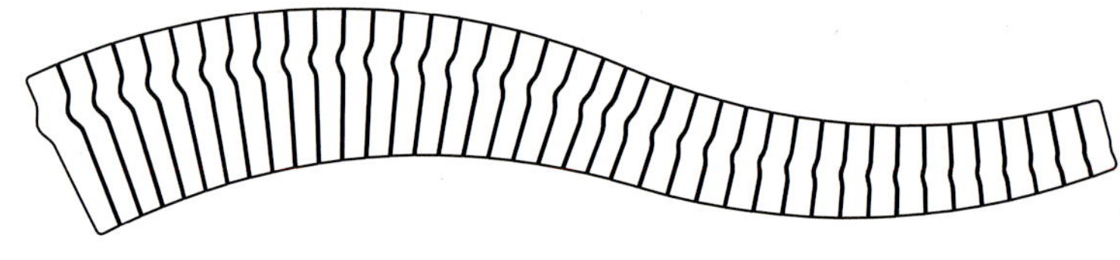

项目概况 **地址**：澳大利亚，昆士兰，Alexandra海岬，PinchPoint。**委托方**：阳光海岸地方议会。**完成时间**：2007年。**产品量**：单件。**设计方式**：个性化设计。**功能**：座位。**主要材料**：木，钢。

↑ | 椅面的木板条细部

↓ | 滨海栈道上的长椅

↑ | 钢制椅腿和曲线型框架

街道和园林设备公司/Miranda Lockhart

i |日暮时分的长椅

Mollymook长椅

Mollymook海滩

除了基本功能要求外，面朝大海的独特位置是设计Mollymook长椅时需要考虑的关键因素。该座椅有平坦的椅面供灵活使用，以便在每天的不同时间享受不断变幻的美景、微风和阳光。钢制靠背板上的激光切割出的图案象征着海浪冲刷沙滩留下的痕迹。随着视角的变化，双层靠背板之间将产生奇妙的光影效果，就像海浪在沙滩上留下的不断变化的痕迹，阳光入射角度的变化使得这种光影的衍射和干涉图案变得更加绚烂。

项目概况 地址：澳大利亚，新南威尔士2539，Mollymook市，Mollymook海滩。委托方：市政府。完成时间：2006年。产品量：系列品。设计方式：批量化设计。功能：座位。主要材料：不锈钢，木板。

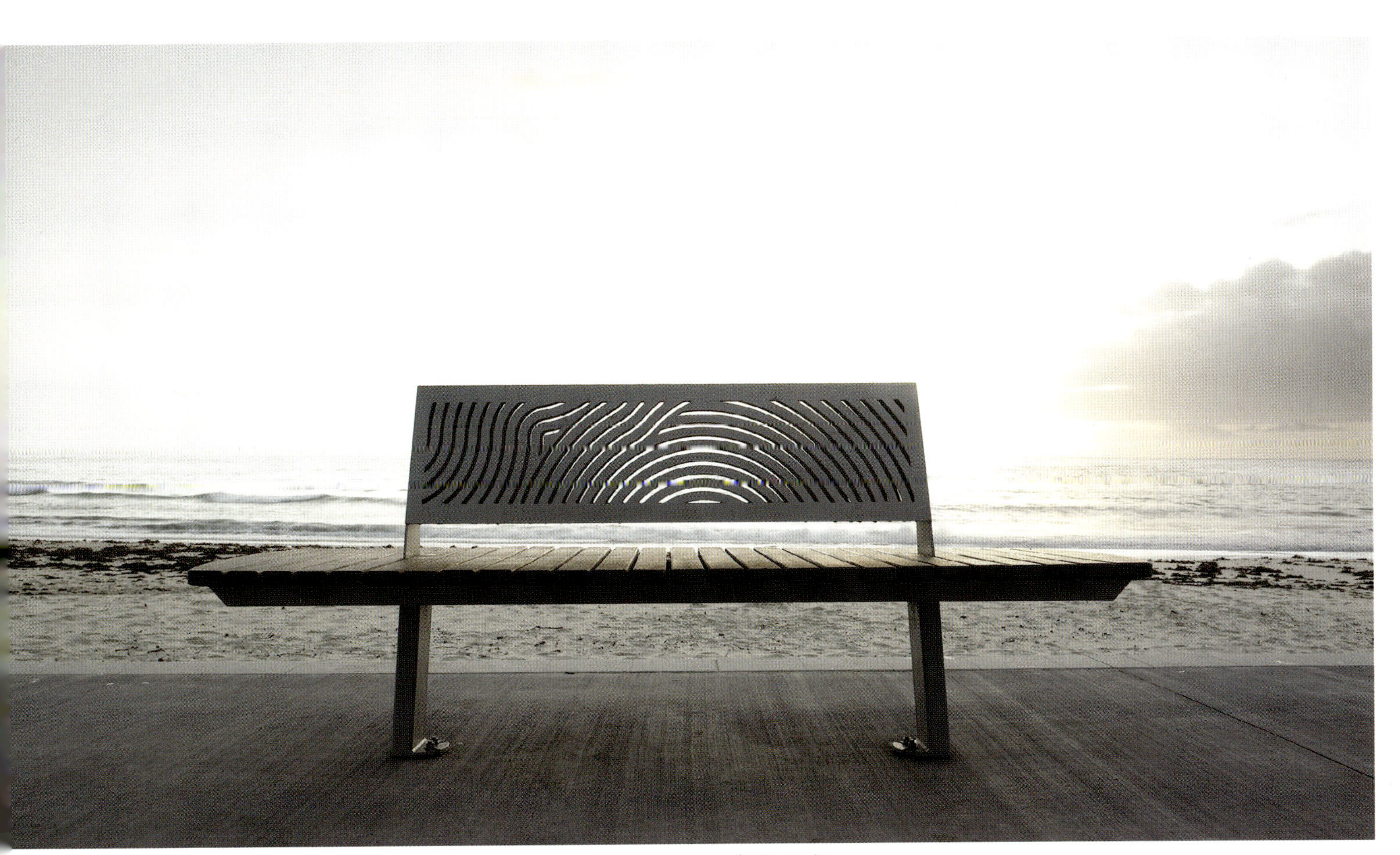

i |靠背板产生的光影效果
s |平面和立面图

s |靠背板细部

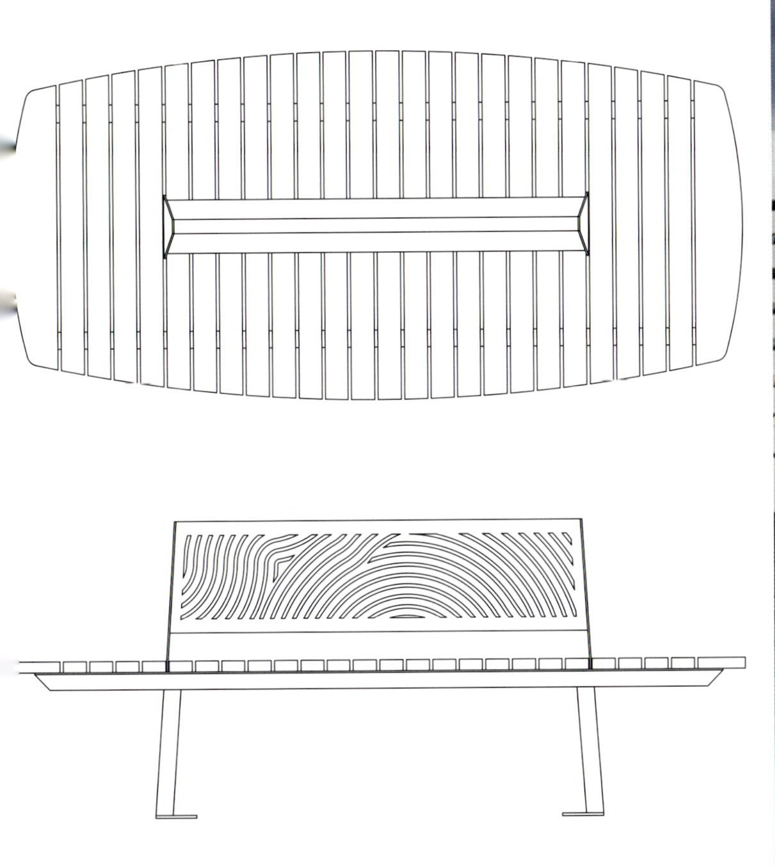

街道和园林设备公司/Alexander Lotersztain

↑|坚固而引人注目的“枝桠”

“枝桠”

布里斯班

“枝桠”是一个为公共空间设计的模块化座椅体系，它鼓励多样化的使用，促进人们的交流。单一形式的基本模块可以通过多种方式组合起来，与景观设计相结合，提供一个个交流的角落。设计强调坚固耐用、易于维护，使它适于在恶劣的室外环境使用。虽然“枝桠”是由预制混凝土浇铸，但是其圆角造型给人以柔和的视觉形象。作为一个雕塑感很强的作品，它消解了建筑和外部空间的界限，为正规和非正规的户外活动提供了场所。

项目概况

地址：澳大利亚，昆士兰4101，南布里斯班，欧内斯特街66号，南岸理工学院。**委托方**：南岸理工学院，Cox Rayner建筑师事务所，Gamble McKinnon Green景观建筑师事务所。**分包商**：街道和园林设备公司（北美，大洋州），Escofet公司（欧盟，中东，亚洲）。**完成时间**：2007年。**产品量**：系列品。**设计方式**：个性化设计。**功能**：座位、种植槽。**主要材料**：混凝土。

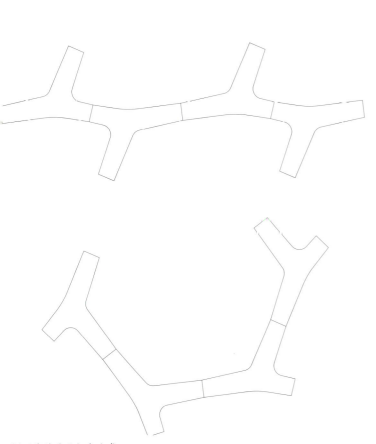

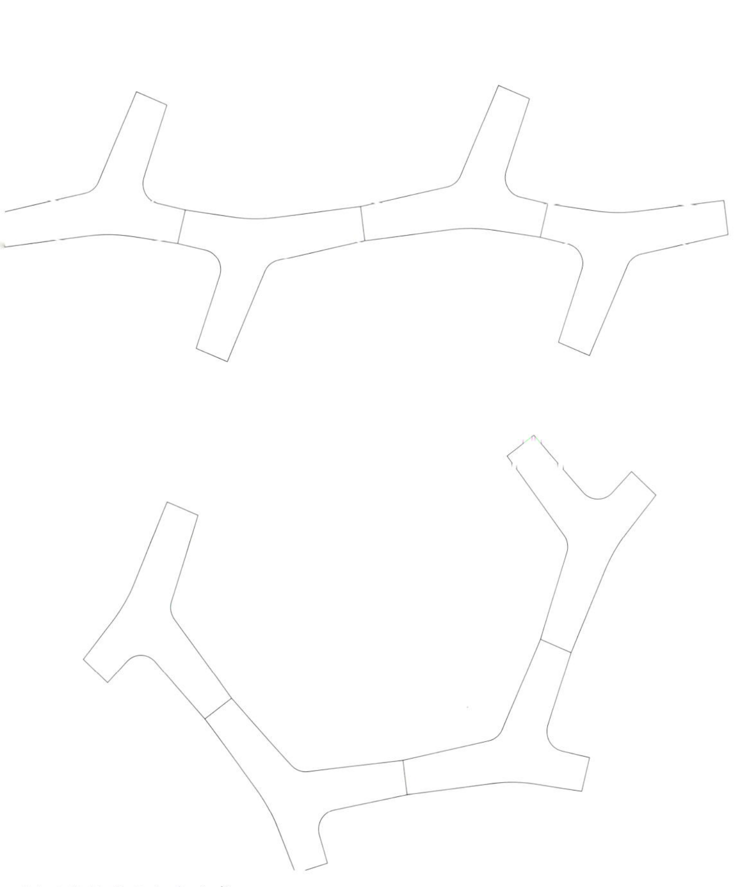

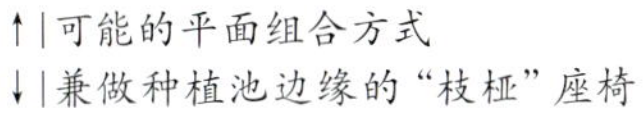

↑|可能的平面组合方式

↓|兼做种植池边缘的“枝桠”座椅

↑|细部

Michel Dallaire
工业设计公司– MDDI

↑|座椅后视

QIM（蒙特利尔国际邻里项目）

蒙特利尔

该项目的主要目的是在规定造价内设计一系列具有独特个性的城市家具，满足蒙特利尔国际邻里项目的要求。作为基本材料的铝材采用了一系列先进材料科技进行加工，如挤出成型、砂模铸造、压力成型、压模法和数字机床加工。圆弧与垂直线条的对比是该设计的视觉主题。该系列产品还包括双人自行车道的照明设备及灯杆、街道和公园长椅、自行车停车架、垃圾桶、路名指示牌以及专用的特殊五金配件。

项目概况 **地址**：加拿大，魁北克H2X 2T7，蒙特利尔圣洛朗大街3575号，Daoust Lestage公司。**委托方**：蒙特利尔国际邻里项目（QIM）。**完成时间**：2003年。**产品量**：系列品。**设计方式**：个性化设计。**功能**：座位、照明、自行车停放、垃圾桶、路标。**主要材料**：铝，IPE木材。

↑|座椅侧视
↓|座椅全貌

↑|座椅后视、灯柱和垃圾桶

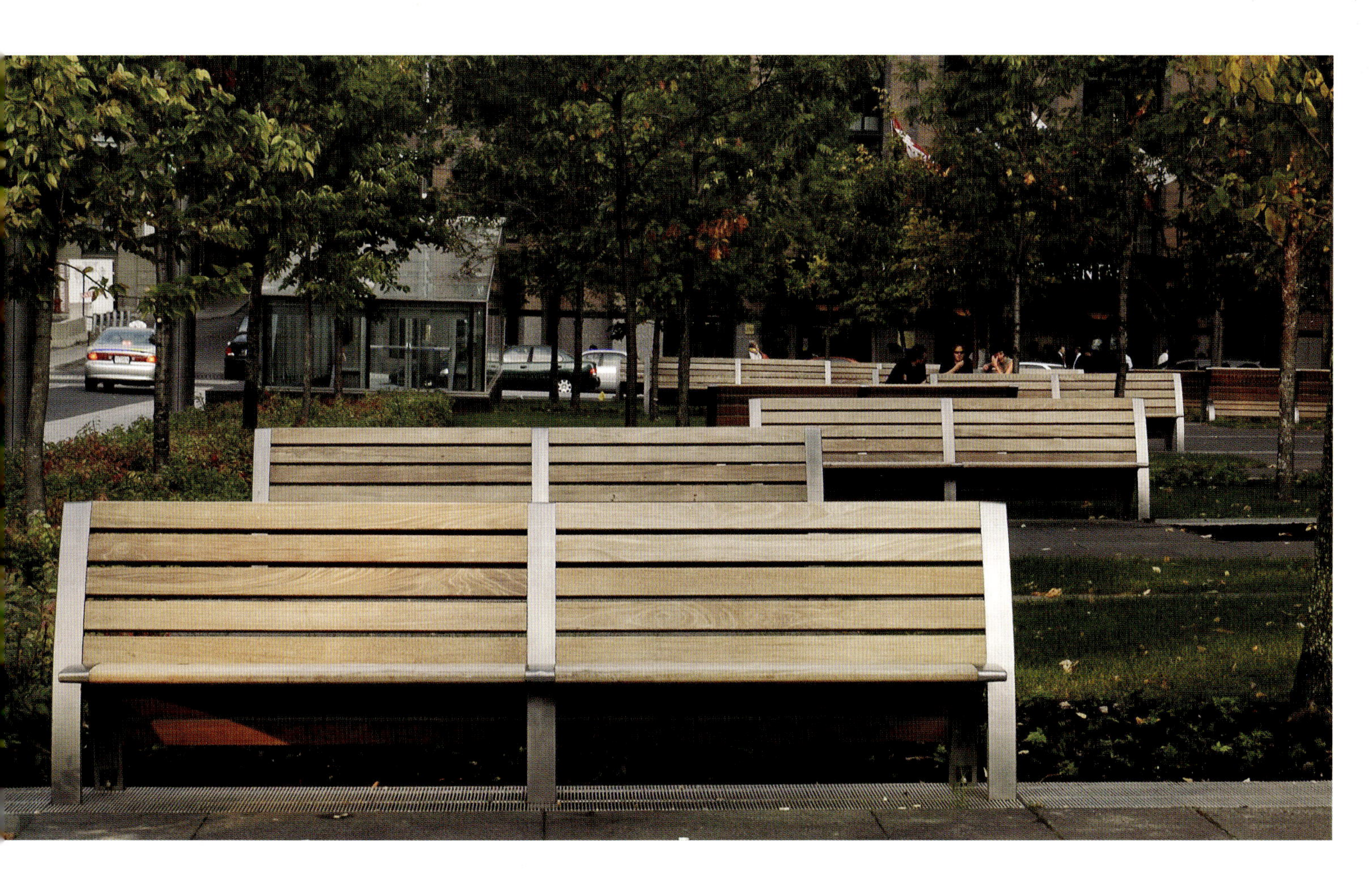

Lucile Soufflet

↑|柔和长椅的俯视
↗|设计草图
→|柔和长椅，波浪起伏的椅面

柔和的长椅

作为一件街道家具，柔和长椅的椅面线形随意，在长度方向的中央突然起伏和转折，提供了灵活和轻松的座位。该座椅既可以传统的姿势就座，也可以更加闲适的方式躺卧。该设计鼓励使用者从容的体会这个作品及其功能。恰当的城市家具为人们提供了休闲和关注城市空间和景观的可能，提升了公共和个人空间的品质。简洁而独特的造型以及支座框架是这个长椅的最大特点。

项目概况　　合作设计师：法国TF公司。委托方：法国TF公司。完成时间：2008年。产品量：系列品。设计方式：个性化设计。功能：座位。主要材料：钢。

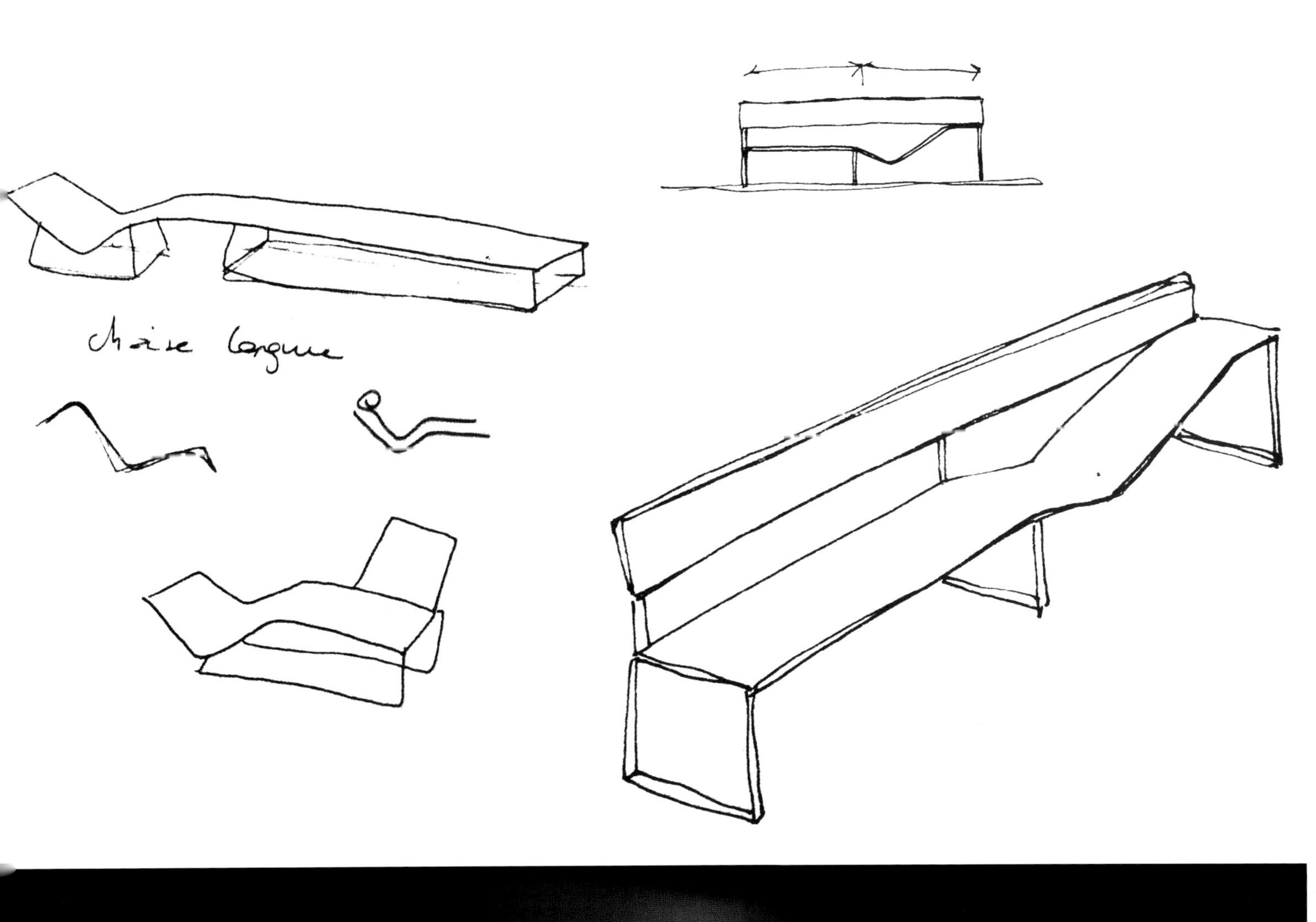

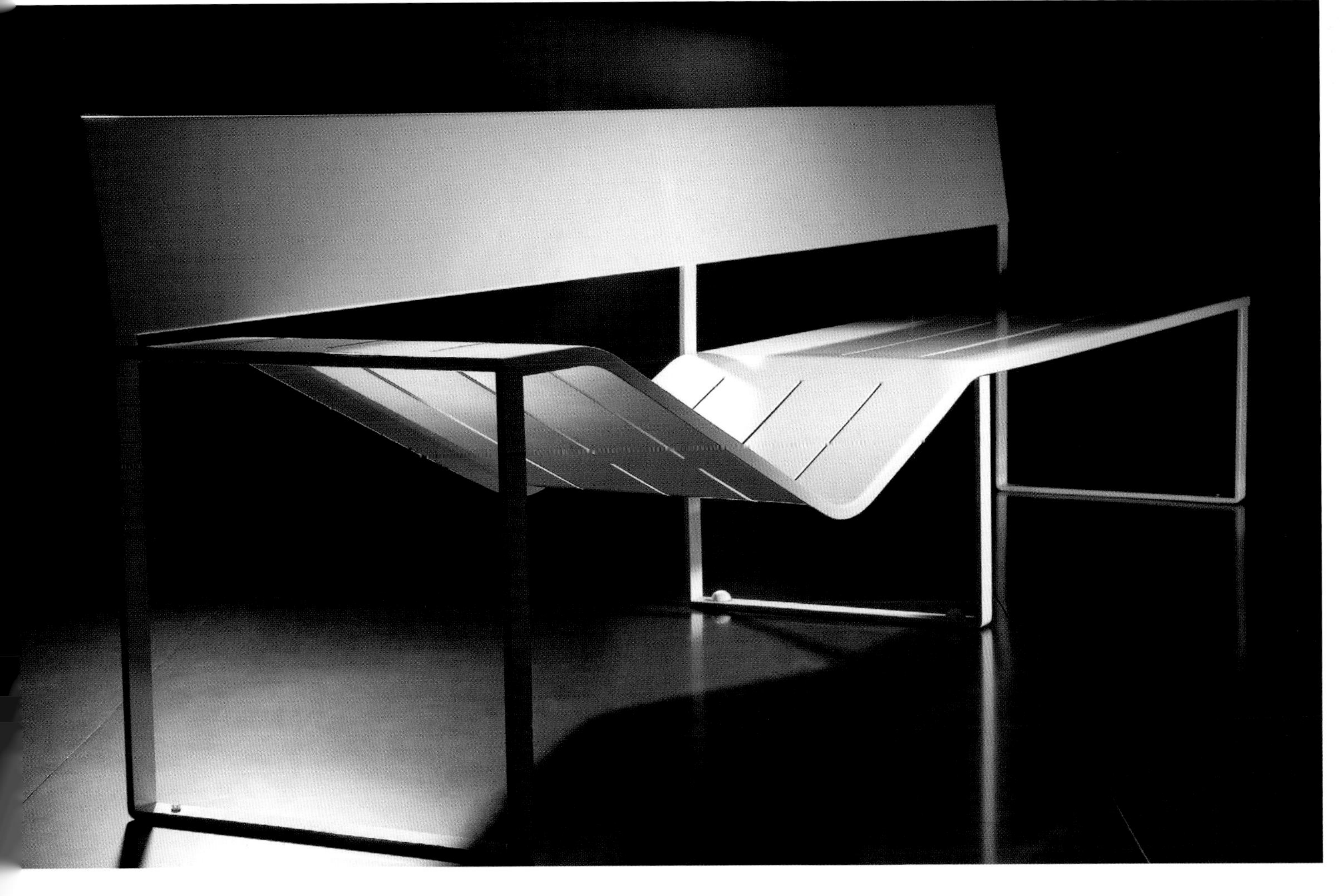

↑|在蒙斯大广场上的环形座椅
↘|长椅渐变的不同断面

Bancs Circulaires

这种长椅最初是2003年由布鲁塞尔市议会委托设计安置在该市中心区的一个小广场上。市议会要求在广场中央设计一个围绕树木的金属围栏，同时兼有座椅的功能。设计师坚持了“坐在树下”的理念，并扩大了围栏的半径。这种座椅围绕着树木呈弧形展开。在制作和加工圆弧形座椅构件过程中又增加了一些新的创意。从弧形座椅的一端到另外一端，其断面形式不断变化，靠背逐渐降低变成椅面而另外一端的椅面逐渐升起成为靠背。之后又根据这些基本构思原理设计了更多样化的组件。

项目概况

委托方：布鲁塞尔市、蒙斯市、卢森堡市政府。完成时间：2003年。产品量：单件。设计方式：个性化设计。功能：座位。主要材料：钢。

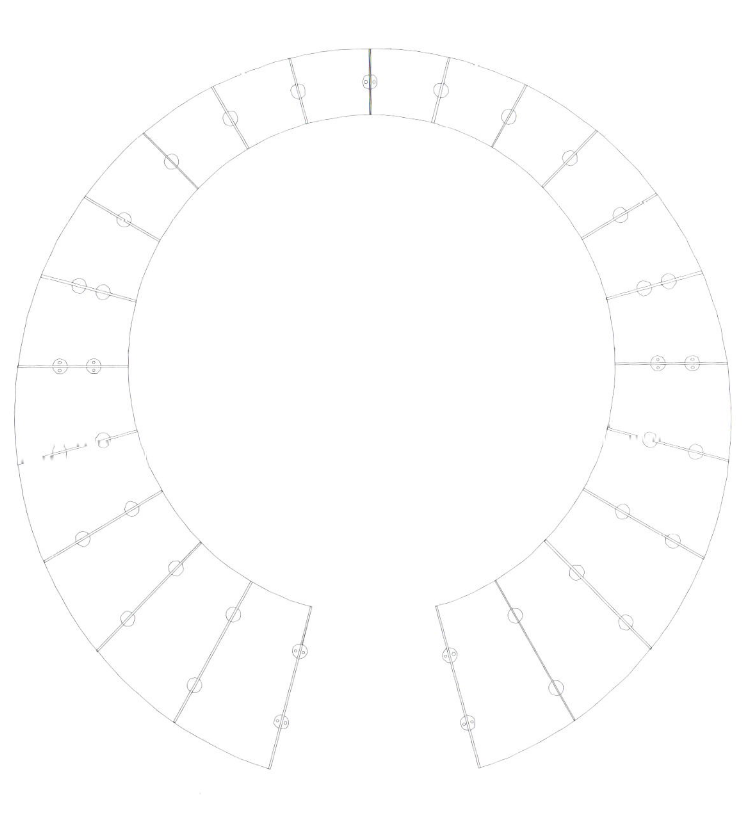

↑ |平面图

↓ |大广场上不同组合形式的长椅

↑ |不同组合方式的长椅

Jangir Maddadi
Design Bureau AB

↑ |8座的联合座椅与种植盆
↘ |平面图

“联合” 系列座椅

设计师Jangir Maddadi明白：要设计好公共家具就必须研究公众行为。经过3年对就坐行为的深入研究，Maddadi研究出这种既能满足个人需要又满足人们的社会交往需求的座椅产品，它的形状完全颠覆了传统街道长椅的概念。这个产品朴素而又微妙，混凝土和木板构件既雅致又耐用。最多3个半球形座椅连成一个个“岛屿”，无论使用者坐在哪里都拥有360°的视野。成组分布的座椅区可以在一群朋友或者陌生人之间提供舒适的氛围。

项目概况

完成时间：进行中。**产品量：**系列品。**设计方式：**批量化设计。**功能：**座位。
主要材料：混凝土，木。

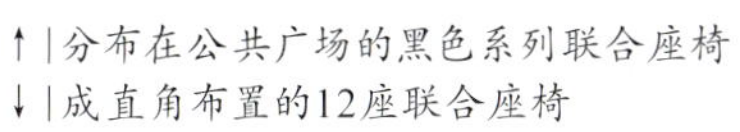

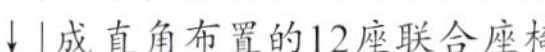

↑|分布在公共广场的黑色系列联合座椅
↓|成直角布置的12座联合座椅

↑|围绕一颗树的12座的联合座椅

Benjamin Mills

↑ |白天可坐状态的树木围栏椅
↘ |日间和夜间的功能转变

树木围栏椅

树木围栏椅既能保护树木又能提供简洁的座椅。该设计的奇妙在于它的变形能力。该座椅能够随着日出日落改变不同形状，以满足不同的空间需求。这样既可以在夜间为树木提供更好的保护，也可使白天的树下有多种活动。出于对街具功能的整体考虑，这件令人着迷的雕塑般的作品改变了我们对于公共座椅外观和功能的成见。

项目概况

完成时间：2009年。产品量：单件。设计方式：个性化设计。功能：座位、树木围栏。

主要材料：铝。

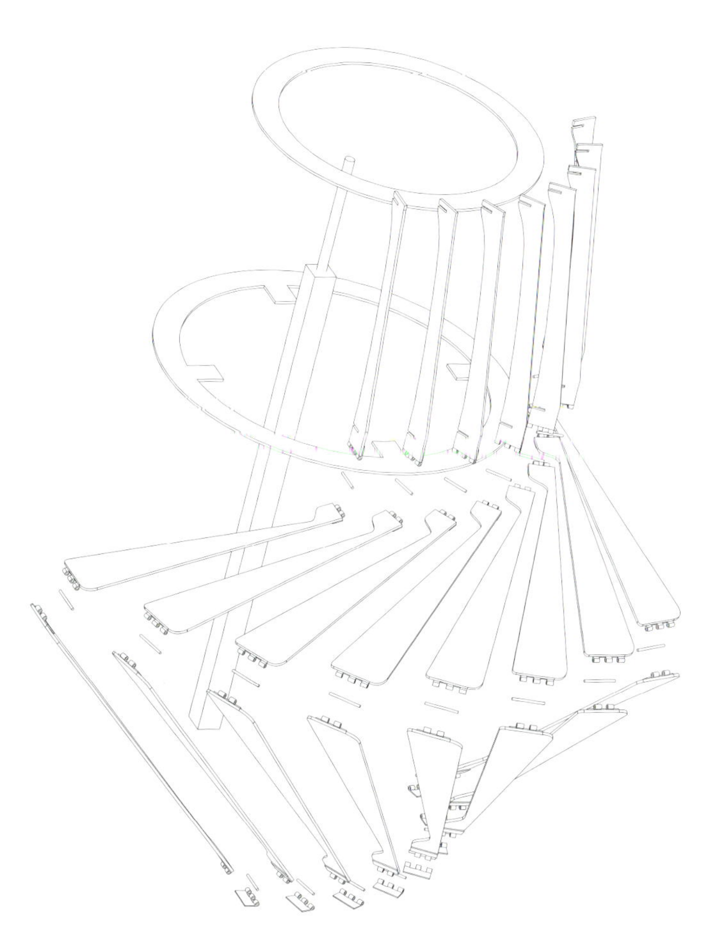

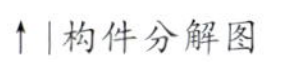

↑ | 构件分解图

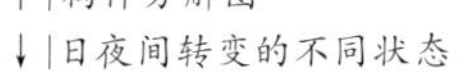

↓ | 日夜间转变的不同状态

↑ | 广场上的树木围栏椅

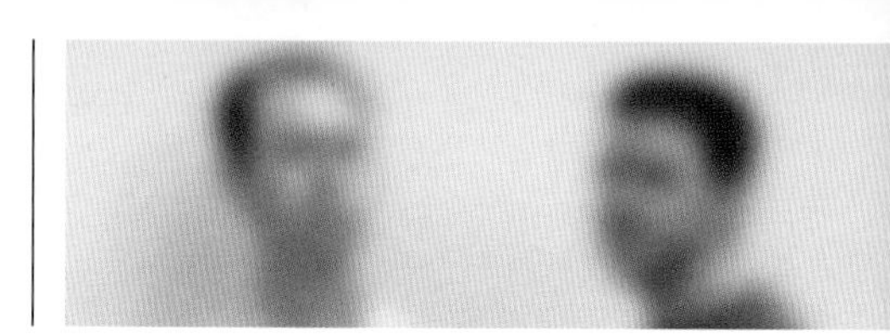

↑|坚固的混凝土座椅侧面

Pleamar长椅

这个长椅的创意来自于岩石，希望把自然元素引进城市环境。它既有岩石的厚重感，表面又处理得柔和流畅，对立的两种特性集于一身。这种座椅也是模块化设计，共有2种基本单元模块：一种是2m长80cm宽的直线形模块，另一种是弧形45° 转角的模块。2种模块的不同组合，可以拼接成直线、弧形或环形的不同座椅。单个模块的重量约为1500kg和1000kg。可以直接放置在地面上。

项目概况　**委托方:** GITMA。**完成时间:** 2006年。**产品量:** 系列品。**设计方式:** 个性化设计。**功能:** 座位。**主要材料:** 混凝土。

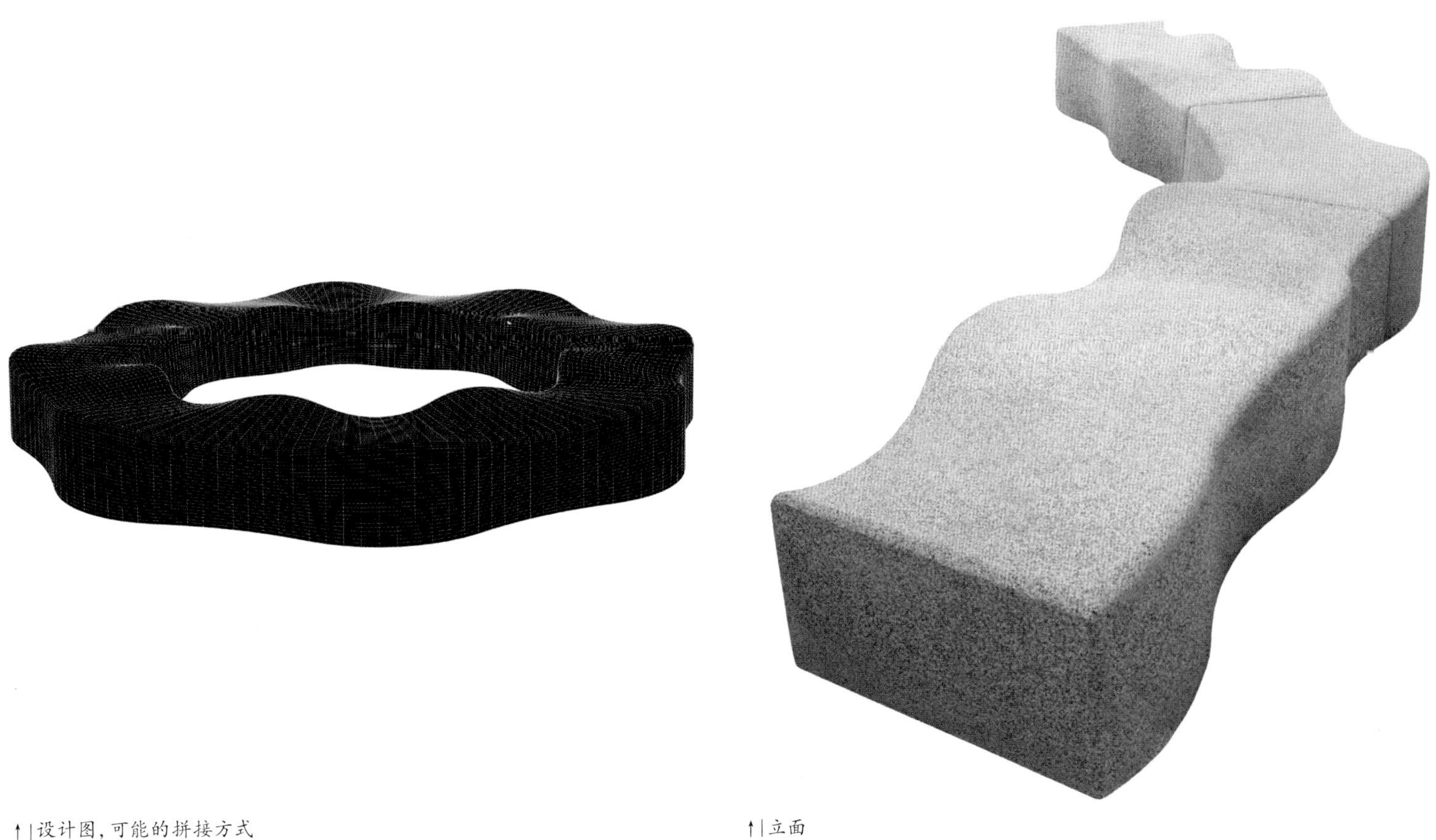

↑|设计图，可能的拼接方式

↓|可适应不同环境的模块化设计

↑|立面

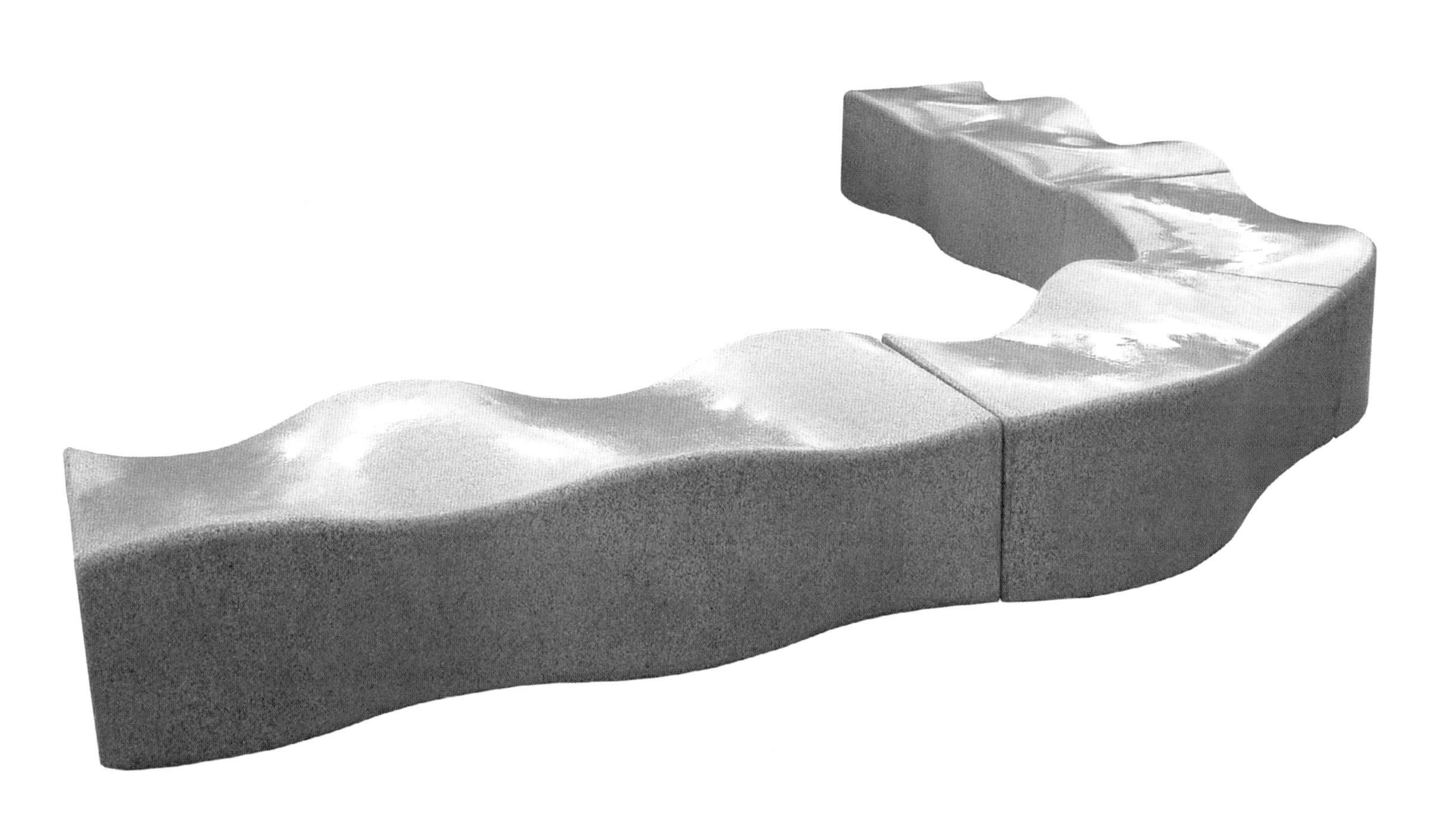

díez+díez diseño

↑ | 长椅

Ponte

Ponte的设计试图在传统长椅概念和现代形式之间取得微妙的平衡。它的一丝古典意味使之能够与传统城市中心区、历史地段、公园和园林融为一体，在这些地方放置全新概念的设计作品反而可能不协调。椅面的纵向微弧与下缘的拱形曲线令人联想起下水道的断面，也有助于排除椅面积水。同时，弧形的椅面标高从正中到两端逐步下降3 c m，这可以让不同身高的人都能找到适合自己高度的座位。

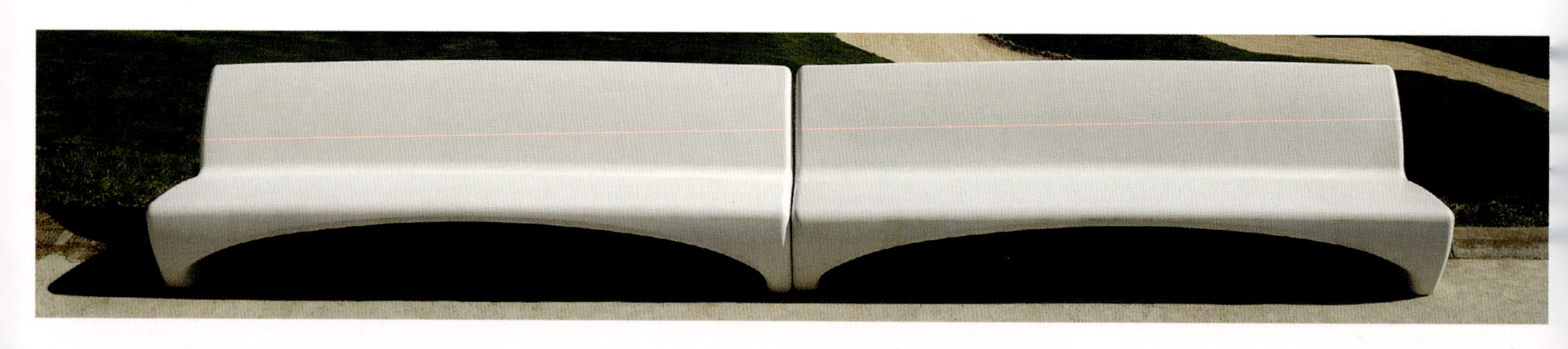

项目概况

委托方：Paviments MATA。**完成时间**：2009年。**产品量**：系列品。**设计方式**：个性化设计。
功能：座位。**主要材料**：混凝土。

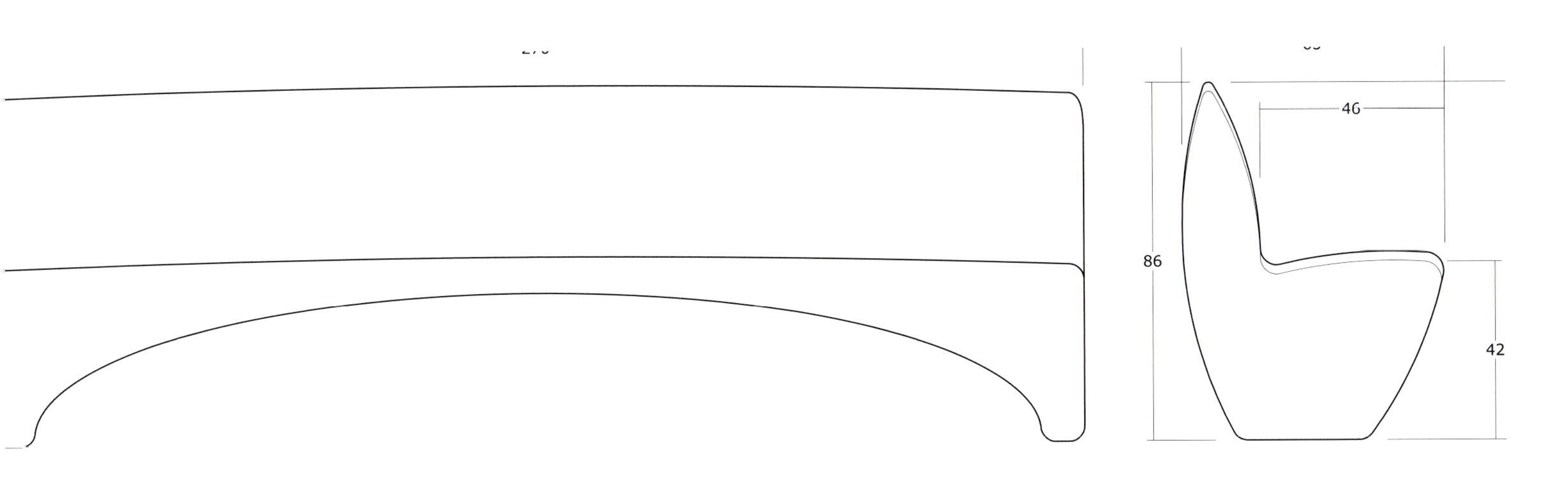

↑↑|设计图
↑|小型的长椅
↙|2张长椅拼接

↑|成组的椅子
↓|透视效果

↑|摆放得凸凹有秩的座椅

鸽子

鸽子系列产品主要包括两种有靠背的座椅组件，一类平面呈凸出状而另外一类是凹入状，还有第三种无靠背的组件可以放置在其他两种组件之间。鸽子系列座椅看上去就像一个有着相同遗传基因的家族。这三种组件有着想象不到的多种组合方式：可以单独放置也可成组摆放，可以摆放成曲线、直线或交错的形式，可以开敞或者围合。其光滑得令人愉悦的表面欢迎人们停下来小憩，坐在上面既可沉思，也可休闲。鸽子系列的材料是混凝土，组合方式极其简单，只需把组件一个挨一个摆好即可。

委托方：Paviments MATA。完成时间：2007年。产品量：系列品。设计方式：个性化设计。功能：座位。主要材料：混凝土。

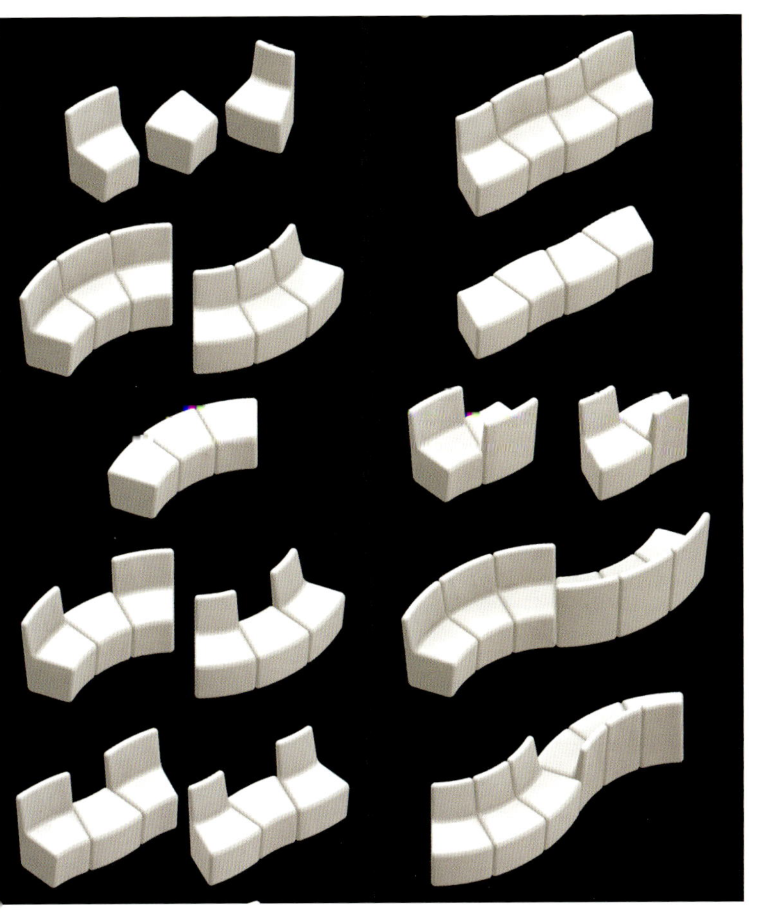

↑ | 不同的摆放组合方式

↑ | 直线形的组合方式

↓ | 摆放成曲线形的座椅

Diego Fortunato

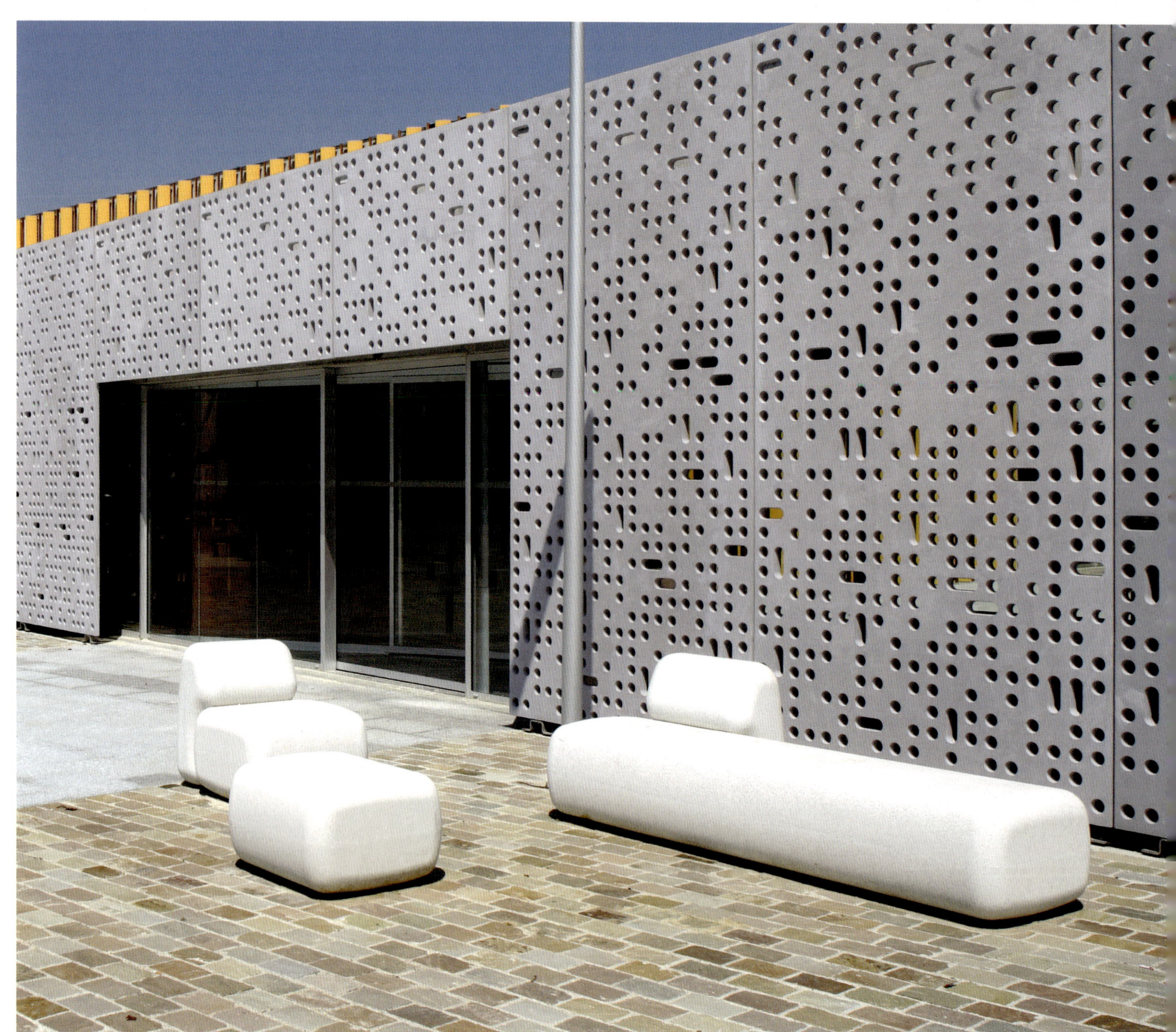

↑|在法国Sédan的邻里之家的SIT系列座椅

SIT系列

SIT系列座椅是由模数化的混凝土座椅组件组成，其特点不仅是圆滚滚的外形，还有灵活的组合方式。该系列包括不同长度的立方体座椅组件，用于组合成凳子或长凳，此外还可以增加不同长度的靠背组件。靠背组件只需简单的放置在凳子或长凳后面，就可以在公共场所形成舒适的就座环境。所有组件都是没有棱角，这样既可以防止边角的污损，又有利于排除雨水。

项目概况

委托方: ESCOFET 1886。**完成时间**: 2005年。**产品量**: 系列品。**设计方式**: 批量化设计。**功能**: 座位。**主要材料**: 混凝土。

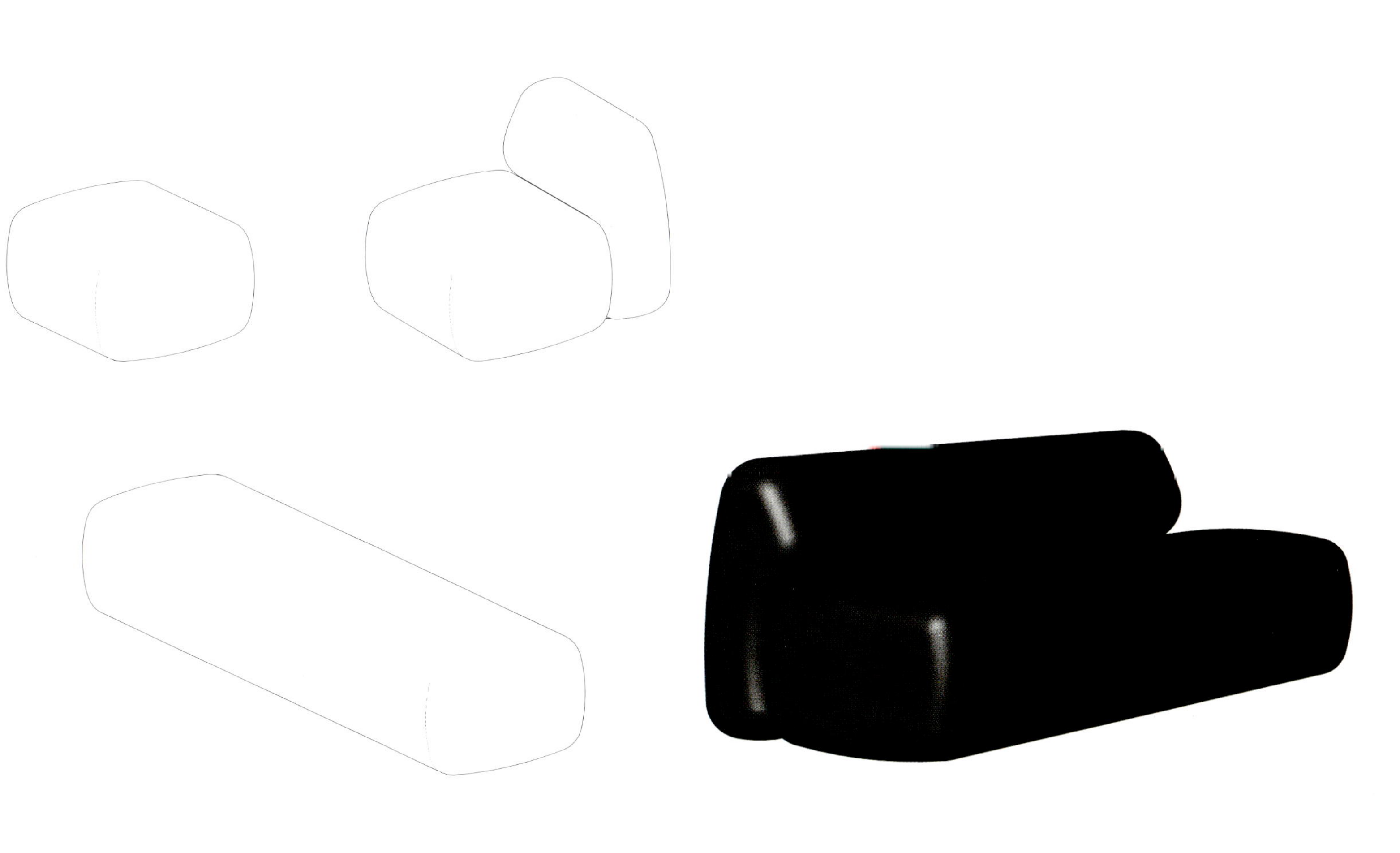

↑ | 外观立面

↑ | 黑色带靠背的长椅

↓ | 在Girona的Sant Pere Pescador的SIT系列座椅

nahtrang / Ester Pujol, Daniel Vila

↑|竹木面层小凳，室内放置
↗|透视图，竹木面层长椅和小凳
→|竹木面层长椅和小凳

纽带

"纽带"是一系列有着丰富内涵的轻便的城市型座椅。它的结构让人回忆起曾经流行的折叠小板凳，外形简洁又不乏魅力，造型均衡而且略带东方神韵。就像一小块宝玉，它的均衡的造型比例使得很容易融入周围环境。纽带系列座椅造型优雅，钢与混凝土、钢与竹木等不同材料之间结合得天衣无缝，使它既可以用在城市的室外环境，也可用于室内。纽带全系列产品包括长椅、小凳、桌子和靠墙座椅等不同组件，每种组件又有混凝土和竹木两种不同的坐垫面层。

委托方: ESCOFET 1886。**完成时间**: 2009年。**产品量**: 系列品。**设计方式**: 批量化设计。**功能**: 座位。**主要材料**: 钢、混凝土、竹木。

↑|不同座椅的正面
←|混凝土面层的长椅和小凳，透视

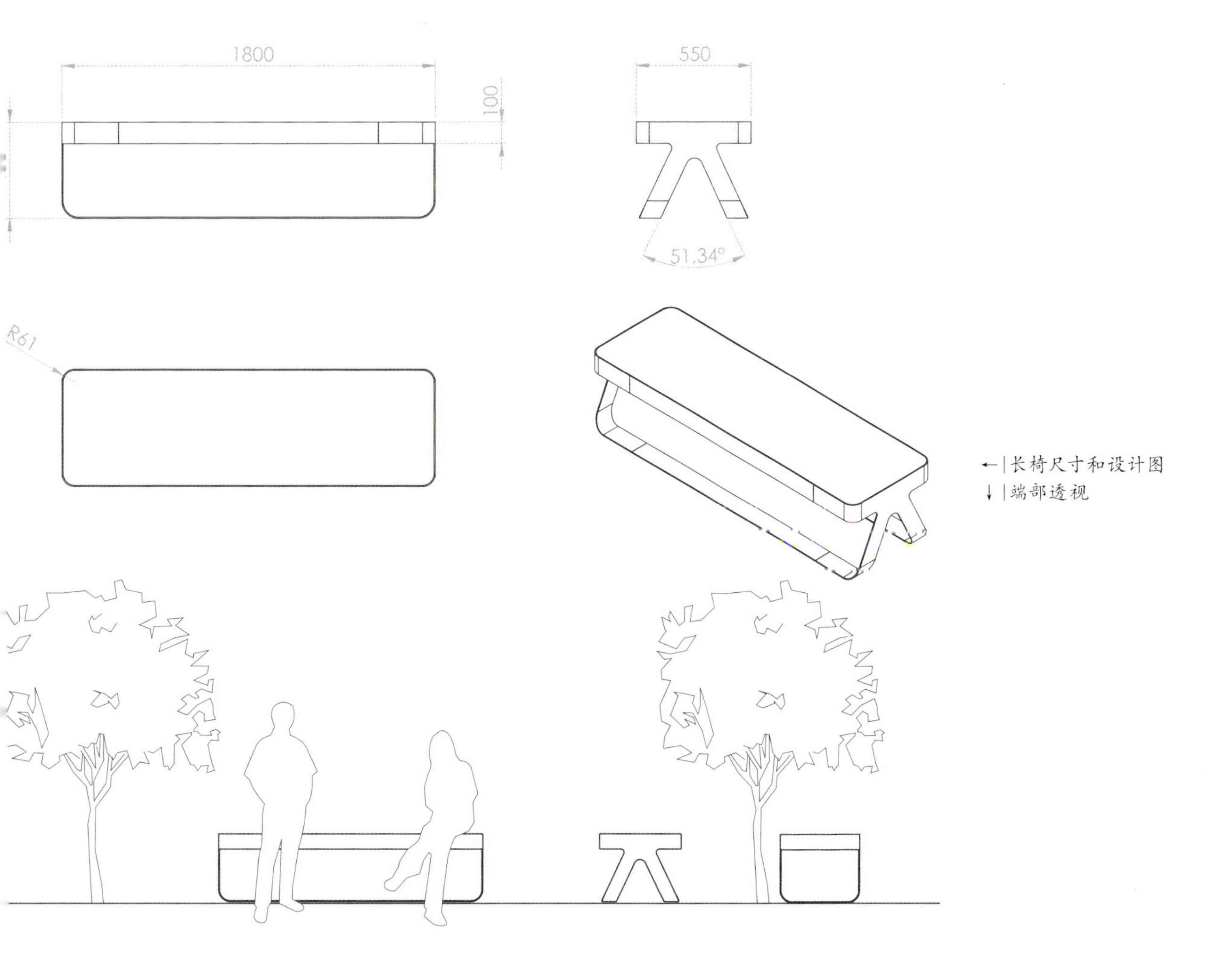

←|长椅尺寸和设计图
↓|端部透视

Juan Carlos Ines Bertolin,
Gonzalo Milà Valcárcel

↑ |巴塞罗那广场上的长椅

SILLARGA / SICURTA

这种钢骨架人造石的躺椅是为该工程专门设计定制的，目标是在通往花园、散步道、休息区提供舒适的座椅，以便欣赏周围的美景。根据人体工程学设计了倾斜的靠背和微微弯曲的腿部支撑。这些细节的考虑都是为了改善人体运动后的血液循环。SILLARGA在公共场所为公众提供了端庄得体的后仰坐的条件。

项目概况

委托方：ESCOFET 1886。**完成时间：**1996年。**产品量：**系列品。**设计方式：**批量化设计。
功能：座位。**主要材料：**钢骨架人造石。

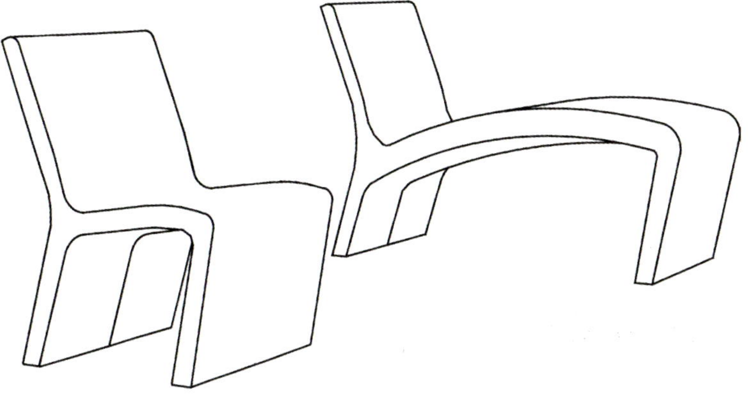

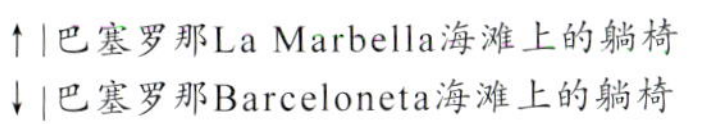

↑|巴塞罗那La Marbella海滩上的躺椅
↓|巴塞罗那Barceloneta海滩上的躺椅

↑↑|巴塞罗那La Marbella海滩上的躺椅
↑|设计草图

街道和园林设备公司/ Michelle Herbut

↑|外观
↘|正立面和侧立面

“植物”长椅

“植物”长椅是为南澳大利亚的一个场地专门设计的，其灵感来自植物园里面各种植物的有机生长。曲线形式的长椅彷佛是从地里生长出来。这种长椅的另外一种使用方式是将其作为席地而坐的靠背。该长椅的视觉形象是独特的，其曲线有机的线条与公园的自然景观融为一体。

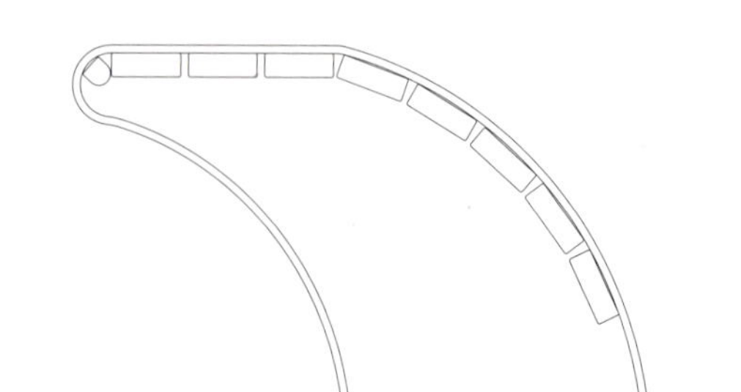

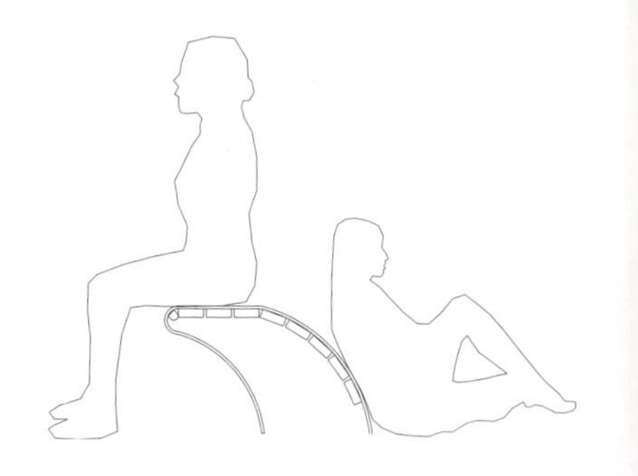

项目概况 委托方：大学项目。完成时间：2004年。产品量：单件。设计方式：个性化设计。功能：座位。主要材料：铝，木板，不锈钢。

|细部
|透视

↑|座椅的曲线形支撑结构

茶树溪座椅

莫德伯里市

茶树溪市正在进行充满活力的发展项目。这些项目之一就是通过一系列设计独特的街具，将现代主义设计思想和创新技术引入当地建筑和设计之中，创造城市的视觉形象。街道和公园家具公司与一家设计公司通力协作，创造出很多令人兴奋的城市家具，包括座椅、树木护栏、垃圾箱、边柱、围栏和旗杆等。茶树溪座椅以一种奇妙的曲线形结构支撑，用坚硬的材料表现出了轻盈活泼的表情。

项目概况

地址：澳大利亚，南澳大利亚州5092，莫德伯里市，Montague路571号。**合作设计师**：Arketype。**委托方**：茶树溪市。**完成时间**：2004年。**产品量**：系列品。**设计方式**：批量化设计。**功能**：座位。**主要材料**：硬木，铝，镀锌软钢。

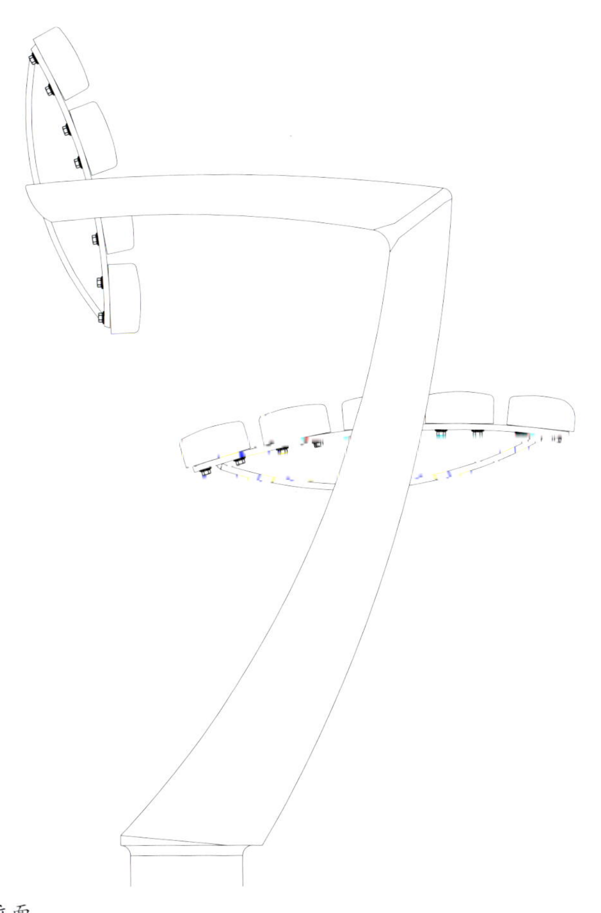

↑|侧立面
↓|正面

↑|侧面外观

Baena Casamor Arquitectes BCQ
S.L.P. / Toni Casamor, David Baena

↑| 可以各种方式组合的SO-FFA组件

SO-FFA

El Prat de Llobregat

SO-FFA座椅最初是设计作为中性的多用途的街道家具，用于那些设计师认为只需摆放几块黑色玄武岩的场地。在非城市化地区，任何东西都可以当作座椅，比如一段矮墙、一截树干或者一块石头。既然缺乏合适尺寸的天然石块，设计师在设计时就更就注意座椅块材之间的角度，以便它们可以很好的组合。设计师感兴趣的另一个问题是青少年如何使用长椅，例如他们经常坐在靠背上而把脚踩在椅面上，所以这组石头座椅可供各种坐姿使用。

项目概况

地址：西班牙，巴塞罗那，08820ElPratdeLlobregat，OnzedeSetembre；Avgda，Ronda Sud，Cardener，CarrerAnoia，SantCosme的 Illa 10城市开发项目。**合作设计师：**Arketype。**制造商：**ESCOFET 1886 SA。**委托方：**Incasòl。**完成时间：**2007年。**产品量：**系列品。**设计方式：**批量化设计。**功能：**座位。**主要材料：**铸石。

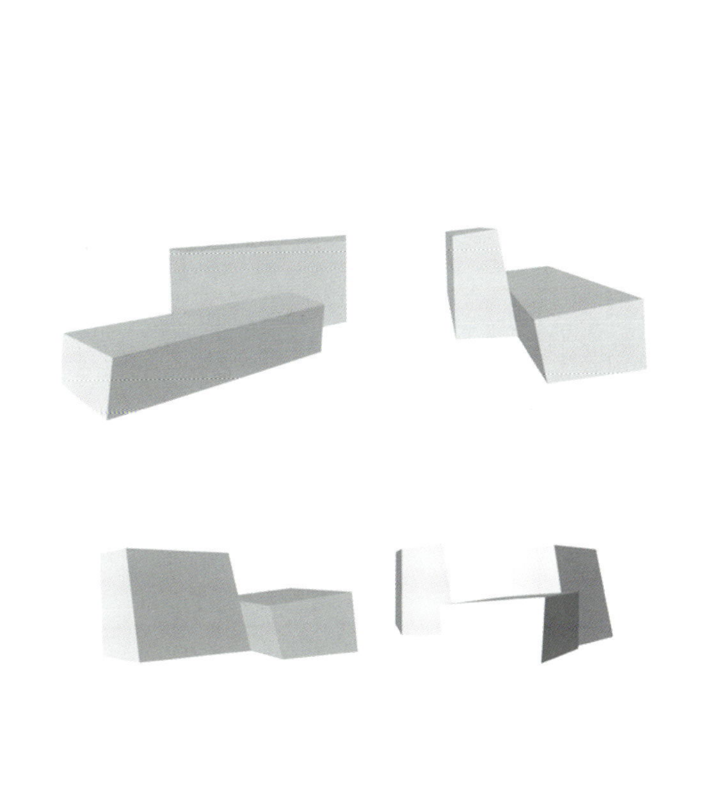

↑|立面

↓|可以根据不同使用习惯灵活布置

↑|座椅就像几块黑色玄武岩

伊东丰雄及合伙人建筑师事务所

↑|城市环境中的座椅

Naguisa模数化座椅

这种模数化的混凝土街具设计是作为城市和大型公园的长椅用途。它有着河流般柔软的曲线造型和高贵的气质，仿佛为了唤醒人们的想象力。在这个设计里，直径4m左右的圆弧组件是基本模数。座位和靠背都是有机和流畅的曲面形状，仿佛是用凿子挖出来的。每个人都可以在这里找到各自舒服的靠背或扶手位置。

项目概况

委托方：Escofet。**完成时间：**2005年。**产品量：**系列品。**设计方式：**个性化设计。
功能：座位。**主要材料：**增强型铸石。

↑|公园环境中的座椅
↓| 平面图

↑↑|摆放成闭合圆环状的座椅
↑|河流般柔软流畅的座椅造型

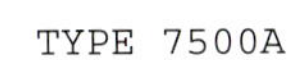

TYPE 7500A

Reinforcedconcrete
Grey Naguisa
Acid treated and polished on top
Free standing

R3.75
0.87
R2.95
60
0.8(sheet)
0.7(bottom)
3.78
2.92
0.63
0.38
0.63

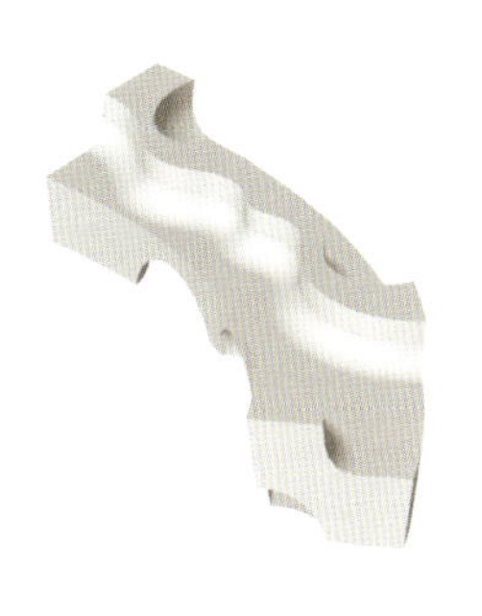

for park, open space

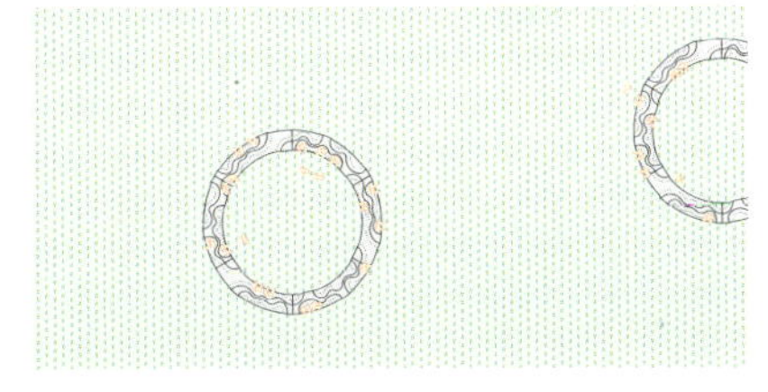

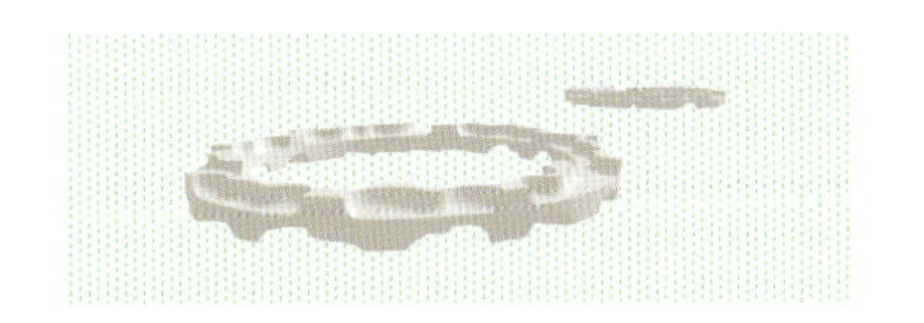

TYPE 7500B

Reinforced concrete
Grey Naguisa
Acid treated and polished on top
Free standing

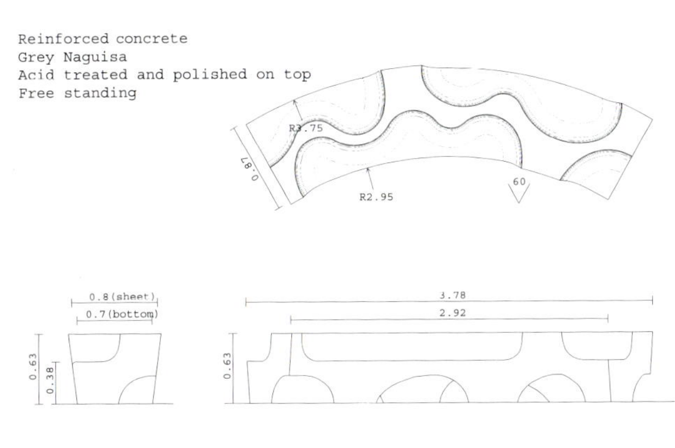

for street

Alexandre Moronnoz

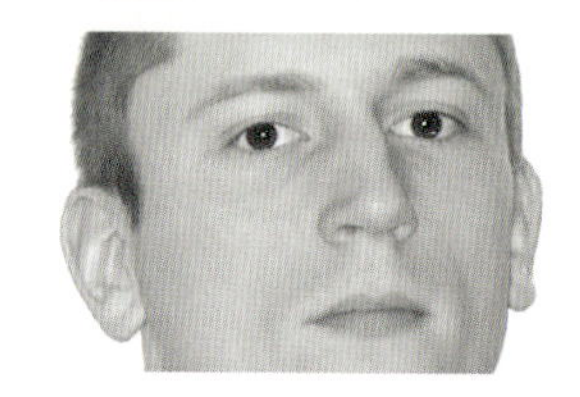

↑| 细部

Y

Y是一个为公园设计的可延伸的座椅：它的长度是可以随意延长，基本宽度也是可变的。这种独特的户外座椅是包括一组激光切割的垂直安装木片，它们由可调节的紧固件链接起来，可以变换出多种外形。热处理过的木片可以经受各种户外环境的考验。Y的名字来自于基本构件的几何形状，这些构件既是基本的功能组件又形象的表达了设计主题。

项目概况

生产商：Prototype Concept公司。**技术协作：**RETItech。**委托方：**VIA, prototype。**完成时间：**2006年。**产品量：**单件。**设计方式：**个性化设计。**功能：**座位。**主要材料：**激光切割木片，机械加工。

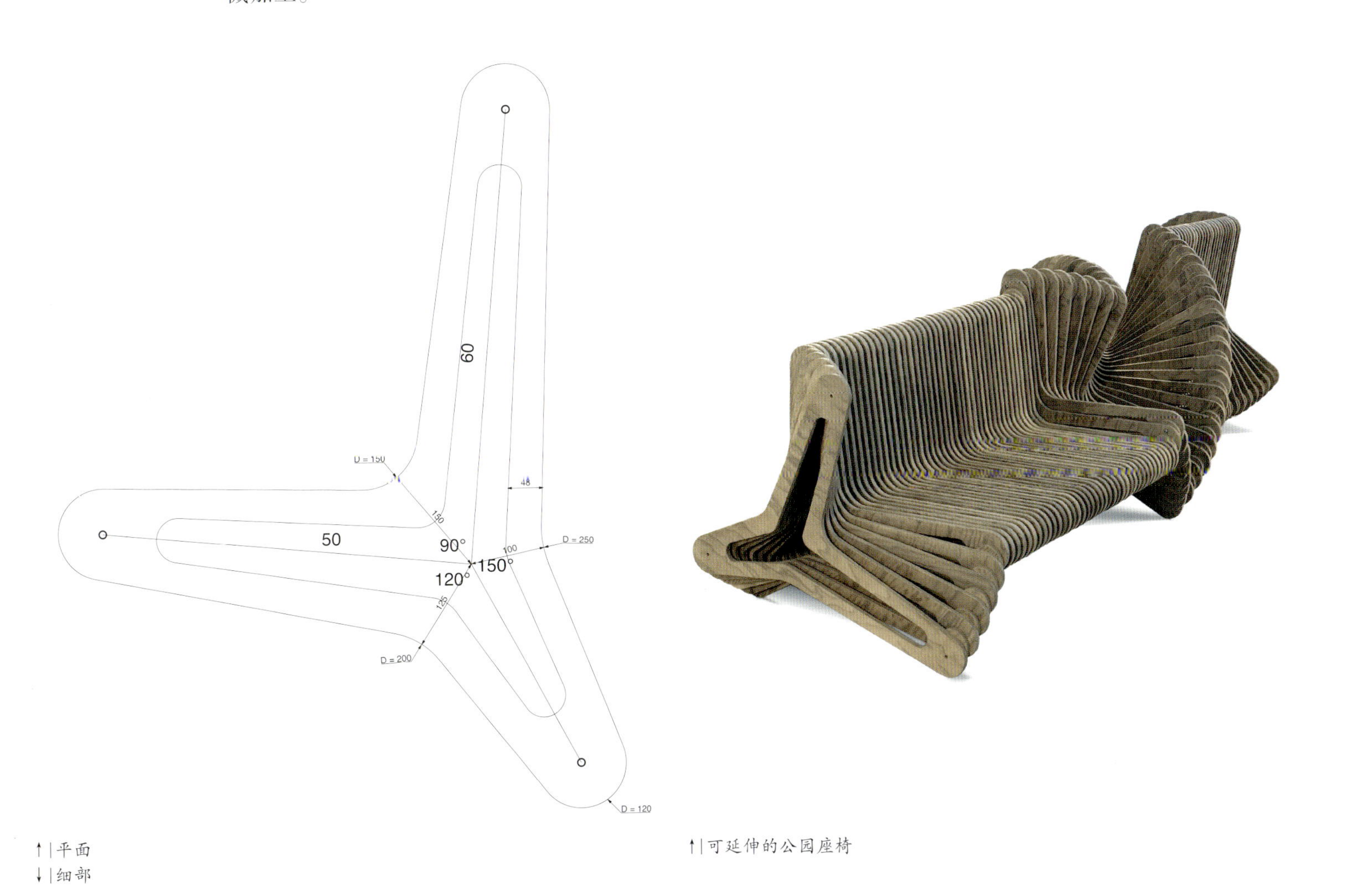

↑|平面
↓|细部

↑|可延伸的公园座椅

Alexandre Moronnoz

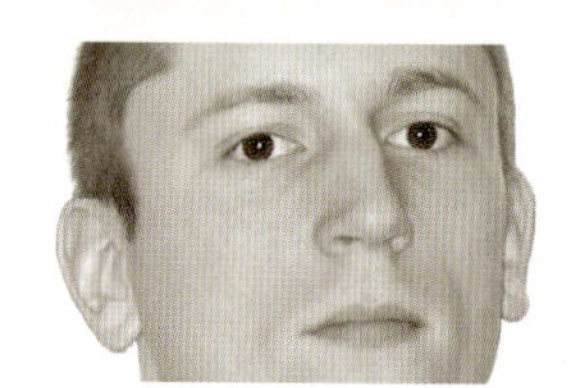

↑|内部细节

干涉

布鲁塞尔

这个独特的公园长椅安装在Les Jardins du Fleuriste，在它平静和规整的外表下面掩藏着狂躁和动感。这是一个秩序和无序、动感和稳定等双重性格的统一体。“干涉”座椅在任何景观环境中都极度吸引眼球。它的长度可以随意延伸，以便适应不同地点的具体需求。这个作品坐落于城市，促使我们不断反思周围持续变化的公共空间。秩序和混沌在这个公园长椅上得到完美的统一。

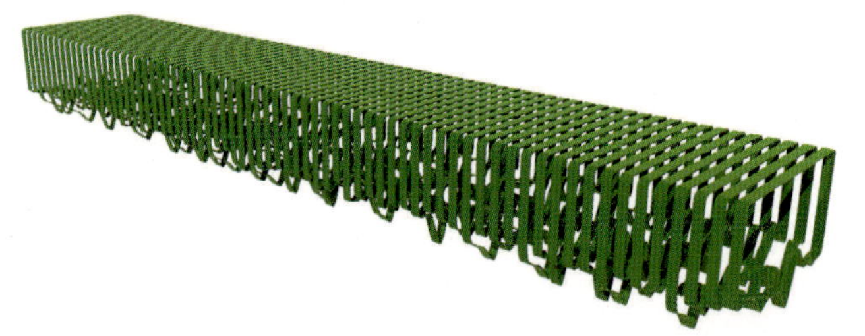

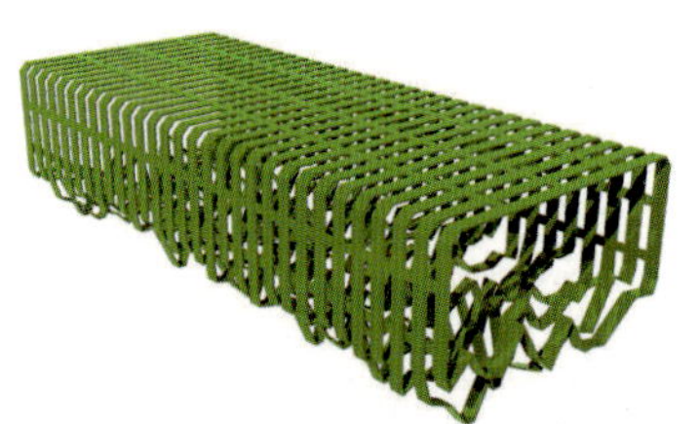

地址：比利时，布鲁塞尔1020，Les Jardins du Fleuriste，Sobieskilaan大道和 Robiniers大道。**合作设计师：**Parkdesign / Pro Materia。**委托方：**BGE布鲁塞尔环境局。**完成时间：**2007年。**产品量：**系列品。**设计方式：**个性化设计。**功能：**座位。**主要材料：**激光切割和焊接的镀锌钢板，环氧涂层。

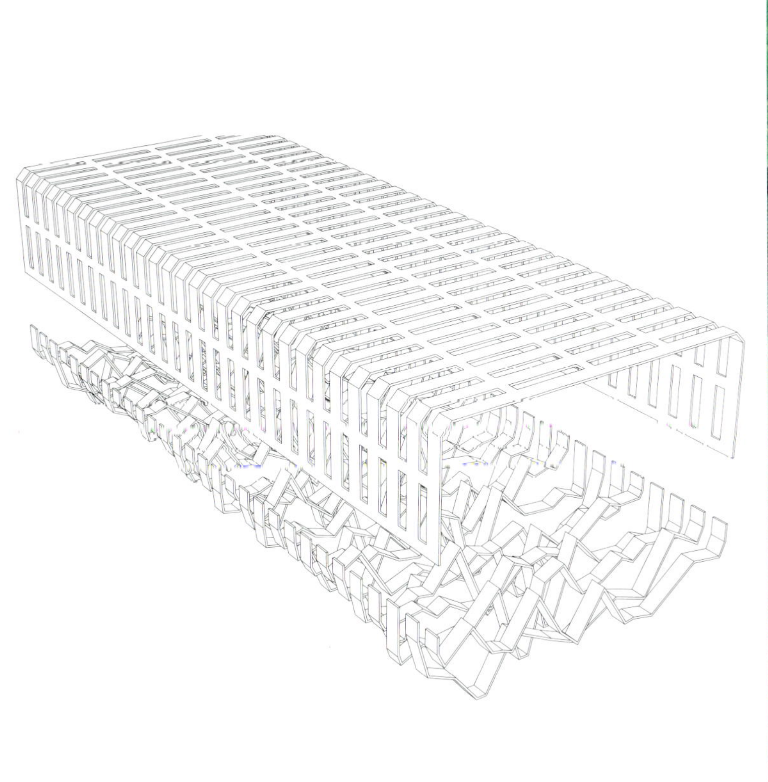

↑|平面
↙|设计推敲过程

↑|细部
↓|长椅外观

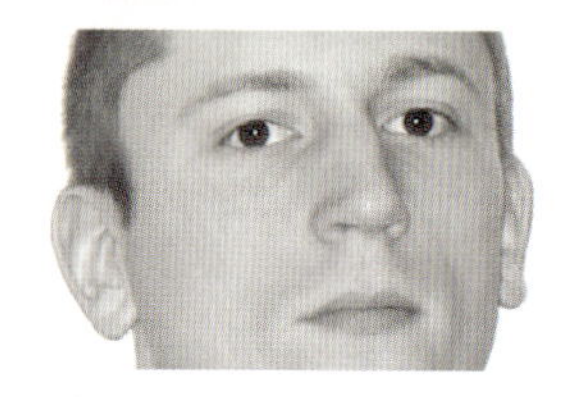

↑|长椅

肌肉

圣艾蒂安

“肌肉”外观给人深刻印象，同时坐上去也很舒适。它以其动态的造型和纯净的线条颠覆了传统街道家具的呆板和静止的形象。它是对当代建筑结构和结构设计的礼赞。长椅表面的起伏可供人坐卧。就像肌肉的纤维结构一样，精确切割的金属条有些受拉有些受压，共同作用以维持椅面的刚性。光滑的炮铜用环氧树脂处理成灰色，它的反光特性更增强了轻盈的效果。当阳光穿过金属格栅，光影与实体相交错，更增加了空间的层次。

地址：法国圣艾蒂安市42000, Cité du Design。**完成时间**：2008年。**产品量**：系列品。

设计方式：个性化设计。**功能**：座位。**主要材料**：钢，镀锌的环氧涂层。

↑|细部

↓|设计图

↑|制作过程

Mitzi Bollani

↑|Trottola作为公共游戏场的一部分

Trottola 纺线卷轴

这个奇怪的设施看上去很像一个纺线的卷轴，它的柔和的曲线形状吸引人们来到公园或游戏场。成年人可以把它当成凳子坐或者靠着休息，而儿童则被鼓励拿它当玩具。它的仿生学造型设计可以让人们有多种使用的方式，可坐可躺。它既可以是固定的，也可以移动或旋转，同时可供一群儿童玩耍，可以通过转动卷轴的顶部带动整个座椅的旋转。作为一个街道家具，它包容了不同的用途，更加难得的是它能面向不同年龄段的使用者。

项目概况

委托方：MODO实验室。**完成时间：**2005年。**产品量：**系列品。**设计方式：**个性化设计。**功能：**座位，玩耍。**主要材料：**玻璃纤维。

↑|设计草图

↑|游戏场里面的Trottola

↓|有机形态能够与绿地完美融合

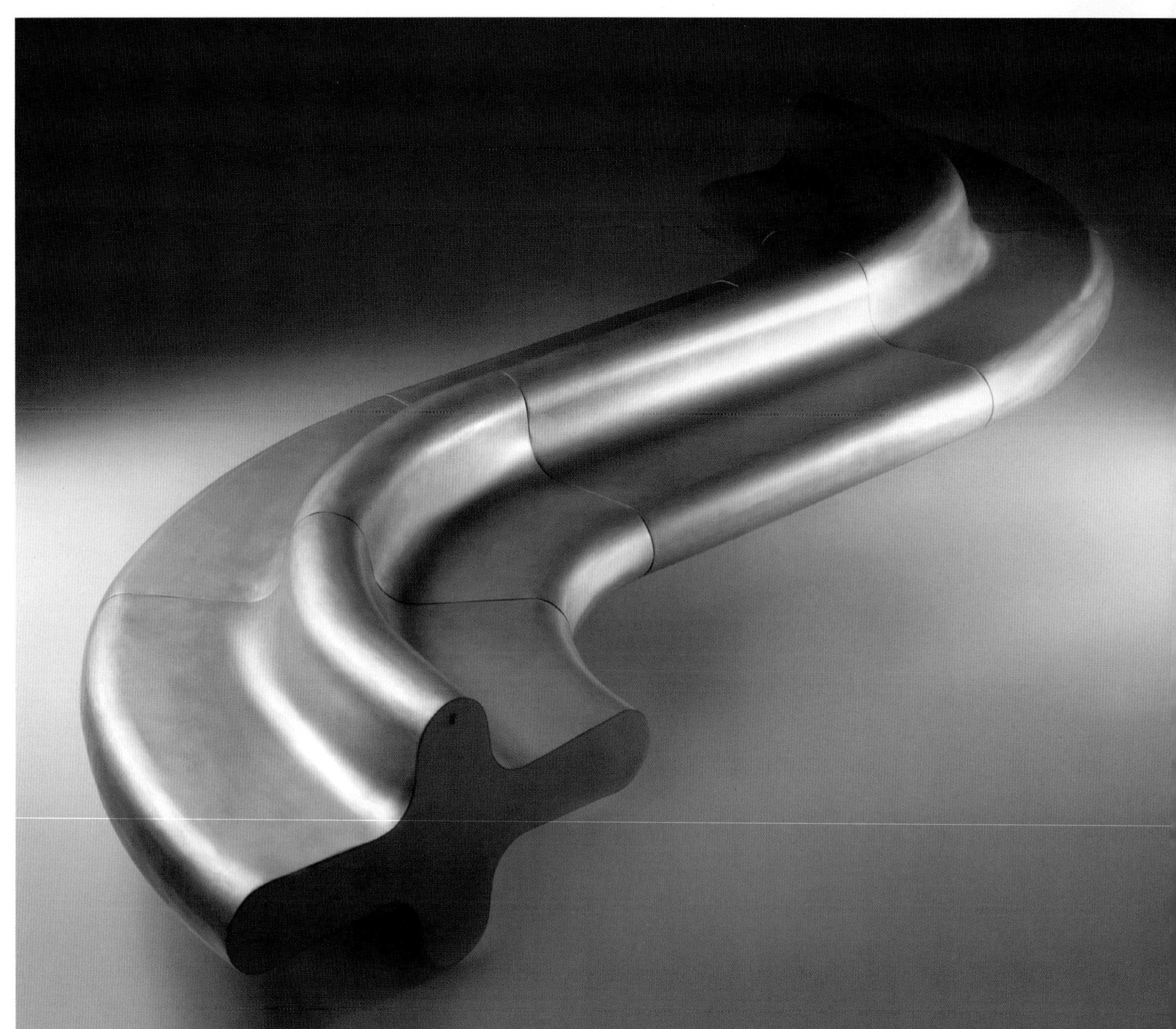

↑|Liquirizia，模块化的座椅

liquirizia

Liquirizia是一个由基本单元模块组合的多样化的单元式长椅。它能适应各种不同的场所——从开放式广场到狭窄的庭院。每个组件的横剖面都有纵横2条对称轴，它们相交形成一个柔和的十字形。水平轴作为座椅的椅面，而垂直轴既是靠背又是椅子的腿。平面的蜿蜒延展既能防止倾覆，又塑造了苗条和可爱的外形。Liquirizia由铝材制成，表面可有各种颜色和抛光处理。

项目概况 委托方和制造商：altreforme。完成时间：2008年。产品量：系列品（有限品种）。设计方式：批量化设计。功能：座位。主要材料：铝。

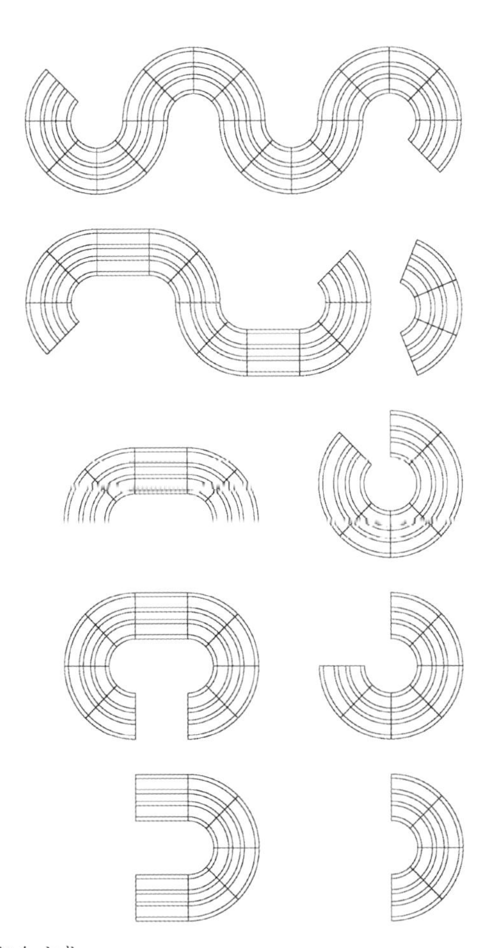

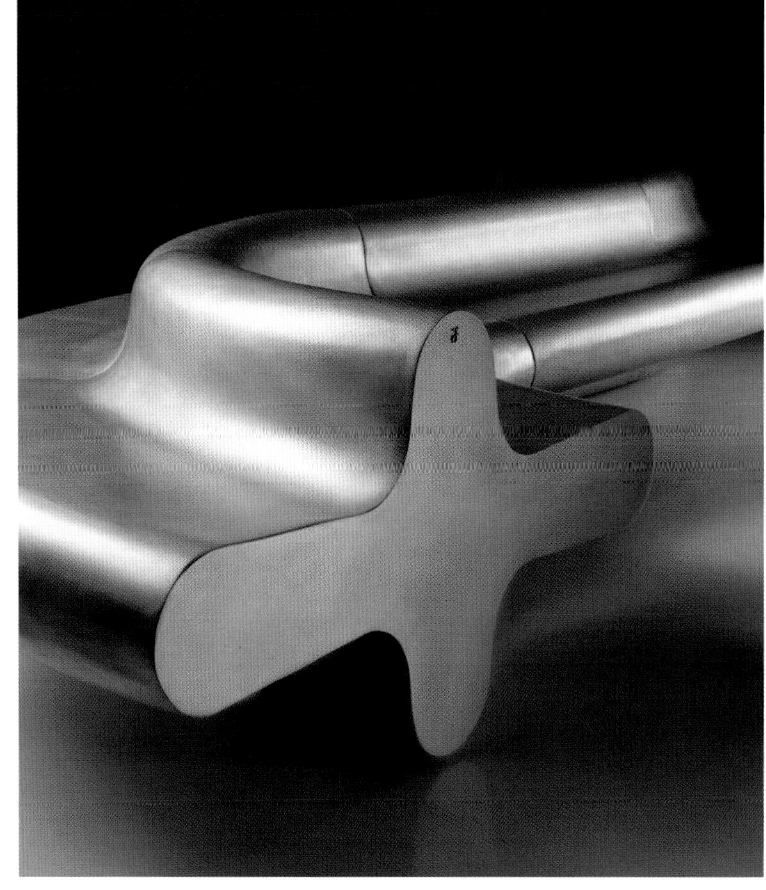

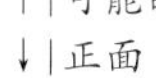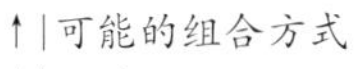

↑|可能的组合方式
↓|正面

↑|断面细部

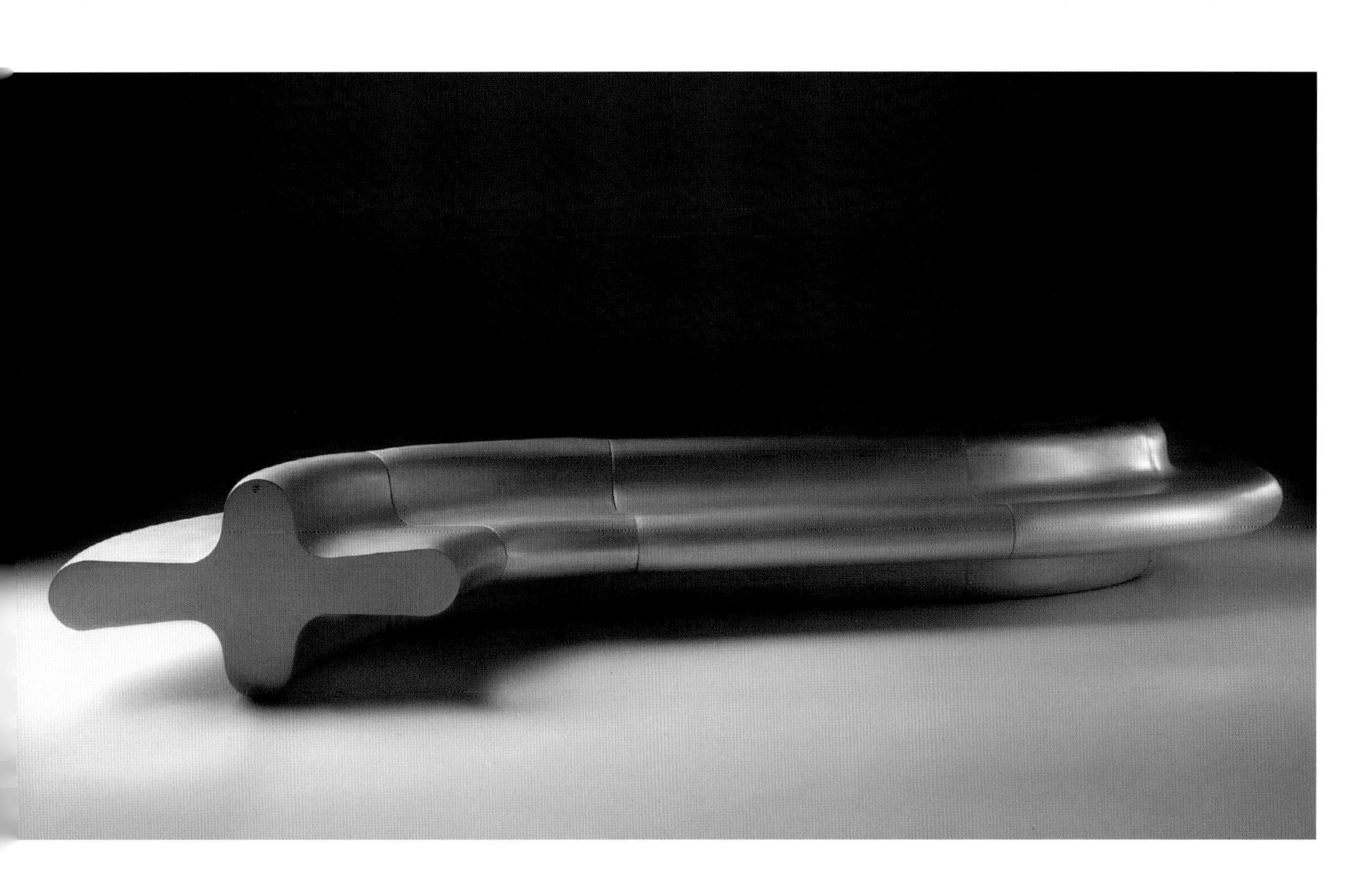

Aziz Sariyer

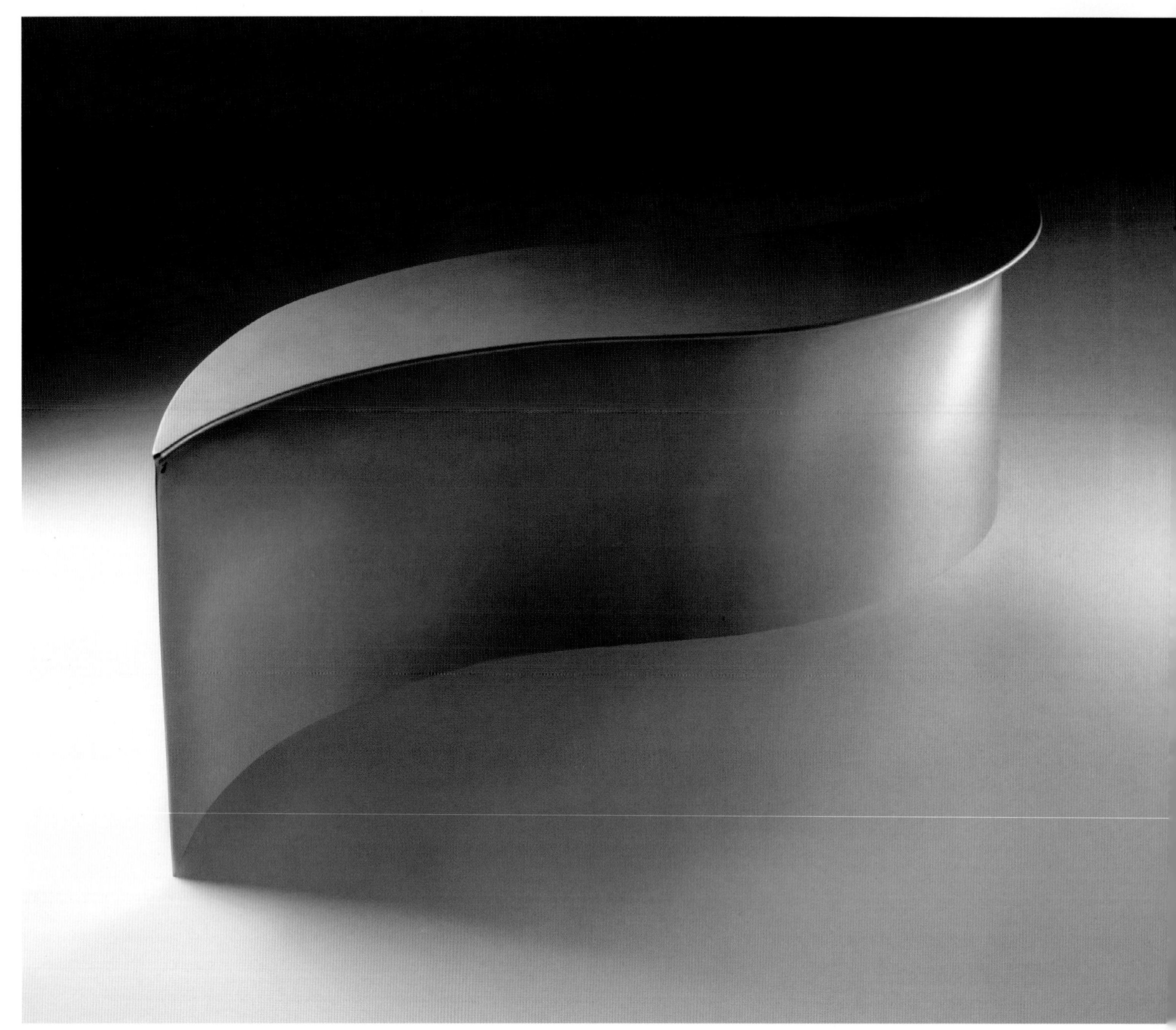

↑|透视效果

mariù

作为一张带支架的小桌，mariù有着堂皇的尺寸，同时具有柔和雅致的外形。其微微卷曲的形状带给人们温暖和阴柔的感觉。但是这种几何形状其实也是稳定的：一个蜿蜒的曲面支撑了整张桌面的平衡，整个结构由很小面积的腿支承。桌子的视觉形象会随着观察者视角的移动而不断变化。铝制的mariù仅仅依靠1cm厚的S形卷材支撑并保持平衡。作为公共设施，mariù的设计将坚固性和美学追求很好的统一起来。mariù的表面可有各种颜色和抛光处理。

项目概况

委托方和制造商：altreforme。**完成时间：**2008年。**产品量：**系列品（有限品种）。**设计方式：**个性化设计。**功能：**桌子。**主要材料：**铝。

↑ | 细部，徽章和锋利的边缘

↓ | 设计渲染图

↑ | 苗条的支撑，侧面

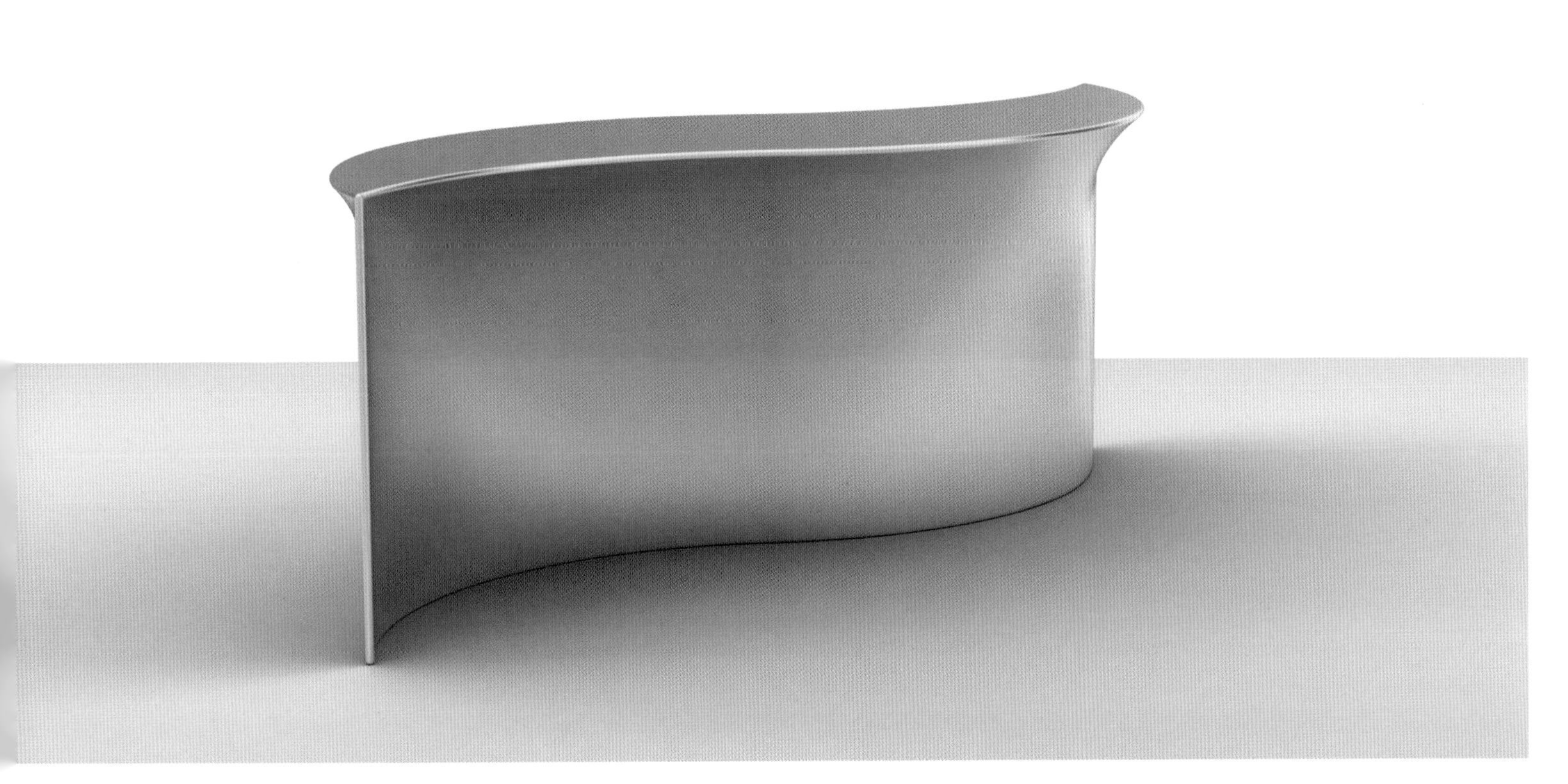

↑|长椅的形状让人联想起鸟巢

巢椅

墨西哥城

这个长椅的设计源自一次邀请，受邀的艺术家、建筑师和设计师需要为Paseo de la Reforma大街设计一种座椅。这个设计的思路来自于一种拥抱使用者的想法，也就是要创造一个与外界有联系但又比较亲密的空间。在草图和模型分析的基础上，一个鸟巢式的随机编织的结构形式较好的提供了隐私和隔离的空间效果。在Paseo de la Reforma举办的‘Diálogo de Bancas’展览取得了成功。当这件作品放置在那的时候，市民经常用它来放松腿脚、会朋友、或者仅仅是小坐一会儿。

地址：墨西哥，墨西哥城，C.P.06600，Paseo de la Reforma大街。**完成时间**：2007年。**产品量**：单件。**设计方式**：个性化设计。**功能**：座位。**主要材料**：表面涂层处理的金属。

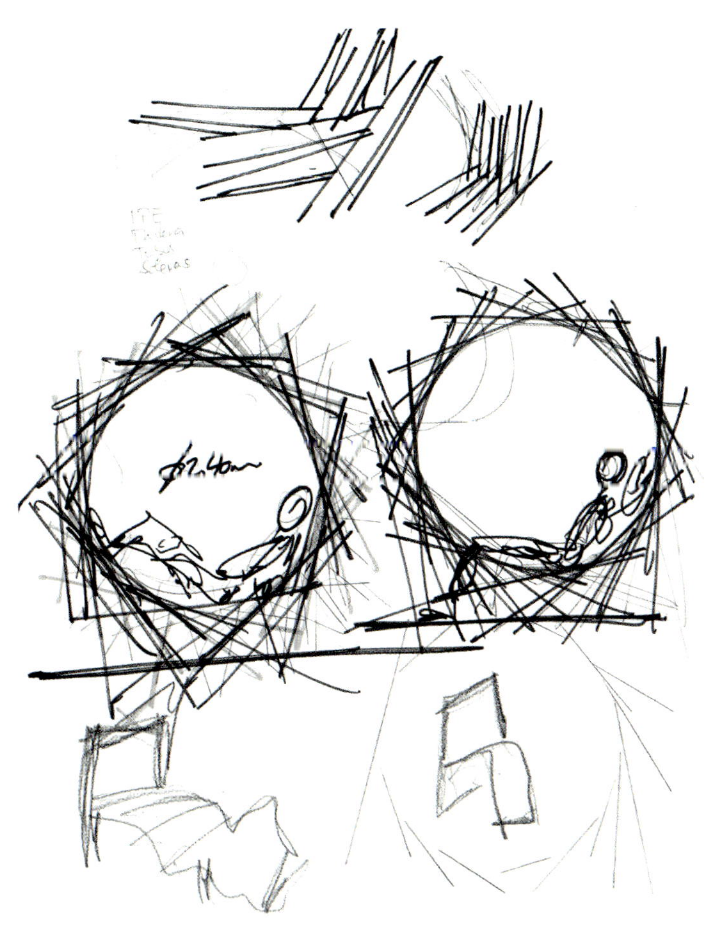

↑|设计草图
↓|透视

↑|使用状态
↓|细部

Brodie Neill

↑| 极度反光的表面

回声椅

回声椅以其醒目的几何造型将Brodie　Neill家具设计的形式表现力提升到了一个新的层次。用材是手工打制成镜面的铝片，整个座椅就是一张从内而外翻转的蒙皮。它既能满足功能要求，又具有雕塑般的动感和姿态。光滑的反光面层逐渐从宽变细，从丰满的曲线座椅之中的一个漩涡拉伸渐变成背后的支撑。来自于回声的灵感，这个椅子的蒙皮材料内外一致，浑然一体。为了将材料特性发挥到极致，椅面材料上的凹槽既是完全合乎结构逻辑又与表面形状相吻合。

项目概况

委托方：宫殿画廊。**完成时间：**2009年。**产品量：**单件。**设计方式：**个性化设计。**功能：**座位。**主要材料：**镀镍铝材。

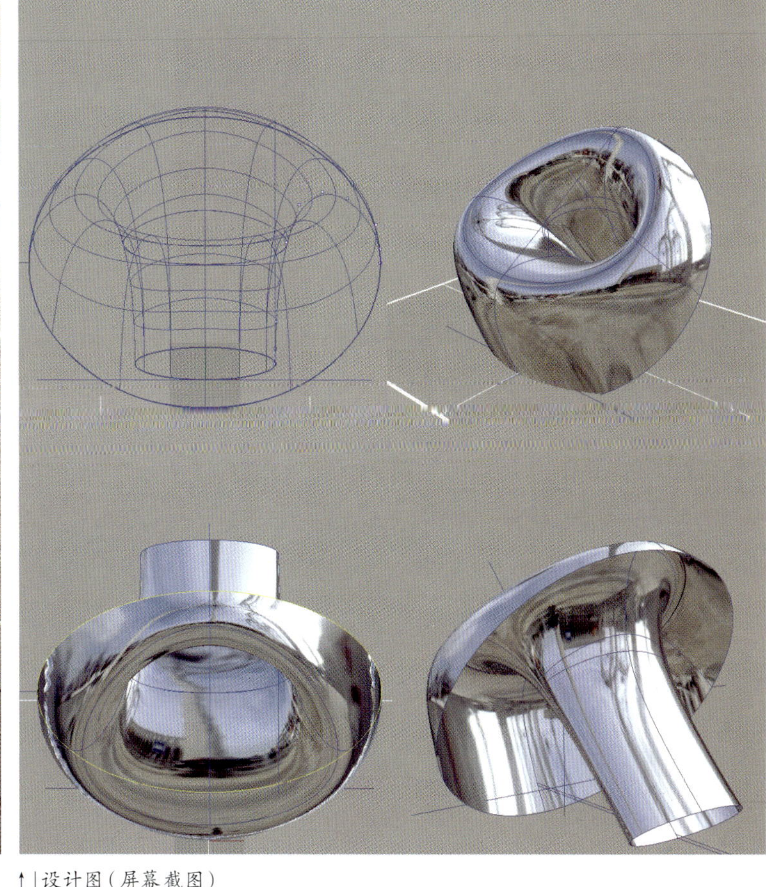

↑ | 后视图
↓ | 侧面

↑ | 设计图（屏幕截图）
↓ | 细部

Julian Mayor

↑|既是雕塑又是座椅

摄政时期风格的长椅

伦敦

这些摄政时期风格公寓里的长椅既是家具也是雕塑。它们的造型充分考虑到场地的文脉，这些无定型的体量的设计灵感来源于附近的水流和历史层积。座椅的表面构成一个错综复杂的多面体，它像多棱镜一样反射周围的光线，能够随着周围环境的亮度、色彩和天光不断变幻。椅面的纹样来自于附近的米尔班克小学，是小学生们发掘乡土历史的工作坊的成果。在这个精心构思的项目里，艺术、设计、教育和公共使用很好的融为一体。

项目概况 **地址**：英国，伦敦SW1P 4AD，Pimlico，摄政街，摄政公寓。**委托方**：伦敦威斯敏斯特市议会。**完成时间**：2006年。**产品量**：单件。**设计方式**：个性化设计。**功能**：座位，雕塑。**主要材料**：不锈钢。

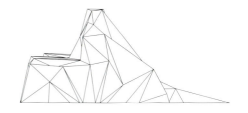

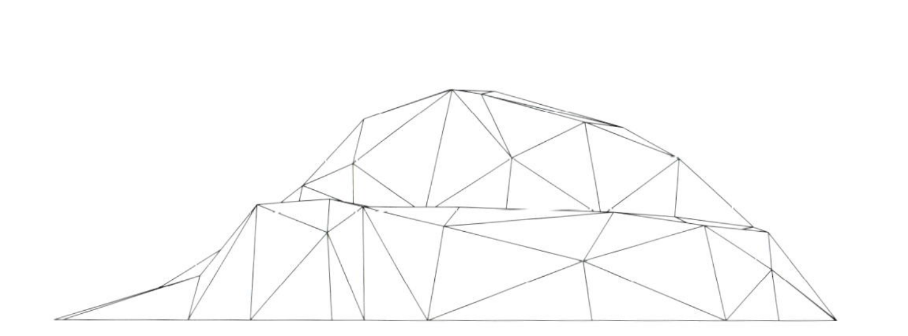

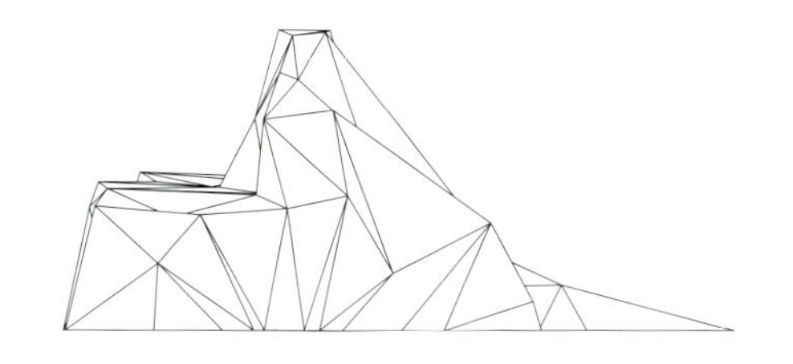

↑|立面
↓|透视效果

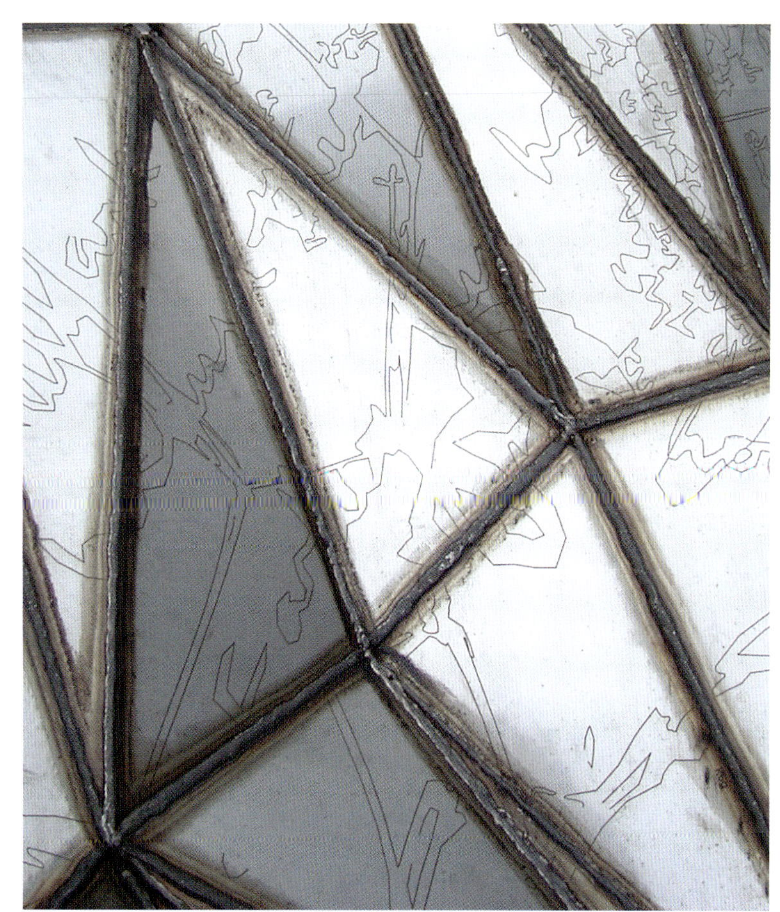

↑|细部，多棱表面上的画作

Gitta Gschwendtner

↖ |河边景观
↑↑ |白色的购物袋座椅
↑ |博物馆方向

购物袋座椅

伦敦

这个设计任务是要通过一个装置揭示出设计与城市的关系，表现设计艺术博物馆的主题——“消费文化”。为了引起对滥用一次性包装材料的关注，Gitta Gschwendtner设计了这些木纤维混凝土浇筑的凳子，它们的造型都是脱模于纸制购物袋。浇筑工艺过程会导致它们独特的不规则外形，木纤维混凝土是混凝土和木材纤维的混合物，是一种环境友好的轻便材料。这些座椅为游客提供了一个欣赏伦敦美景的机会：坐在上面看四面风景，听八方声响，不也是我们在物欲横流之外的另一种生活选择。

项目概况

地址：临时安放在英国，伦敦，SE1 2YD，Shad Thames的设计艺术博物馆。**委托方**：设计艺术博物馆。**完成时间**：2008年。**产品量**：单件。**设计方式**：个性化设计。**功能**：座位，雕塑。**主要材料**：木纤维混凝土。

↑ | 使用中的座椅
↗ | 透视
↗ | 玻璃块

雨中消失的座椅

东京

2003年完成的"街道景观项目"邀请了11位设计师在东京都六本木的六本木山设计室外家具，吉冈德仁设计的"雨中消失的座椅"就是该项目的一部分。下雨时，这些椅子呈现出仿佛玻璃碎片落入水中，轮廓逐渐消失的效果。这些椅子是大块玻璃用特殊工艺加工而成，这种工艺曾用于加工太空望远镜的平面反射透镜。

项目概况

地址：日本，东京106-0032，六本木六丁目（榉树坂街）。**委托方：**森大厦株式会社。**完成时间：**2002年。**产品量：**单件。**设计方式：**个性化设计。**功能：**座位。**主要材料：**玻璃。

BRUTO d.o.o. / Matej Kučina

↑|木质长椅和垃圾筒

Šentvid 城市公园

卢布尔雅那

这个公园的总体结构是以自行车道、步行道和混凝土墙体为骨架构建的模式。沿着交通主轴上的放大节点在基本结构上产生了变化，提供了城市不同活动的平整场地。该设计既扩张了空间的视觉印象，同时又提供了适于各种活动的内向而明确的空间。由于它的空间概念和沿街区位，这个公园有着鲜明的城市性。这种特性通过运用街道图形、鲜艳的色彩、街具和照明设备体现出来。

项目概况

地址：斯洛文尼亚，卢布尔雅那1000。桥隧建筑师：Elea iC。委托方：DARS。完成时间：2010年。产品量：单件。设计方式：批量化设计。功能：座位，垃圾桶。主要材料：木（座位），钢、塑料、混凝土（垃圾桶）。

↑|休闲散步道

↑|人行道旁的长椅

↓|木质长椅平面细部

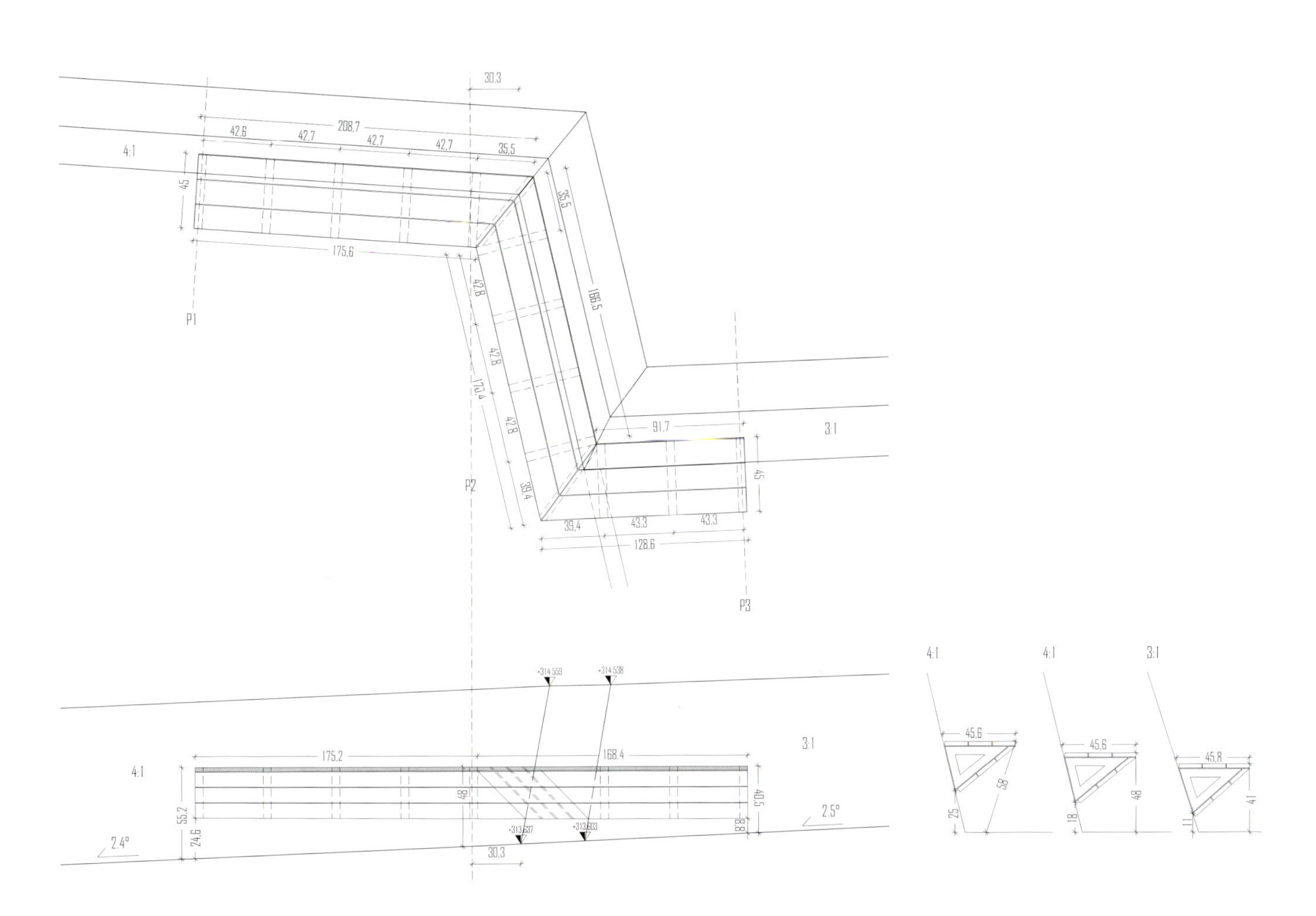

↑|印有花纹装饰的台阶踏步

丸之内Oazo北翼

东京

这个设计的目的是用地面铺装向未来展示历史记忆。户外矩形场地和一层入口的铺装图案反映了该地历史上的两个建筑——细川家院和公共交通公司办公楼的遗址。这两个建筑所处时代的典型风景都在铺装图案上重现，连景观设计的小品（如长椅）都让人联想到这片土地的历史：草场、森林、花圃。这个设计同时也唤起人们对现在和未来的思考，将历史和未来联系起来。

地址：日本，东京都100－0005，千代田区，丸之内 1－6－5。**建筑师：**Mitsubishi Jisho Sekkei公司，日建设计公司，山下设计有限公司。**委托方：**三菱地产，丸之内酒店，日本生命保险公司。**完成时间：**2004年。**产品量：**单件。**设计方式：**个性化设计。**功能：**座位，标志。**主要材料：**黑色花岗岩。

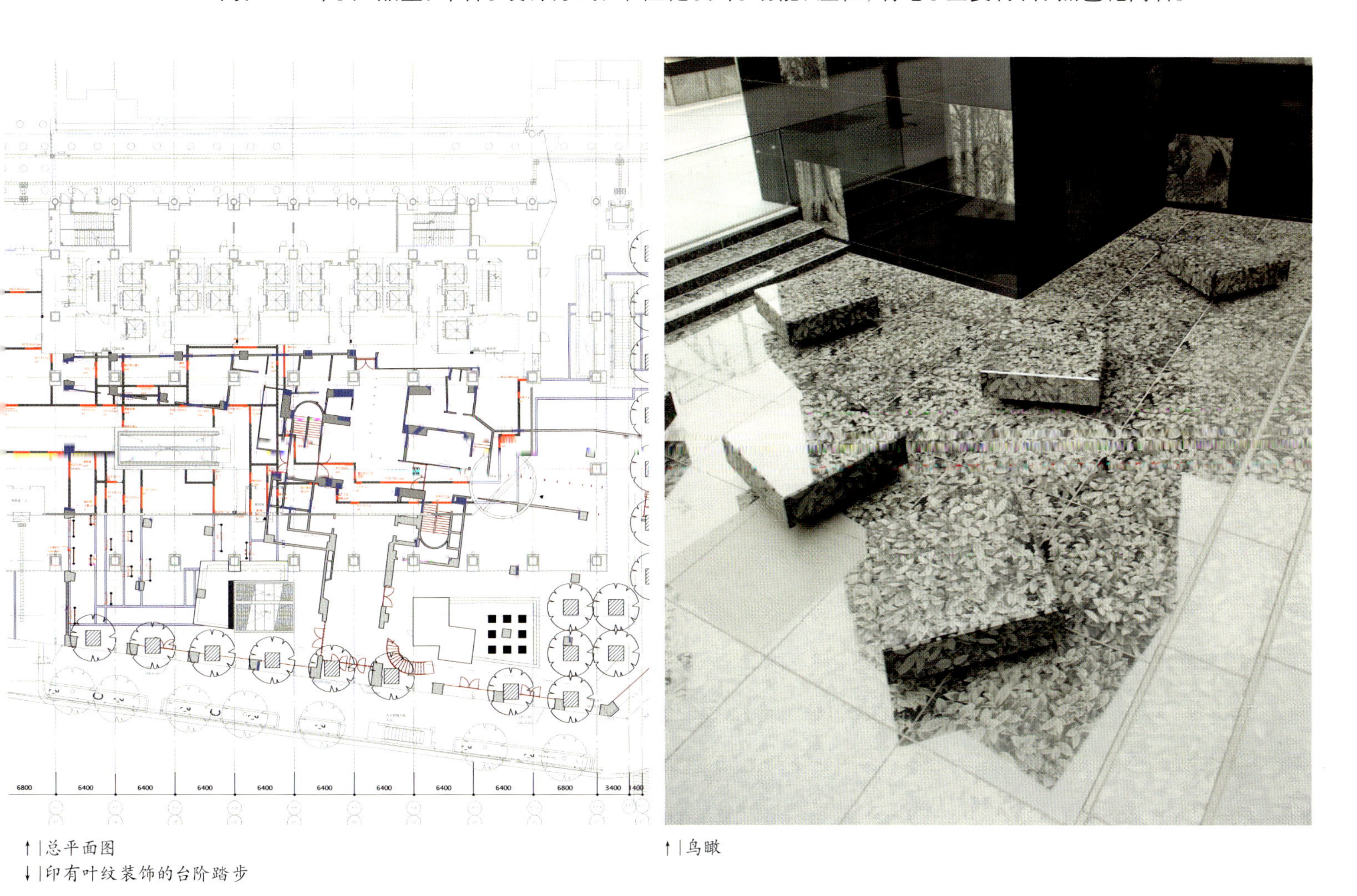

↑|总平面图

↑|鸟瞰

↓|印有叶纹装饰的台阶踏步

↑|环绕着古老樱花树的长凳

两代樱花绽放

川琦市

4棵曾种植在东芝公司堀川町工厂内的樱花树被移植到Lazona川琦广场的入口处，欢迎人们来到这个建筑群。其中一株樱花树下围有环形的黑色花岗岩长凳，上面镌刻着工厂的历史和旧时的工厂景观。圆环状花岗岩长凳的其中一截被放置在河对岸，上面镌刻着樱花盛开的图景，同时在其中种植了一株樱花幼苗，让人们可以憧憬此地未来的景观。

地址：日本212－0013，神奈川，幸区堀川町72－1，Lazona川琦广场。委托方：东芝/三井不动产。完成时间：2006年。产品量：单件。设计方式：个性化设计。功能：座位。主要材料：黑色花岗岩。

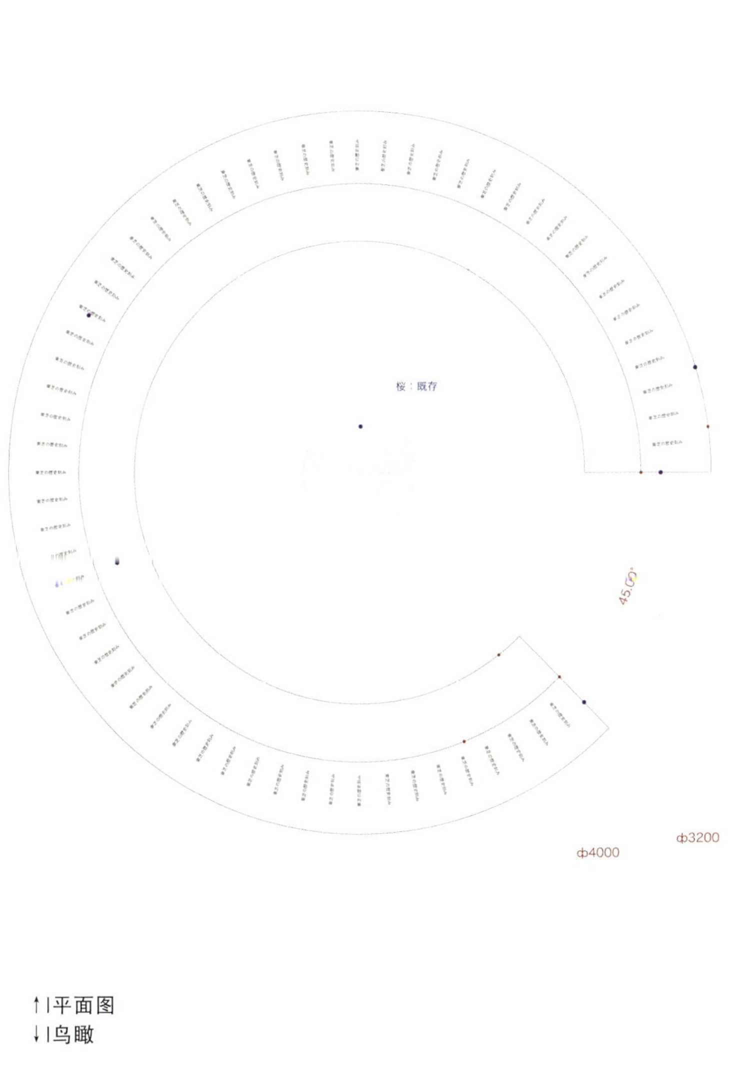

↑|平面图
↓|鸟瞰

↑|黑色花岗岩上镌刻着工厂的历史和旧时的工厂景观

↑|Lazona川琦广场的自然座椅（左）和城市座椅（右）

“自然座椅”和“城市座椅”

川琦市

这两种座椅是川琦广场的“城市轴线”和“自然轴线”的组成部分。城市座椅和自然座椅分别用城市和自然作为主题装饰。为此，设计师分析出川琦城区主导色和周边自然景观主导色，并运用到这些座椅上，城市和自然两种座椅分别采用规则几何式和有机自由的形式。

地址：日本212－0013，神奈川，幸区堀川町72－1，Lazona川琦广场。**建筑师**：Ricardo Bofill Leví和山下设计公司。**照明设计**：Sola合伙人事务所。**委托方**：东芝/三井不动产。**完成时间**：2006年。**产品量**：单件。**设计方式**：批量化设计。**功能**：座位。**主要材料**：杜邦可丽耐。

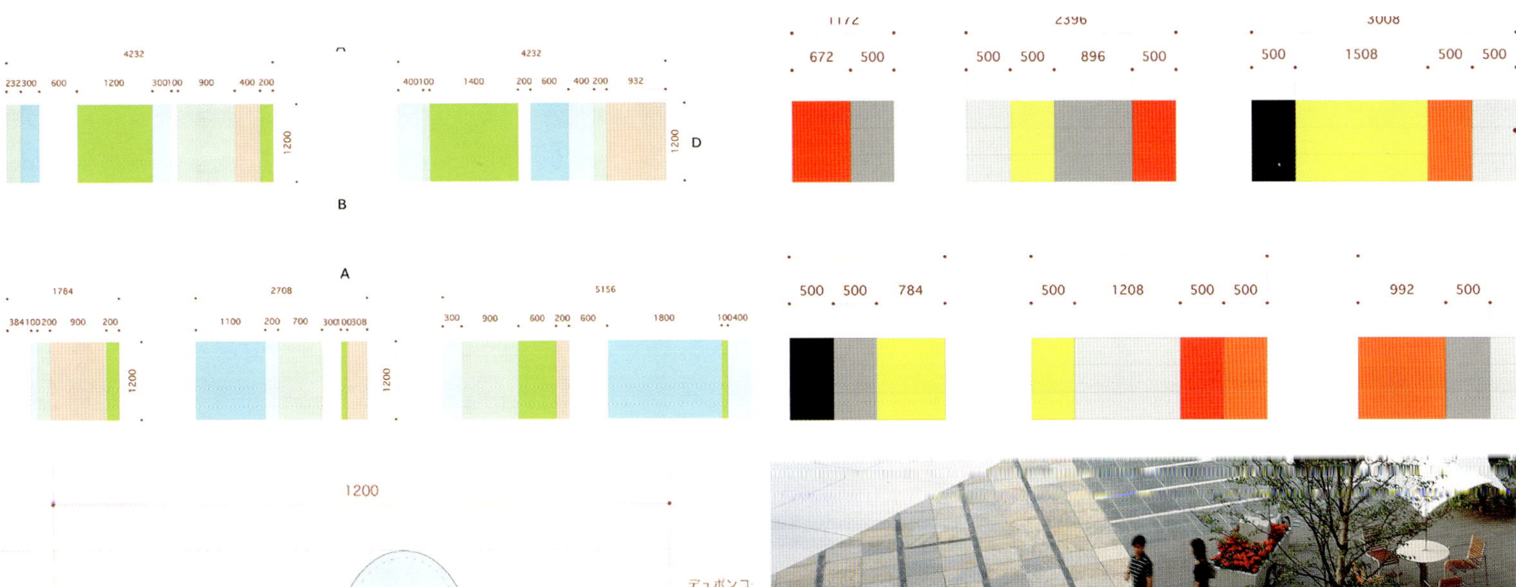

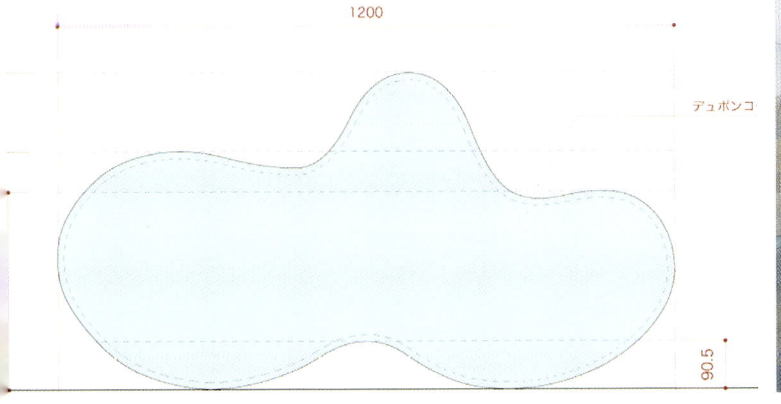

↑↑|自然座椅的色彩分析
↑|自然座椅剖面图
↓|自然座椅

↑↑|城市座椅的色彩分析
↑|城市座椅
↓|自然座椅的夜景灯光效果

↑|象征冬季的黑色立方体
→|通过坐在不同颜色的石头立方体上体验地球温度

地球温度计

东京

坐在这个凳子上，你可以体会到四季温度的变化和全球暖化。这个凳子是由一系列从白到黑不同灰度的石头立方体组成的极简主义作品，每块立方体石材的吸收和反射能力都有细微的差别，表现出不同的亮度、色泽和吸收光波辐射的热量。夏季，白色立方体能够将光波辐射全部反射，使人坐上去觉得凉爽。冬季黑色的立方体充分吸收了光波辐射，给人们提供了一个温暖的座位。人们坐这些立方体上的体验，都是一种与太阳的交流。

项目概况

地址：日本100-8959，东京都，千代田区霞关No.7，2-2-3，中央官立大厦。**建筑师**：久米设计，大成建设公司，日本钢铁公司。**景观设计**：Ohtori顾问公司。**委托方**：霞关No.7 PFI。**完成时间**：2007年。**产品量**：单件。**设计方式**：个性化设计。**功能**：座位。**主要材料**：各种石材。

↑|鸟瞰

↑↑|细部

↑|象征夏季的白色立方体

↑|曾经的建筑和植物在2003年7月11日下午1点47分15秒的投影

纪念座椅

东京

纪念座椅上镌刻着前文部省大楼及附近植物在2003年7月11日下午1点47分15秒的投影，就在那一刻，该大楼被拆除。这种镌刻的投影图案与新的中央政府大楼及其植栽的真实投影相重叠，以纪念该场地的过去和时间的流逝。

项目概况

地址：日本100-8959，东京都，千代田区霞关No.7，2-2-3，中央官立大厦。**建筑师：**久米设计，大成建设公司，日本钢铁公司。**景观设计：**Ohtori顾问公司。**委托方：**霞关No.7 PFI。**完成时间：**2007年。**产品量：**单件。**设计方式：**个性化设计。**功能：**座位。**主要材料：**黑色花岗岩。

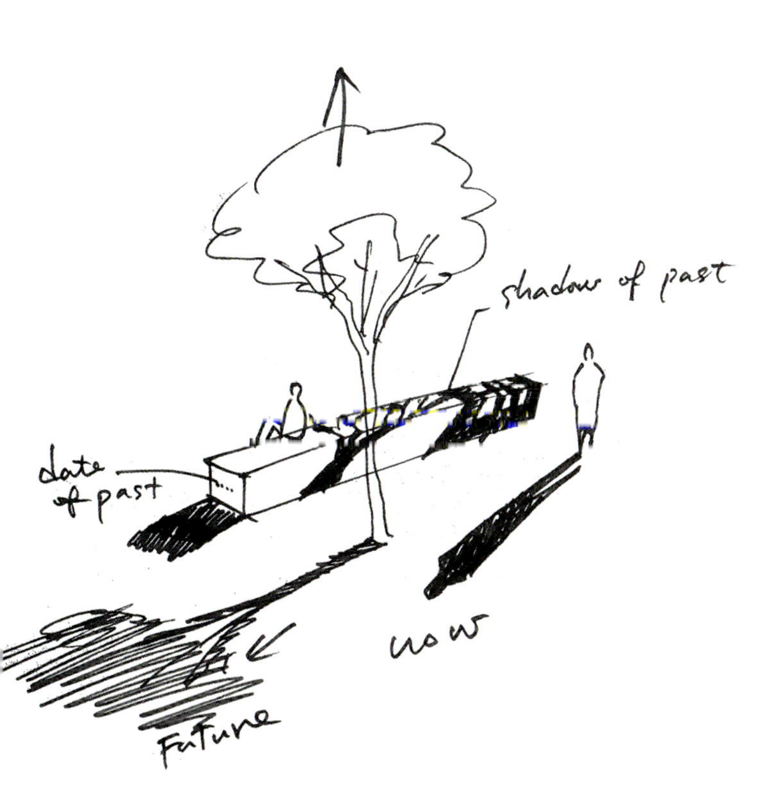

↑|镌刻的投影图案与现实建筑和植栽的投影相重叠

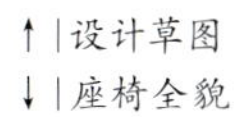

↑|设计草图
↓|座椅全貌

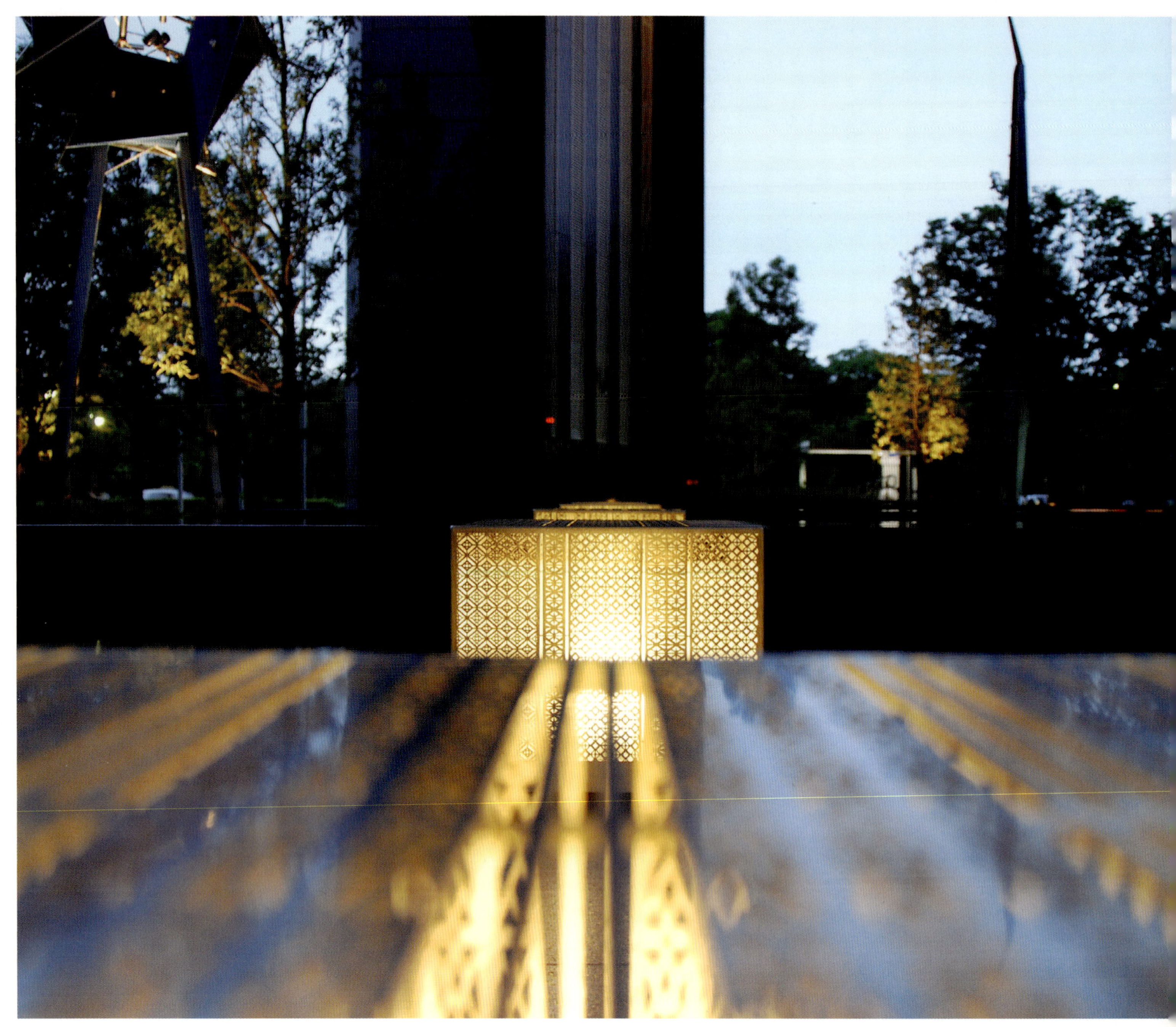

↑|光带

福冈银行座椅

福冈市

这些长椅安装在博多地区福冈市的福冈银行本店。椅面板采用了丝绸和博多地方传统风格的织物图案。灯具安装在长椅内部，每到夜里就会发光照亮这些面板上的传统图案。

项目概况

地址：日本，福冈市，中央区天神2－13－1。建筑师：MHS规划建筑和工程设计公司。委托方：福冈银行。完成时间：2008年。产品量：单件。设计方式：个性化设计。功能：座位。主要材料：黑色花岗岩。

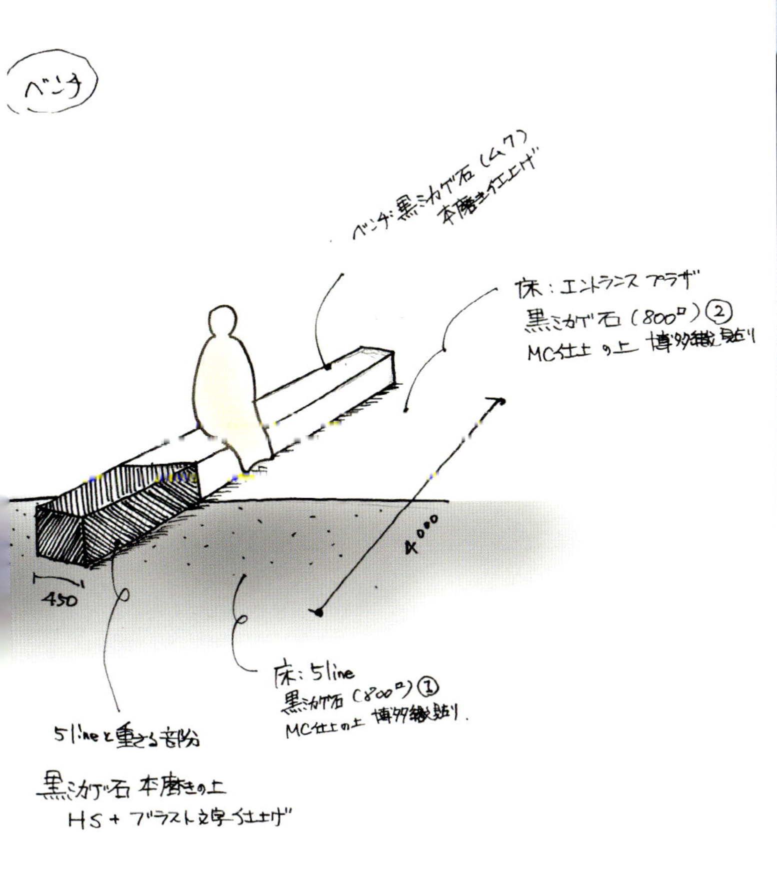

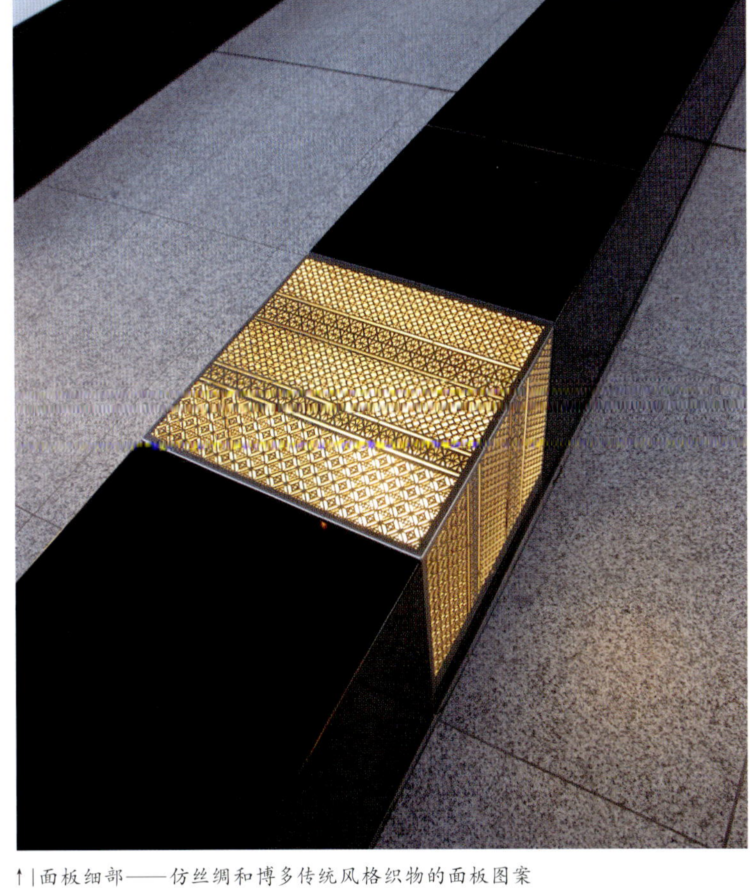

↑|设计草图

↓|5个座椅全貌

↑|面板细部——仿丝绸和博多传统风格织物的面板图案

城市购物中心联合体 – Isthmus,
Reset,基督城议会和Downer EDI

↑|整合了照明设备的斯图尔特广场座椅
→|沿着电车轨道摆放的Hack环岛座椅

城市购物中心

基督城

基督城购物中心再开发项目是将市中心的步行商业中心升级为行人和有轨电车混行的街道。该项目展现了基督城悠久的花园城市历史和广阔的冲积平原景观。为此特别用不锈钢、硬木和当地石材设计了一系列的街道家具。照明也同步考虑以便满足安全的需要并创造视觉的亮点。整套街具设计包括斯图尔特广场座椅、Hack环岛座椅、 Cashel购物中心座椅、种植箱、小舞台和灯杆的设计。

项目概况 **地址：**新西兰 8011，基督城，Cashel街76——166号，高街222－282号。**委托方：**克莱斯特彻奇市议会。**完成时间：**2009年。**产品量：**单件。**设计方式：**个性化设计。**功能：**座位、照明、种植箱、栅栏。**主要材料：**花岗岩、硬木板、不锈钢。

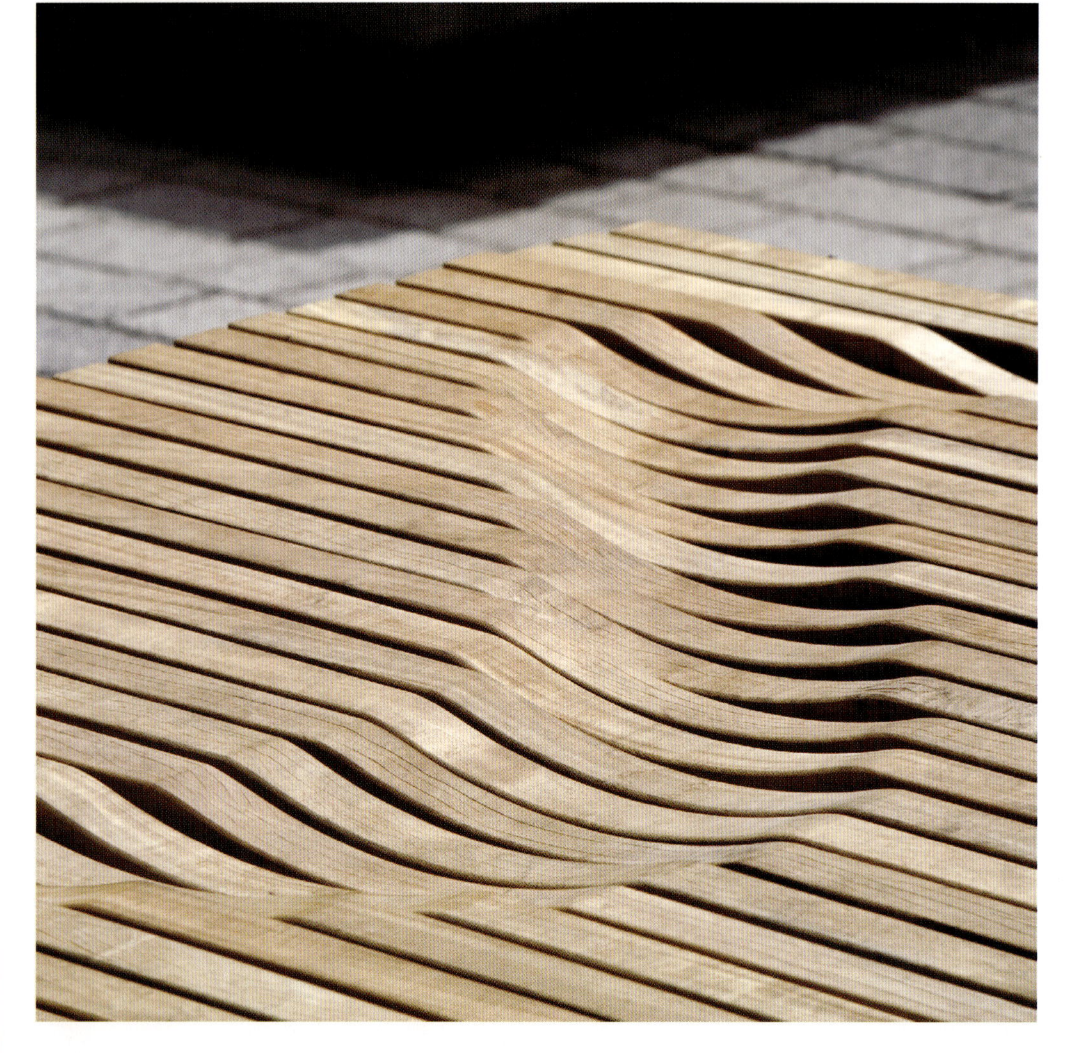

↑|斯图尔特广场座椅的设计图
←|Hack环岛座椅细部

←|天然石材用于Hack环岛座椅的细部
↓|Cashel街道透视

Isthmus / Evan Williams

↑|夜景（往海边方向）
↘|船椅的设计草图

船椅

北岸市

船椅的设计灵感来自于奥克兰港岸边成群的小木船。这个设计不是写实的模仿小木船造型，而是采取了更为抽象的艺术手法——用一道不锈钢代表海峡。牡荆硬木板作为统一性元素构成整个设计的基调。整个座椅外表包裹着木板条，固定在混凝土底座上。座椅的排布具有动感，可适应各种坐姿，并且可供广场上人群的集体活动使用。

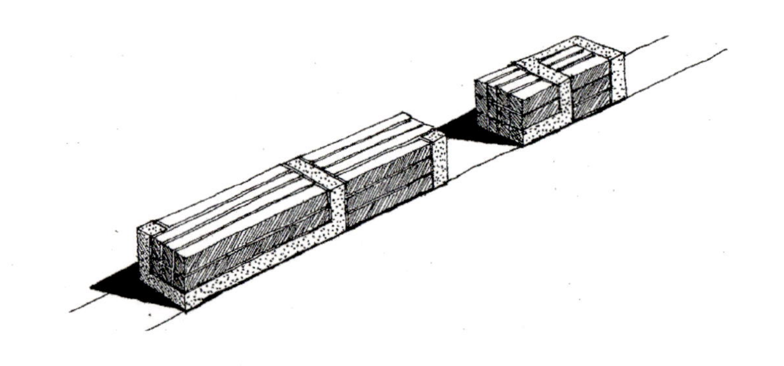

项目概况

地址: 新西兰,奥克兰 0630,北岸市,Browns湾,前海路。**委托方:** 北岸市议会。**完成时间:** 2008年。**产品量:** 单件。**设计方式:** 个性化设计。**功能:** 座位。**主要材料:** 硬木、不锈钢。

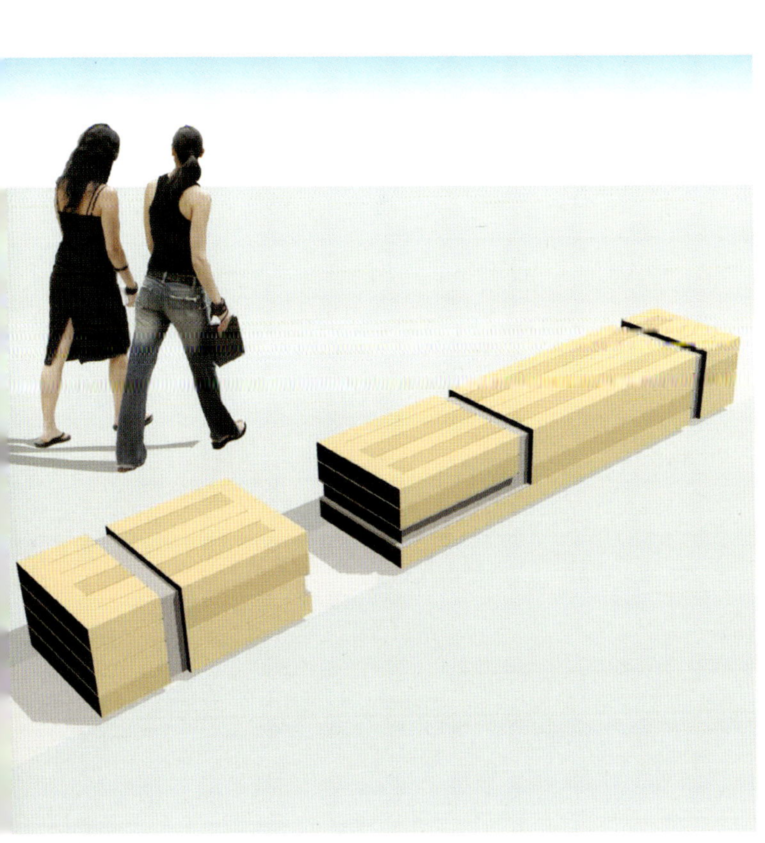

↑|船椅透视

↓|广场夜景

↑|船椅细部

Earthworks
景观建筑师事务所

↑|雕塑——坐在弧形长椅上的人

码头广场

开普敦

开普敦的滨海地区是填海造陆而成。码头广场的设计理念就是营造一个既能反映其历史，同时也能反映当代市中心生活的场所。大片白色之中的木炭色鹅卵石象征退潮时海浪退去后裸露在沙滩上的海产和杂物残骸，碎卵石就像高能粒子堆积在雕塑旁。雕塑取材于海滨地区居民和周边街区建筑里的生活。长椅象征着大地上流动的沙丘。

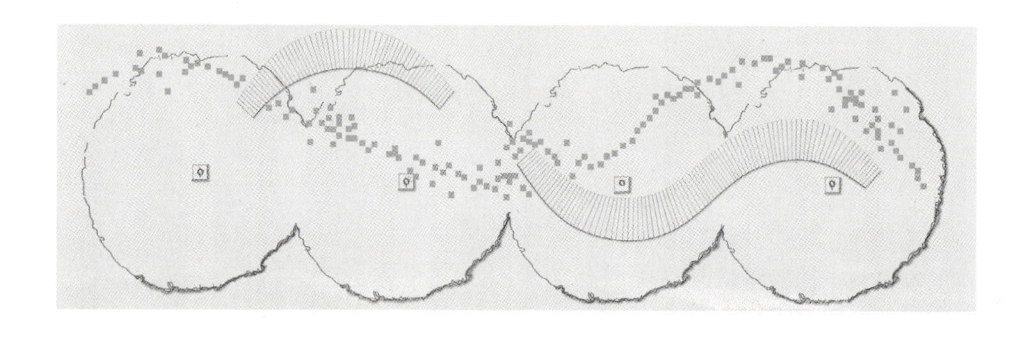

项目概况

地址：南非，开普敦，Heerengracht街，码头广场。**艺术家：**Egon Tania（雕塑），Andrew Phillips（长椅）。**委托方：**开普敦市。**完成时间：**2008年。**产品量：**单件。**设计方式：**个性化设计。**功能：**座位、照明、雕塑。**主要材料：**镀锌钢材，木。

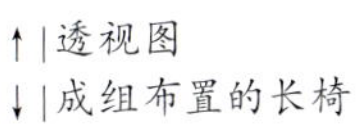

↑|透视图
↓|成组布置的长椅

↑|弧形长椅俯视

PLEIDEL ARCHITEKTI s.r.o.

↑|3根立柱象征3个史前时代

沙拉市步行街区

沙拉市（斯洛伐克共和国）

这个步行街区是沙拉市中心的一部分。设计的主要目的是解决通往市中心的交通不便问题，同时为市民和游客创造新的公共空间。这个公共空间为不同的活动提供了设施，例如有前置水池的表演台和各种街具。而绿化则贯穿整个步行街区。

项目概况

地址：斯洛伐克共和国，沙拉市，主广场和主街。**委托方：**沙拉市。**完成时间：**2007年。**产品量：**系列品（座椅、垃圾桶、灯具），单件（“3个史前时代”柱、喷泉、表演台）。**设计方式：**批量化设计（由mmcité a.s.负责），个性化设计（由Imrich和Ondrej Pleidel负责）。**功能：**座位、照明、垃圾桶、自行车道、信息板和公告栏、饮水器、雕塑、喷泉和表演台。**主要材料：**石材、混凝土、金属、木材。

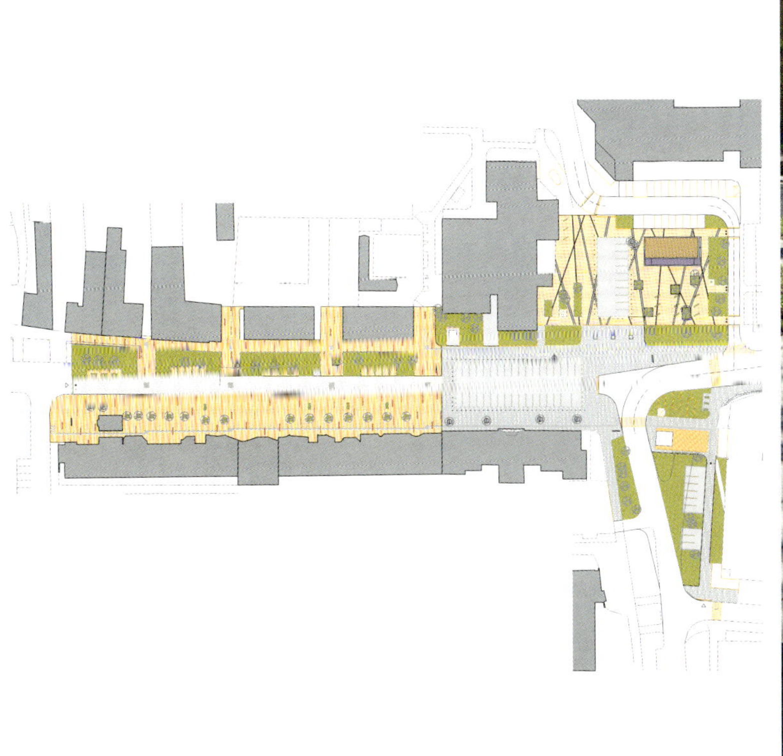

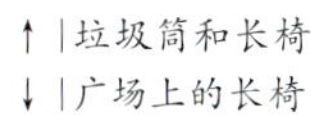

↑|总平面图
↓|成行布置的长椅

↑|垃圾筒和长椅
↓|广场上的长椅

Smedsvig Landskapsarkitekter AS / Arne Smedsvig

↑|木制长椅

Indre Kai的长椅

Haugesund

Haugesund 是挪威西海岸的一个30000居民的小城。靠近城中心的内港每天都开出好几班渡轮。该码头区拥有餐馆和作坊，日益成为西海岸私人游艇钟爱的锚地。码头区的改善包括4项相关建设，保留的表演区由一个舞台和半圆形看台组成，南边直接连通主街。新的设计包括一个由花岗石、鹅卵石和木板构成的室外平台，以及木制长椅、照明设备、私人游艇服务设备等街道家具。

地址：挪威，Haugesund 5525, Indre kai。**合作设计师**：Prosjektkonsult AS, Cowi AS。**委托方**：Haugesund市政府。**完成时间**：2008年。**产品量**：单件。**设计方式**：个性化设计。**功能**：内置照明的座椅。**主要材料**：挪威橡木。

↑ | 鸟瞰

↑ | 长椅细部

↓ | 总平面图

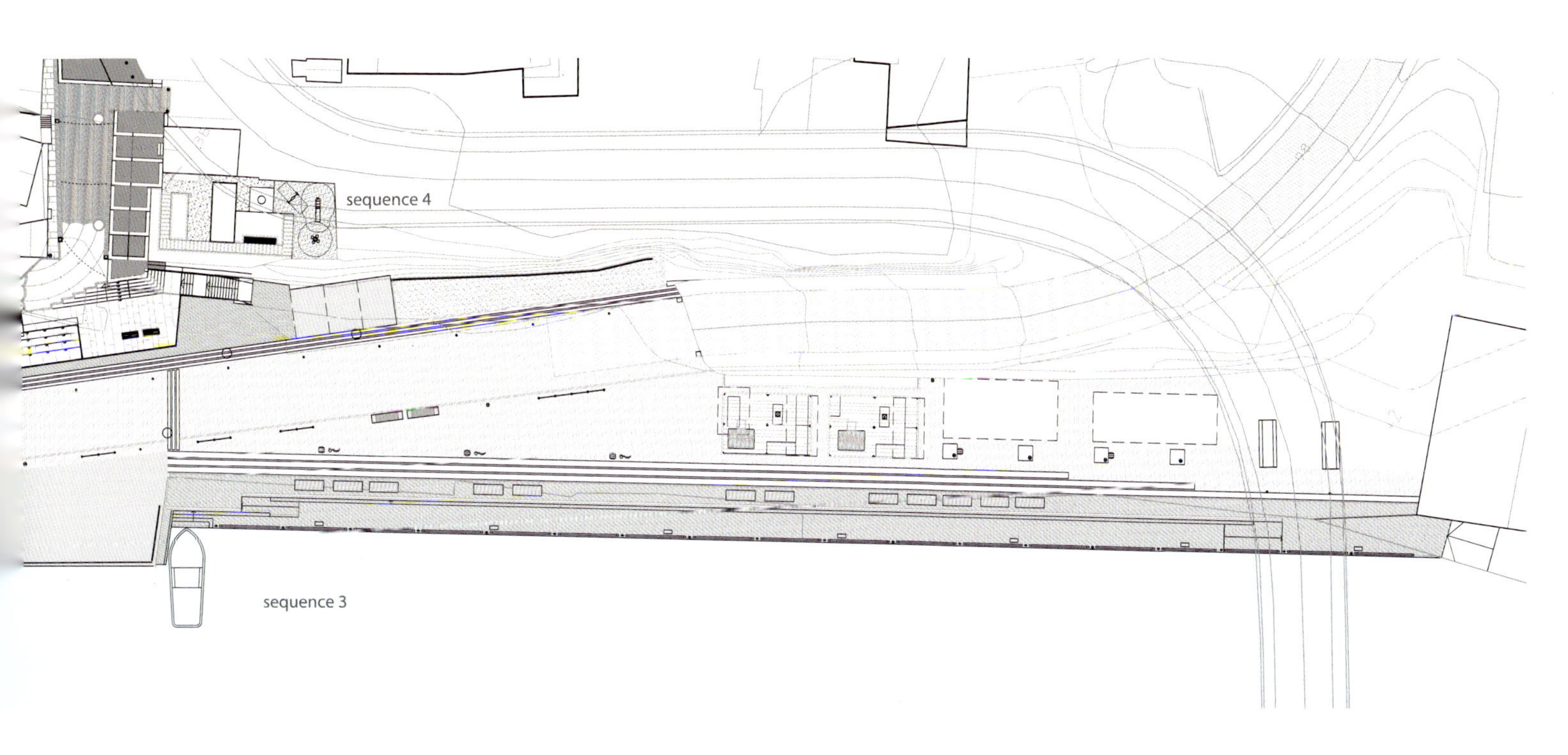

↑|红飘带穿过一片曾经的垃圾倾倒场，与狗尾草形成鲜明对比
→|红飘带蜿蜒穿过小树林

红飘带

秦皇岛市

一条长达500m的“红飘带”，蜿蜒在自然地面和草木之间。它整合了照明、座椅、背景音乐播放以及指向等多种功能。为了在城市化进程中尽可能保护江河自然流淌的廊道，这个项目采取了最小干预的设计手法，取得了令人深刻景观改善效果。

项目概况

地址：中国，秦皇岛市，港城大街和北环路之间的汤河东岸。**合作设计师**：凌世红。**委托方**：中国，河北省，秦皇岛市园林局。**完成时间**：2008年。**产品量**：单件。**设计方式**：个性化设计。**功能**：座位、照明。**主要材料**：钢。

↑ | 鸟瞰
← | 日落时分

←|雪中的红飘带
↓|设计构思图

山田良和山田绫子

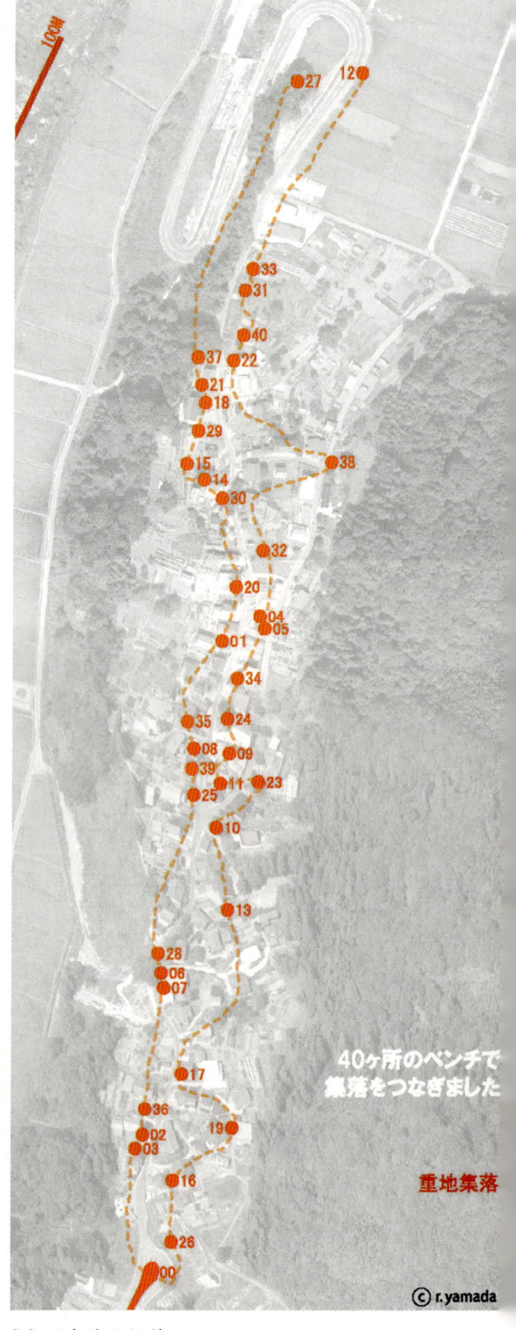

↖↖ | 房前的长椅
↖ | 紧邻纪念碑的座凳
↑ | 总平面设计
↖ | 座凳阵列

Nakasato Juji 项目

新泻，十日町市

这个项目是在农业地区设计一个路边公园。基地上原有一座老房子，在道路拓宽工程中被拆除。设计师抓住了该社区的精髓，把那栋老房子和本地其他传统建筑的特征作为设计的主题。新设计的很多材料都取自拆毁的老房子，新设计提供了很多场地给当地居民种植花草。

项目概况

地址：日本，新泻，十日町市，Juji Nakasato。**委托方**：Art Front画廊和新泻县。**完成时间**：2006年。**产品量**：系列品。**设计方式**：批量化设计。**功能**：桌、椅。**主要材料**：废木料。

↑ |Rhodes 756 型长椅配Ceasarion BM958型废纸篓和Marquess 439/1型顶棚
↗ |Rhodes 767型座椅
↑ |Rhodes 756型长椅
↗ |Rhodes 767型座椅

Rhodes系列座椅

穿孔铁丝网的运用使Rhodes系列座椅看上去非常通透。座椅的丝网面是由2~3mm金属丝编制成菱形孔洞的网格。座椅是由2.5英寸钢管支撑在橡胶支座上或者锚固在粗糙的水泥地面。所有的支架和紧固件都是由6mm厚的金属材料制成。镀锌再喷涂纯聚酯纤维涂料，座椅颜色都是从德国工业标准色卡（RAL）选用。

项目概况

地址：拉马特沙龙市，耶路撒冷首都区。**完成时间：**2009年。**产品量：**系列品。**设计方式：**批量化设计。**功能：**座位。**主要材料：**穿孔金属板、不同色调的石饰面基座。

山田良和山田绫子

↑ |一组座椅

无名花园

札幌

这个受欢迎的室外空间不仅可供个人使用，也可以供一群人同时使用。就像公园长椅提供自由的感觉一样，这些座椅的灵活布置提供了一种平和的感觉，也能被众人分享使用。该设计的基本理念就是简单构件的重复布置，并且可以通过增加额外构件和简单的修改适应未来不断变化的需求。使用大批量生产的木构件便于维护保养，也便于拆装到其他地点。这些作品的规划、设计和制作都是由建筑师山田良亲自完成。

项目概况

地址：日本，札幌，Shower街。委托方：札幌市。完成时间：2008年。产品量：系列品。设计方式：个性化设计。功能：座位、公告牌、桌子。主要材料：木。

↑|座椅

↓|平面图和平面细部

↓|不同高度可作座椅或桌面

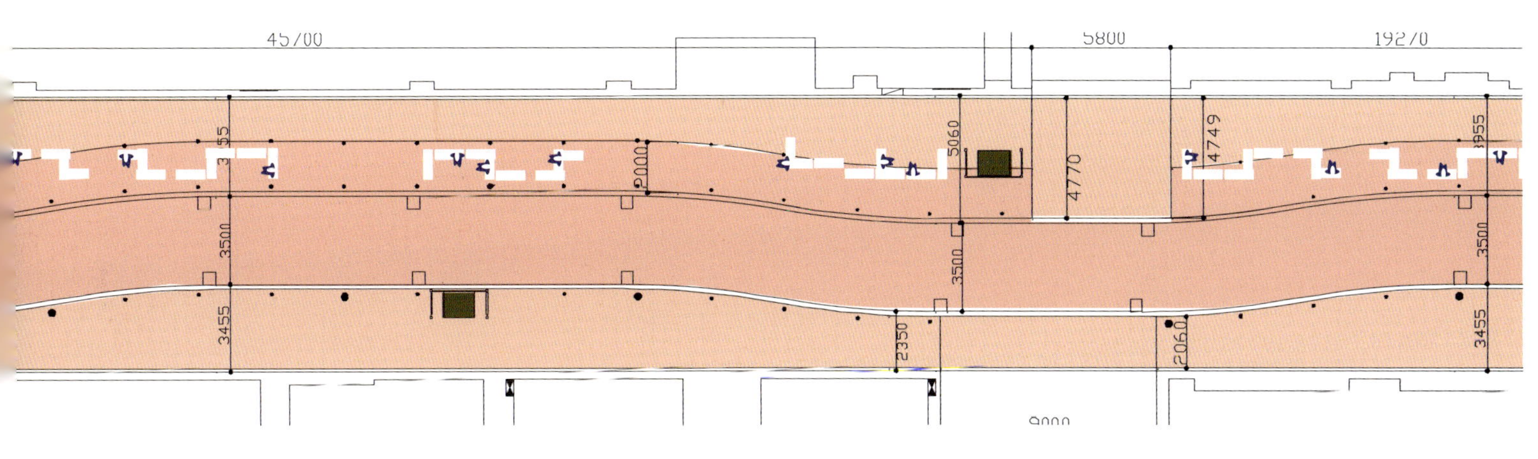

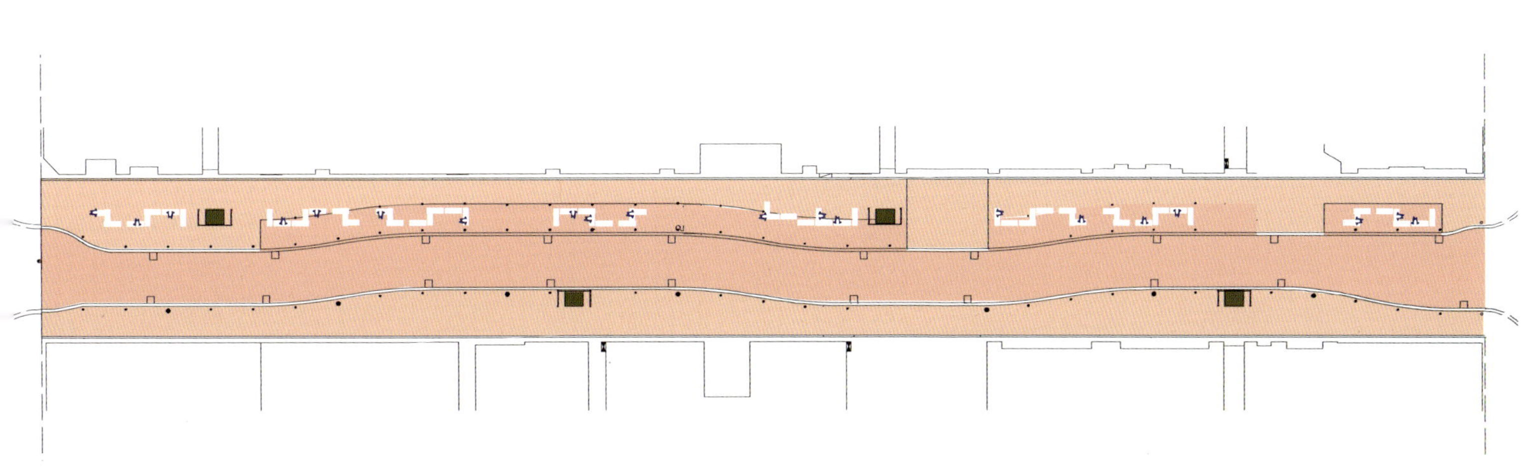

↑|坐卧都很舒适的泡泡椅

泡泡椅

Camana湾

Camana湾是可持续发展的大开曼岛的一个充满活力的社区。由OLIN专门为此社区设计的泡泡椅契合了市中心栀子花影院庭院的梦幻水世界主题。天蓝、橙色和深海绿色唤起人们对环绕大开曼岛的暗礁上的珊瑚和植物的联想。入夜后会有变幻的照明，环状的灯光如同一圈圈水波荡漾开去，泡泡椅就像个气泡一样从深海升起。这种效果仿佛来自海底的另外一个世界的美景，也唤起人们对大开曼的体验。泡泡椅活泼的非凡灵感直接来源于自然之美。

项目概况

合作设计师：Epoch产品设计公司。**委托方：**开曼滨海发展公司。**完成时间：**2009年。**产品量：**单件。**设计方式：**个性化设计。**功能：**座位、照明。**主要材料：**热成型丙烯酸，不锈钢。

↑|泡泡椅组装图

↓|泡泡椅和灯光喷泉

↑|黄昏时刻被照亮的泡泡椅

OLIN / Lucinda R. Sanders

↑|弧形的玻璃长椅

玻璃长椅

纽约市

距离世贸中心“零地带”仅数个街区的周边地带和入口广场需要整治，以便更加清晰的界定和保护建筑周围的景观，更好的发挥这个公益机构的使命。解决方案体现了矛盾的统一：用一个玻璃长椅兼作安全防护栏。宽大的由回收再利用玻璃制成的半透明长椅表现了友善、精美和变幻的主题。但是在这玻璃表皮以内，是坚固的安全防护障碍。隐藏在座椅内的钢柱深深的插入混凝土基座，起到阻挡汽车的作用。入夜后，被照亮的长椅散发出令人难忘的美丽的蓝色光辉。

项目概况

地址：美国，纽约州 10280，纽约市，Battery Place街36号。**合作设计师**：Domingo Gonzalez建筑照明设计，Joel Berman玻璃厂，Dewhurst Macfarlane和合伙人事务所。**委托方**：犹太文化遗产博物馆。**完成时间**：2007年。**产品量**：单件。**设计方式**：个性化设计。**功能**：座位，照明，围墙。**主要材料**：重蚁木，不锈钢，压花玻璃，混凝土。

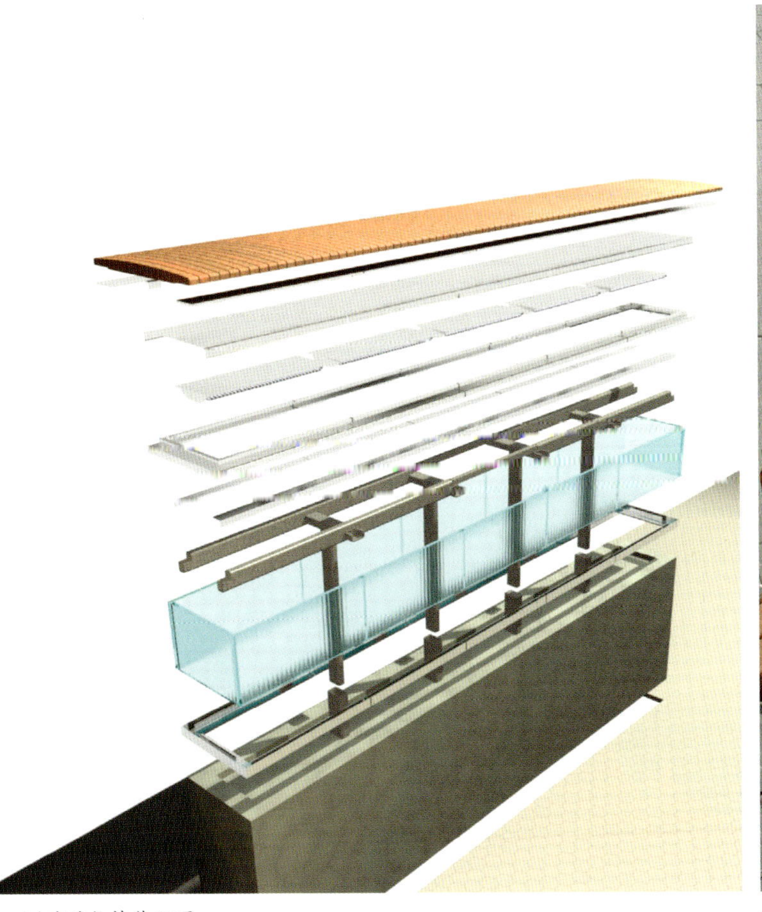

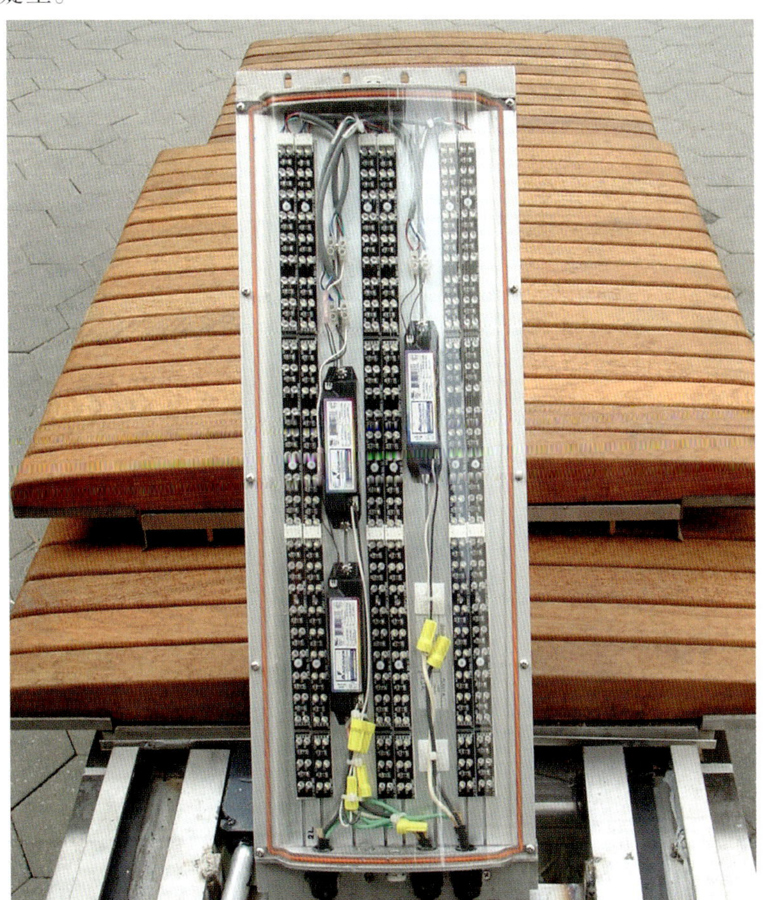

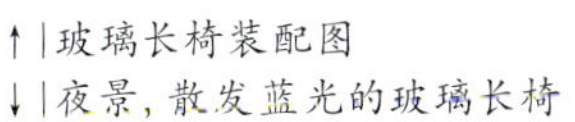

↑ | 玻璃长椅装配图

↓ | 夜景，散发蓝光的玻璃长椅

↑ | 固定在椅面木板下的灯具

KOMPLOT设计公司/ Boris Berlin, Poul Christiansen

↑|在“09哥本哈根设计展”前坪的椅子和桌子
→|近景

混凝土故事

哥本哈根

混凝土故事是一系列户外混凝土设施，体现了公共空间中个体和群体的关系。它们都是由简单几何形体构成，在使用者的接触面上有一层类似路面铺装的创造性网格，仿佛保存了使用者曾经坐过的痕迹。在网格的交点处开有排水口，以保持椅面干燥。脱模之后的格栅加上纤细的钢管构成一个轻盈的框架，成为厚重的混凝土座椅的虚像。

地址：丹麦，哥本哈根 2100，Blegdamsvej 9，哥本哈根大学医院，Rigshospitalet医院。**合作设计师**：丹麦技术研究院。**委托方**：瑞典NOLA Industrier AB公司。**完成时间**：2009年。**产品量**：系列品。**设计方式**：个性化设计。**功能**：座位，种植槽，分隔空间，保护立面。**主要材料**：自密实混凝土，涂层不锈钢杆件。

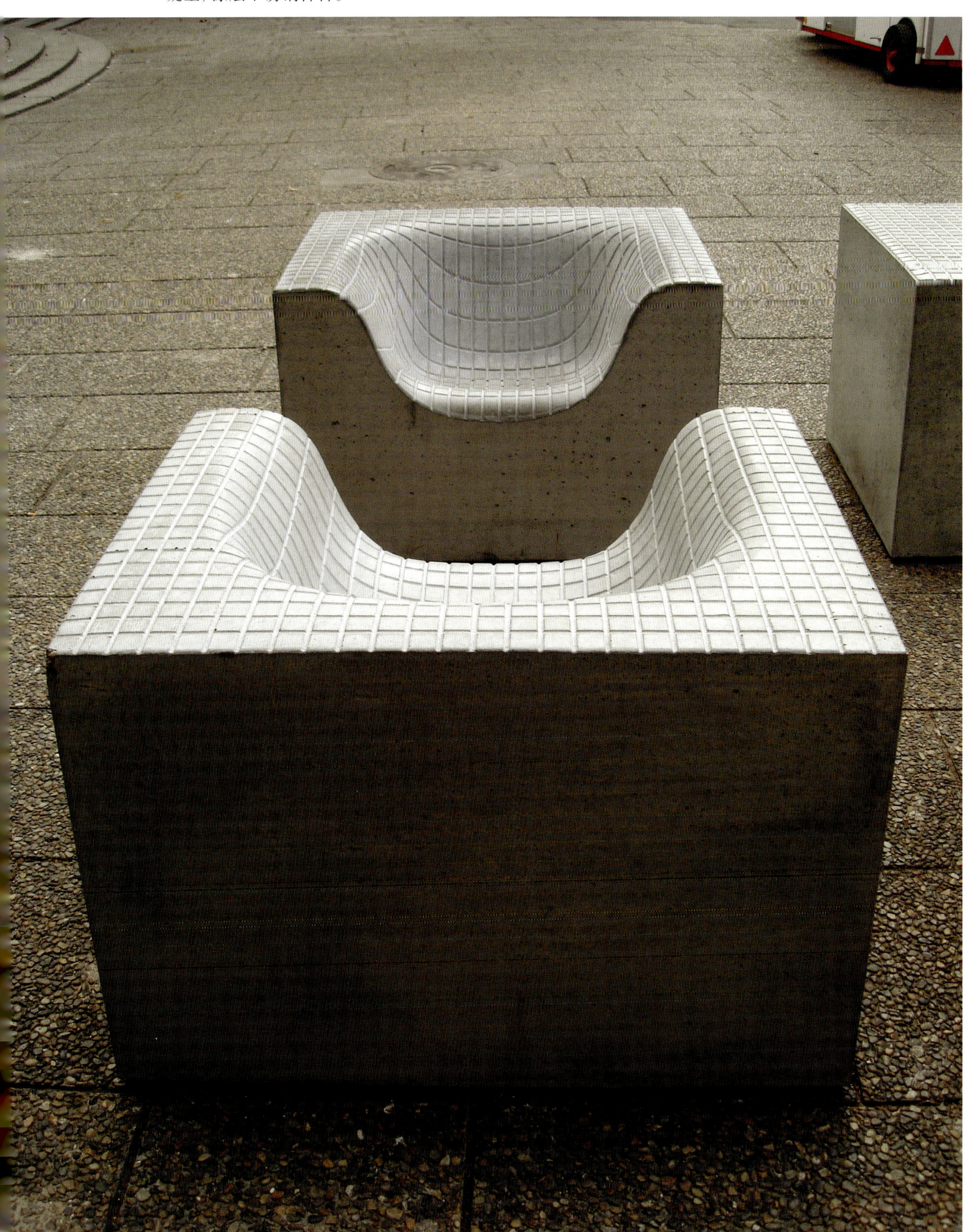

↑|哥本哈根大学医院的候诊区
←|混凝土椅子
↓|框架：混凝土椅子的虚像

←|混凝土椅子和桌子
↓|近景

灯具和标识

垃圾桶

边界

自行车架和游戏设施

座椅

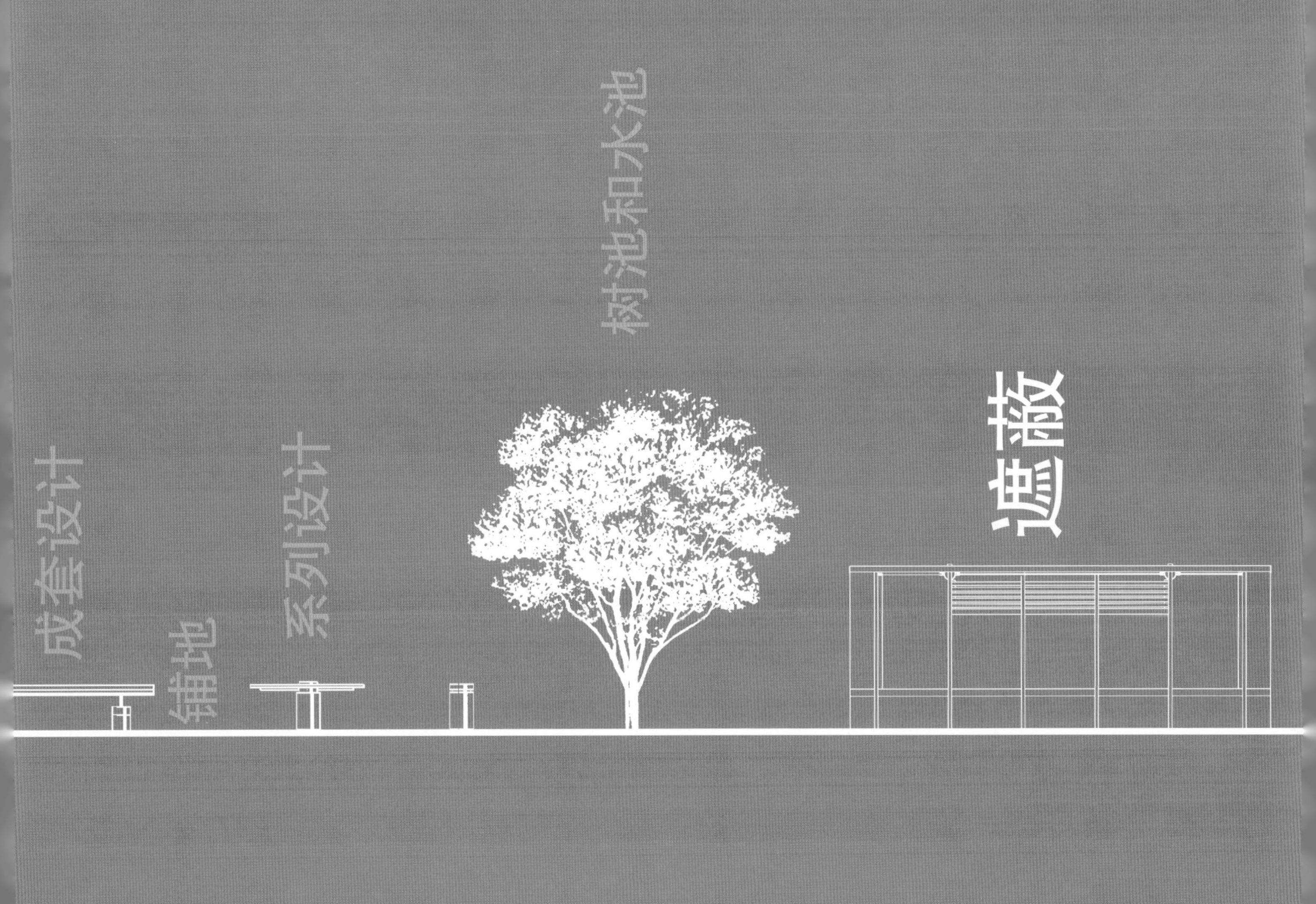
成套设计
铺地
系列设计
树池和水池
遮蔽

Buro North / Soren Luckins

↑ | 从儿童视角看凉棚，可见LED信息显示板
↗ | 凉棚可以轻松的转动以对准太阳
→ | 细部

“阳光面纱”凉棚

“阳光面纱”是为澳大利亚小学校园设计的太阳能收集器，它的造型既注重实效又富有内涵。作为进行能源消费教育的教具，该交互式设计在能源和环境之间建立起直接的视觉联系。该设计的最大特征是一块宽大的太阳能面板，每天的不同时刻小朋友都可以转动它以便对准太阳。该面板的下面有收集太阳能量的即时信息显示。如果对准了太阳的话，显示板上会点亮很多；如果方向不准，则显示只收集到很少的能量。

项目概况

委托方: 维多利亚生态创新实验室。**完成时间:** 进行中。**产品量:** 系列品。**设计方式:** 个性化设计。**功能:** 遮蔽,收集太阳能,教育。**主要材料:** 铝,膜材料。

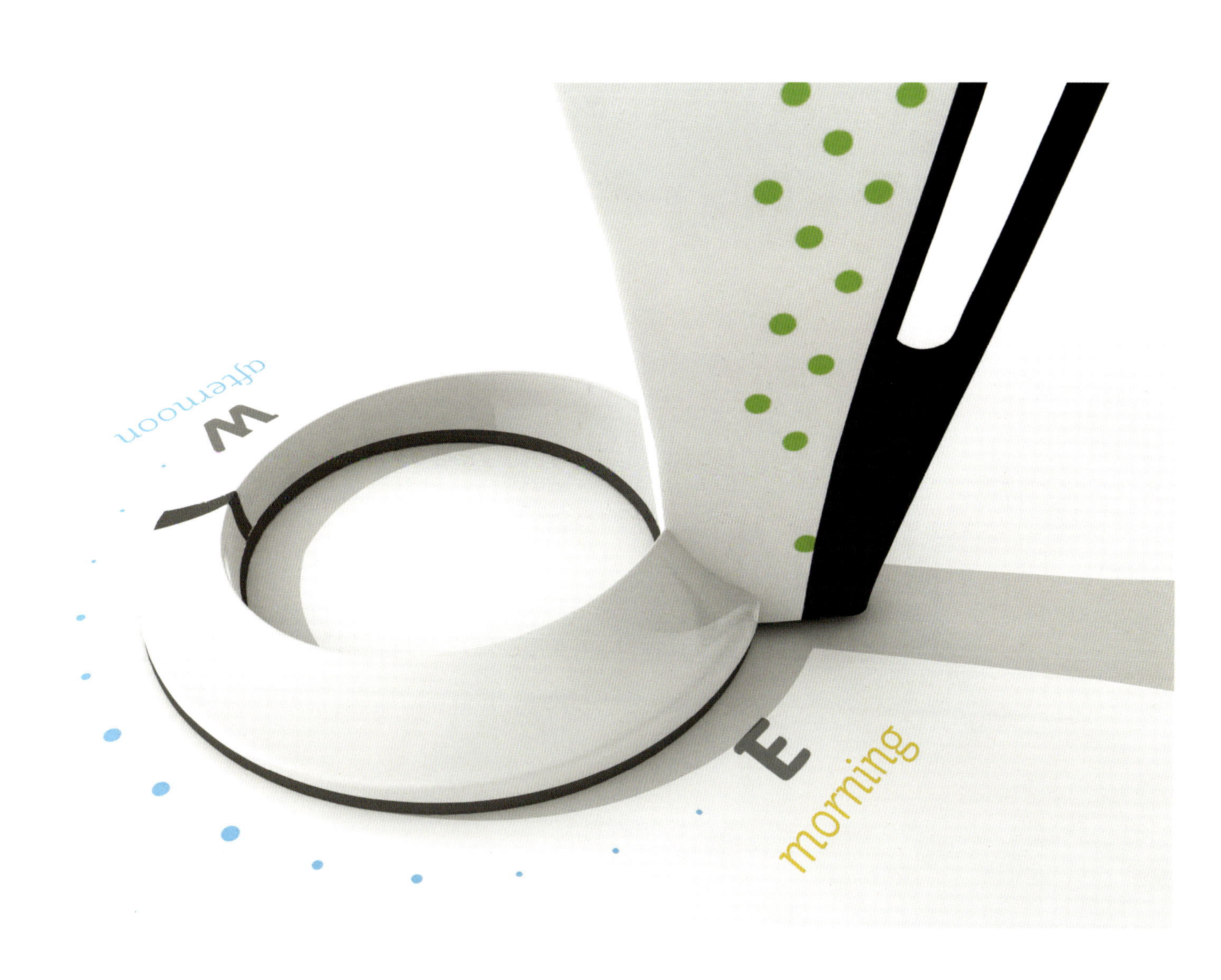

←|设计草图
↓|立面
→|校园里的凉棚

Grimshaw / Nicholas Grimshaw

↑|公共汽车候车亭透视
→|报刊亭透视

用于特许经营的街具

纽约

Grimshaw和Cemusa一起设计了一系列街具，未来20年它们将在纽约市安装和使用。该系列包括公共汽车候车亭、报刊亭、投币公共卫生间。这些设施因为要在街道环境使用，所以结实耐久是设计首要的考虑。这些设施尽量采用可循环利用的材料，包括隔热钢化玻璃和不锈钢。因为要承受粗暴的使用，所以这些高质量的街具材料都是能够自清洁的。在融入城市文脉方面，该设计在追求独特性的同时尽可能低调，把对城市景观的视觉和空间干预降到最低。

项目概况 **合作设计师**：Grimshaw工业设计公司，Billings Jackson设计公司，STV公司。**委托方**：Cemusa公司。**完成时间**：2007年。**产品量**：系列品。**设计方式**：批量化设计。**功能**：座位，卫生间，遮蔽，报摊。**主要材料**：钢，玻璃。

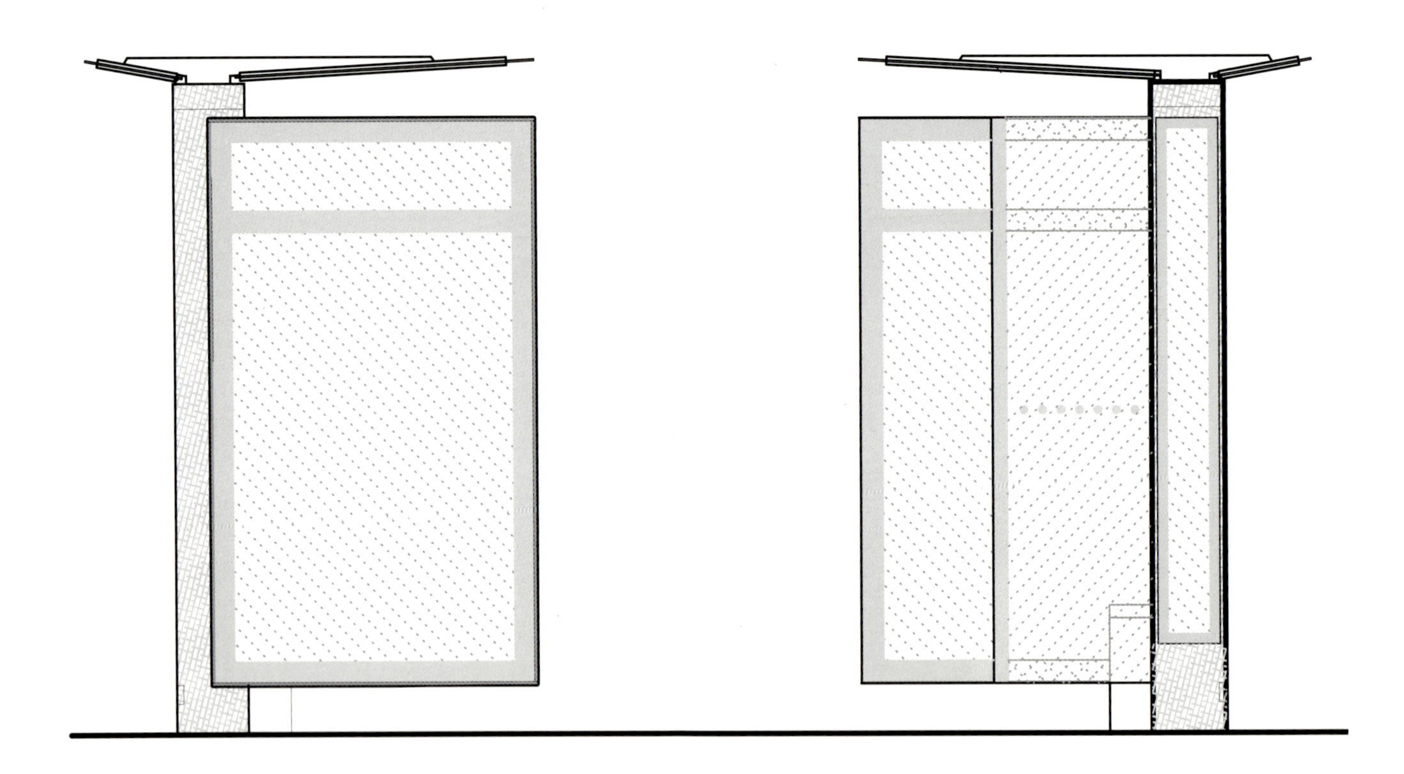

↑|公共汽车候车亭侧立面
←|公共汽车候车亭透视

←|公共卫生间

↓|公共汽车候车亭正立面

↑|1998年里斯本世界博览会上的公共电话柱

葡萄牙电信公司的公用电话柱

这种公用电话柱首次出现于1998年里斯本世界博览会（Expo`98）的会场，之后推广到葡萄牙全国。最基本的构件是一根三角形平面抹圆角的柱，玻璃隔间作为附件可以添加到基本平面上。模数化的不锈钢面板由内部的钢结构支撑。整个面板体系由9块面板（上下3层，每层3块）组成。中间层的面板可以镶嵌1～3部电话机，电信公司标志固定在上层面板上，而底层面板则包裹着整个电话柱的基座。

项目概况

委托方: 葡萄牙电信公司。**完成时间:** 1998年。**产品量:** 系列品。**设计方式:** 个性化设计。**功能:** 公用电话柱。**主要材料:** 不锈钢。

↑ | 细部

↑ | 使用中的公共电话

↓ | 不同组件的组装透视图

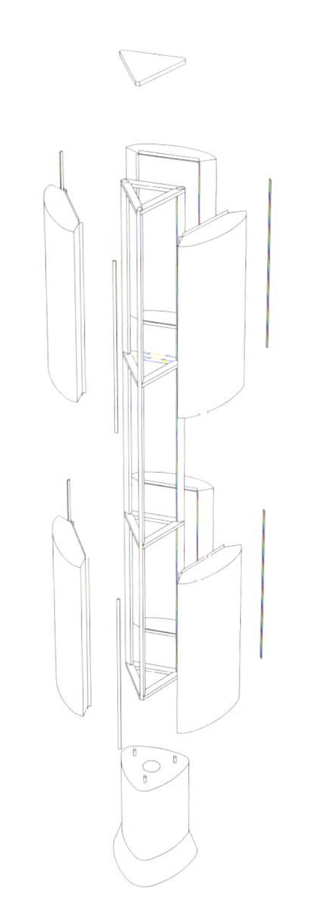

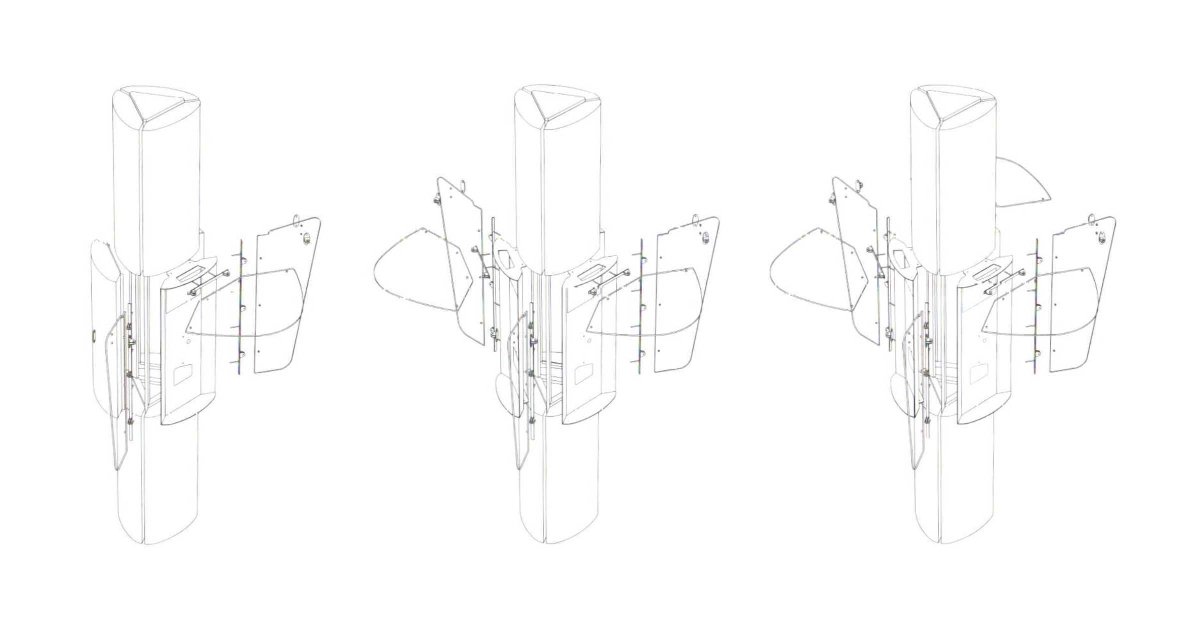

Pedro Silva Dias

↑|弧形玻璃侧板包裹的钢柱

葡萄牙电信公司的公用电话亭

该设计延续了葡萄牙电信公司之前的公共电话柱的材质和线形，设计目标是创造一个尽可能通透的、可以适用于任何城市环境的电话亭。电话亭依然沿用三角形平面，创造出一个满足功能需要的小空间。电话机安放在三角形的一个角落，与常规的方形电话亭相比减少了空间浪费。电话亭的侧墙是2片固定在不锈钢柱上的玻璃板。弧形的玻璃板减小了电话亭的体量感和方向感，也使它适用于各种公共空间。

项目概况

委托方：葡萄牙电信公司。**完成时间**：2007年。**产品量**：系列品。**设计方式**：个性化设计。**功能**：电话亭。**主要材料**：钢，玻璃。

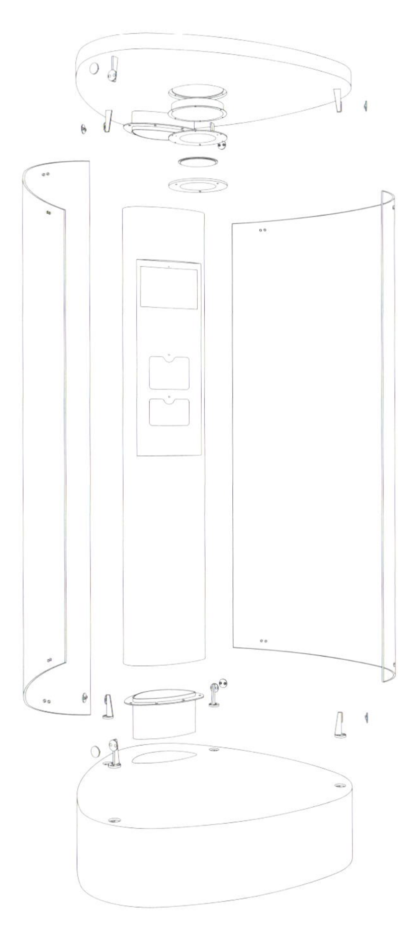

↑|组装透视图

↓|玻璃侧墙固定件细部

↑|电话亭透视

↑ |关闭状态的报刊亭

→ |报刊亭背面

报刊亭

肯辛顿和切尔西

肯辛顿和切尔西城区内这些新设计的报刊亭将取代那些陈闷的矩形旧报刊亭。那些旧报刊亭晚上拉下卷帘门显得萧条和冷漠，而平整的外表则成为涂鸦者的画布。新的设计创造了一个没有平整表面的报刊亭，售报窗可通过机器开启和关闭，减轻了报贩的劳动强度，而且夜里和白天同样好看。新报刊亭还有一个特点就是符合人体工学的报刊架设计减少了外表面遭受暴力破坏的可能。

项目概况

委托方：肯辛顿和切尔西皇家自治市。完成时间：2007年。产品量：系列品。设计方式：个性化设计。功能：售货亭。主要材料：木，玻璃，有光泽的黄铜。

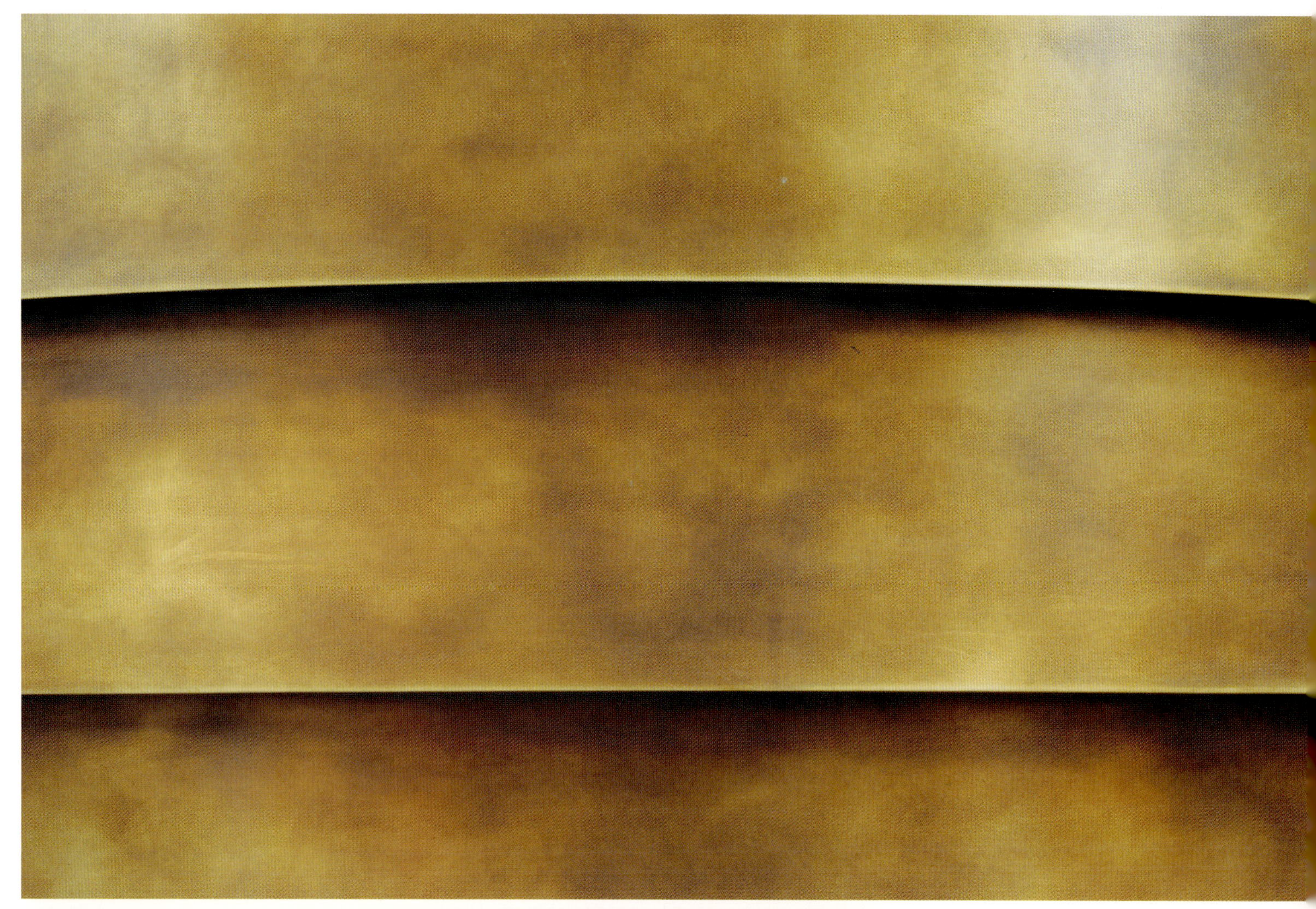

↑｜细部

←｜层层出挑的构造

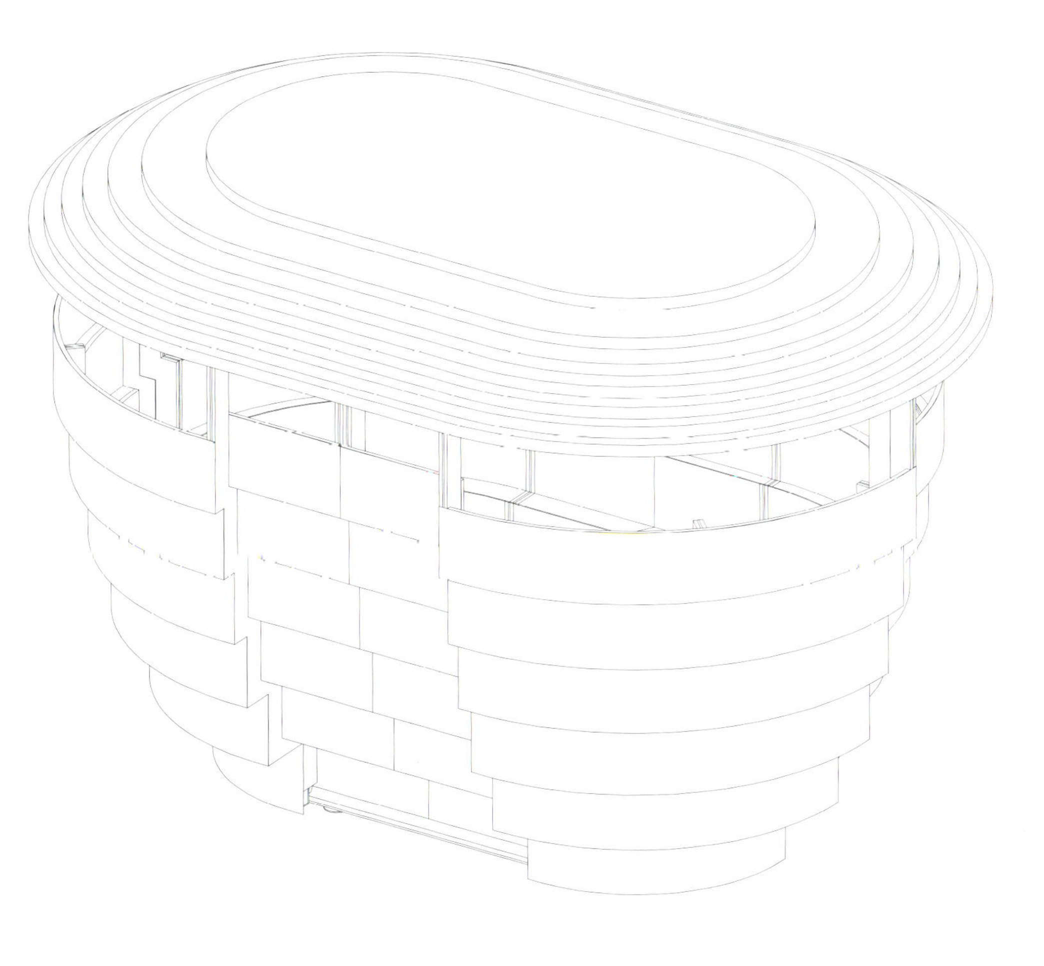

←| 轴测图

↓| 半开状态的报刊亭正面

Estudio Cabeza / Diana Cabeza, Leandro Heine, Martín Wolfson

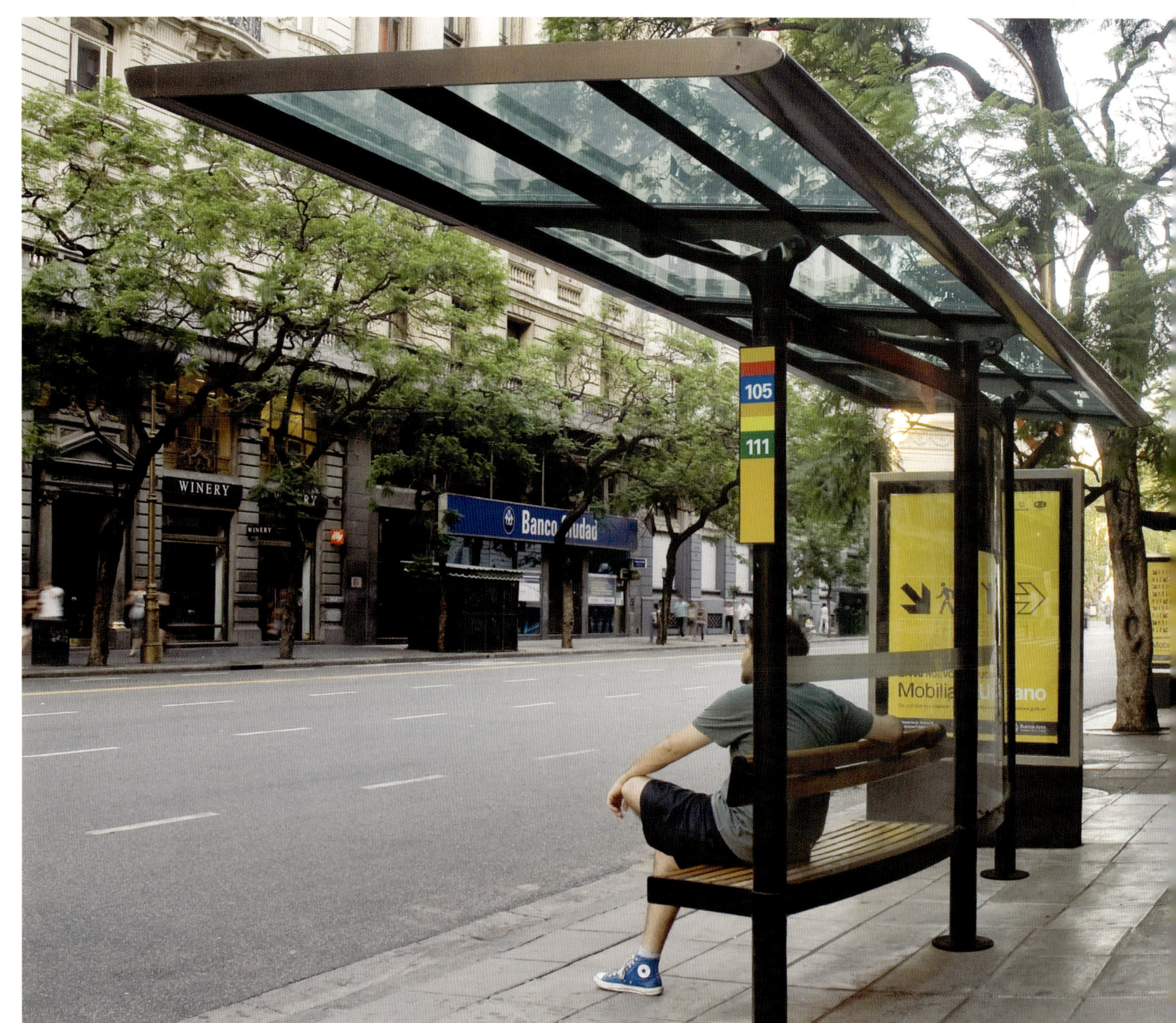

↑ | 公共汽车候车亭

城市家具和设施

布宜诺斯艾利斯

城市设施必须与其所处的地理和人文环境相协调，必须与整体氛围相和谐同时又有自己的个性。这些设施都将安放在人行道上。前后两面的设计使人们可以从不同方向接近和使用它们。这些设施创造了个人领域和公共空间之间连续性，一改人行道的单调乏味，赋予城市动感活力的形象。该项目既关注城市历史遗产的保护，也为城市日常生活提供了现代元素。可接近易使用是整个城市设施系统设计的基本原则。

项目概况

地址：阿根廷，布宜诺斯艾利斯市。**图形设计：**Osvaldo Ortiz, Gabriela Falgione, Pablo Cosgaya, Marcela Romero。**委托方：**布宜诺斯艾利斯市政府。**完成时间：**2005年。**产品量：**系列品。**设计方式：**批量化设计。**功能：**遮蔽，标识。**主要材料：**铸铁，彩钢，结构钢，贴有透光聚乙烯醇缩丁醛的绿色平板玻璃。

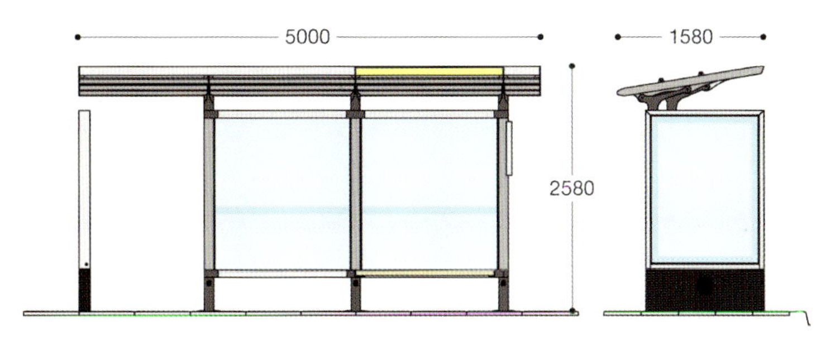

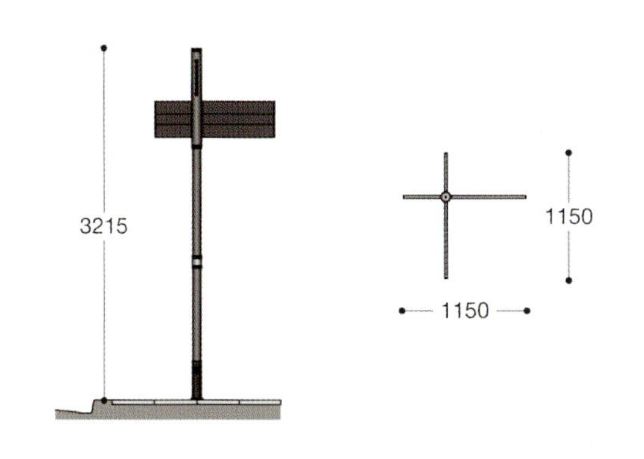

↑|平面和立面

↓|公共汽车候车亭

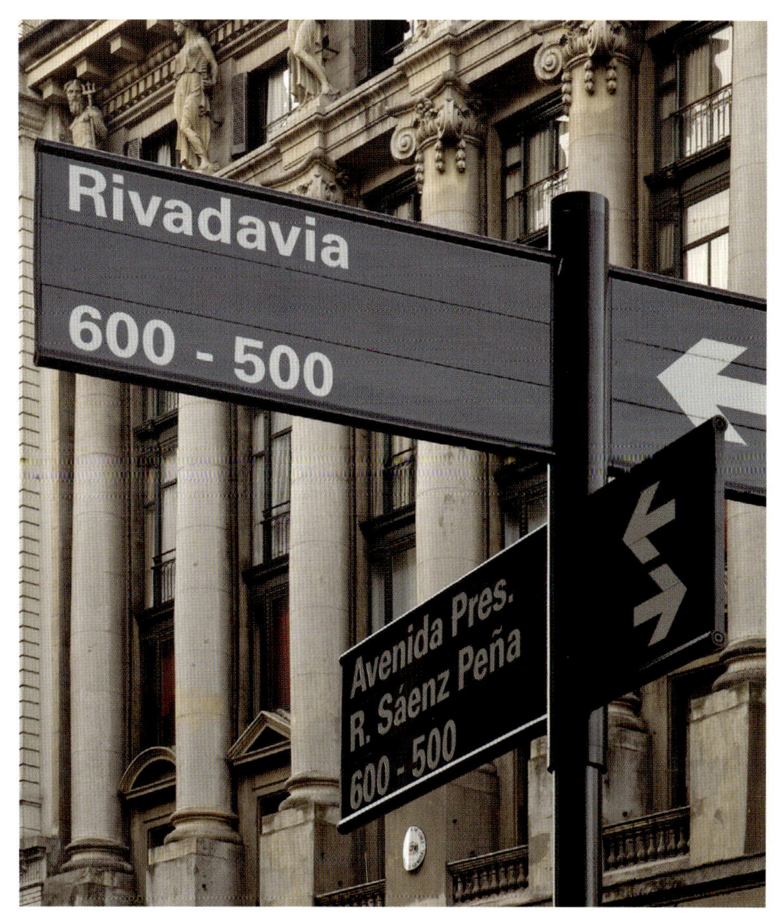

↑|路牌指示系统

Architektin Mag. arch.
Silja Tillner, Prof. Valie
Export

↑|旱桥下的玻璃盒子
→|透明的玻璃盒子

Kubus展厅——透明的盒子

维也纳

这是一个完全透明的玻璃盒子，放置在维也纳主要的Gürtel环路的一座旱桥下。它的功能是提供一个艺术作品的展示提供一个宽敞明亮的空间。有一扇大门开向主要环路。完全透明的玻璃结构保证了旱桥下环路两侧的视觉通透。承重结构是由两端的玻璃肋和顶部的玻璃横梁所构成的四榀玻璃框架。这些玻璃框架之间安装有夹层安全玻璃。玻璃墙的内侧地面铺有一道发光带，使整个玻璃盒子看上去就像飘浮在地面上。

项目概况

地址：奥地利，维也纳 1160，Brücke Friedmanngasse 3，Gürtel大街。**合作设计师**：Ingenieurbüro Vasko和合伙人事务所，F&A Fenster-Glas-Sonderkonstruktionsbau GmbH。**委托方**：MA 57，Frauenbüro。**完成时间**：2000年。**产品量**：单件。**设计方式**：个性化设计。**功能**：艺术品，展示空间，舞台。**主要材料**：玻璃。

↑ |夜景，地面发光带照亮了整个玻璃盒子
← |剖面和平面
→ |夜景，整个结构看起来非常轻盈，就像悬浮在空

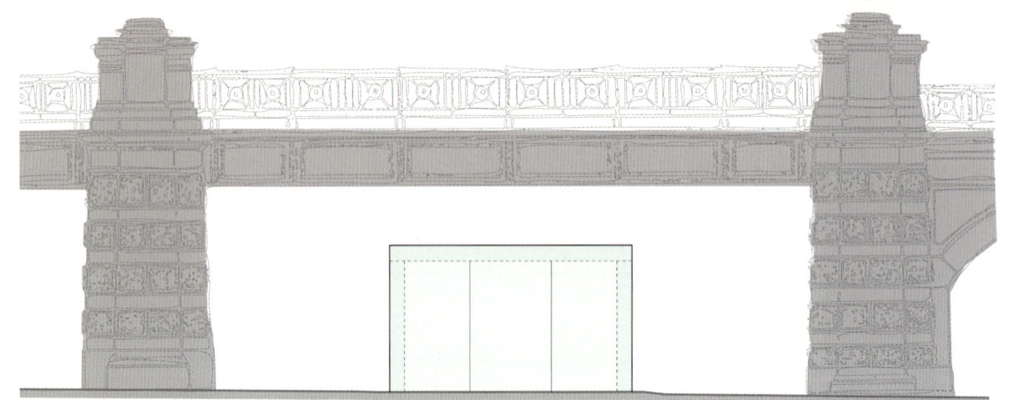

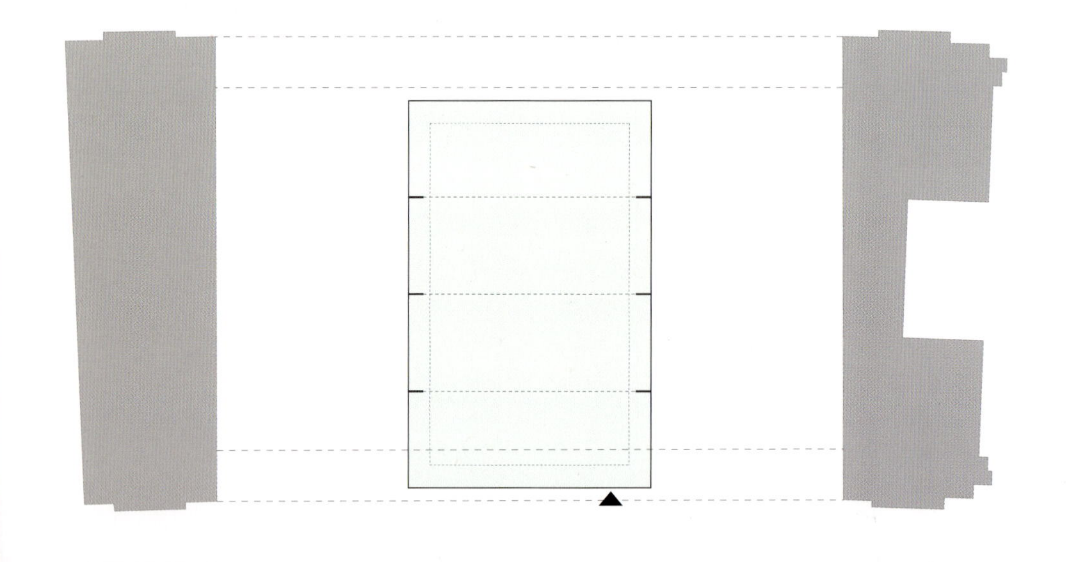

mmcité a.s. /
David Karásek,
Radek Hegmon

↑ |**Regio**系列候车亭，全貌
↘ |**Regio**系列之中**Rg210b**的平立剖面图

Regio系列候车亭

Regio系列候车亭的通透外观是为了最大限度的降低对城市景观的影响。曲线的顶盖结构体现了现代简约而又不失精致的风格。Regio系列候车亭全部由木材、玻璃和钢材制成，包括若干基本原型：从没有侧挡墙的开放式候车亭到三面围合的形式，能够满足各种公共交通站点的设施需求。该系列的顶棚也是多样化的，包括平板式、倾斜式和翼状等多种形式。Regio系列是一个既简约又耐看现代城市家具系列作品。

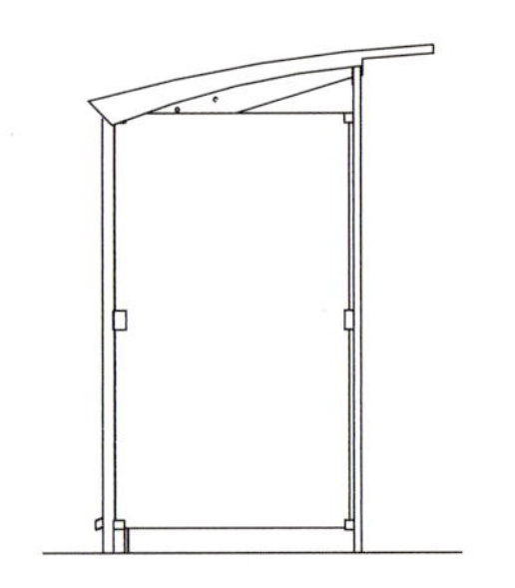

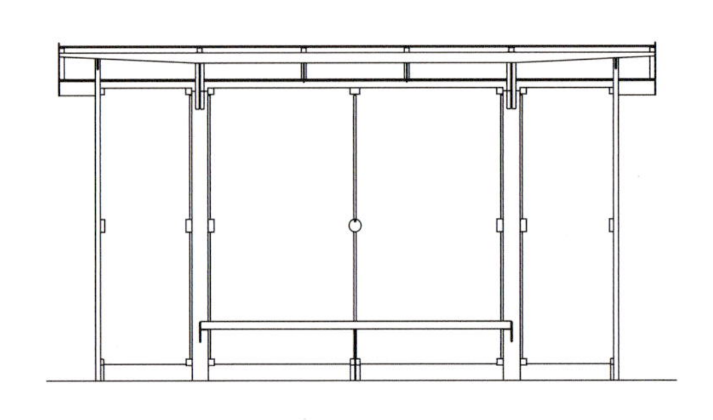

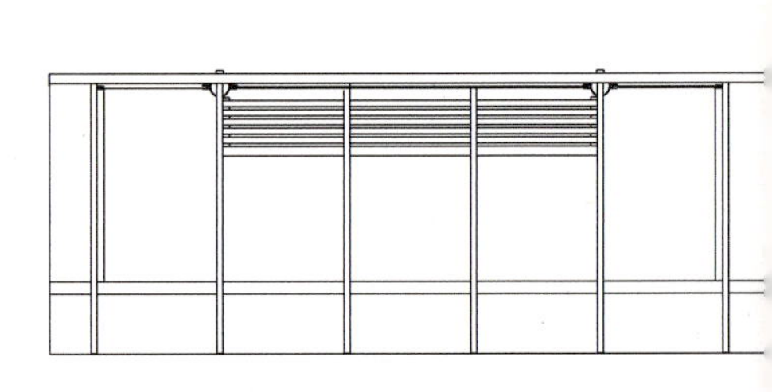

项目概况

委托方：mmcité a.s., TEC Gembloux。**完成时间**：1998年。**产品量**：系列品。**设计方式**：批量化设计。**功能**：遮蔽。**主要材料**：钢，玻璃，木。

|框架和玻璃的节点细部

|玻璃紧固件细部

↓|木质长椅和玻璃挡墙细部

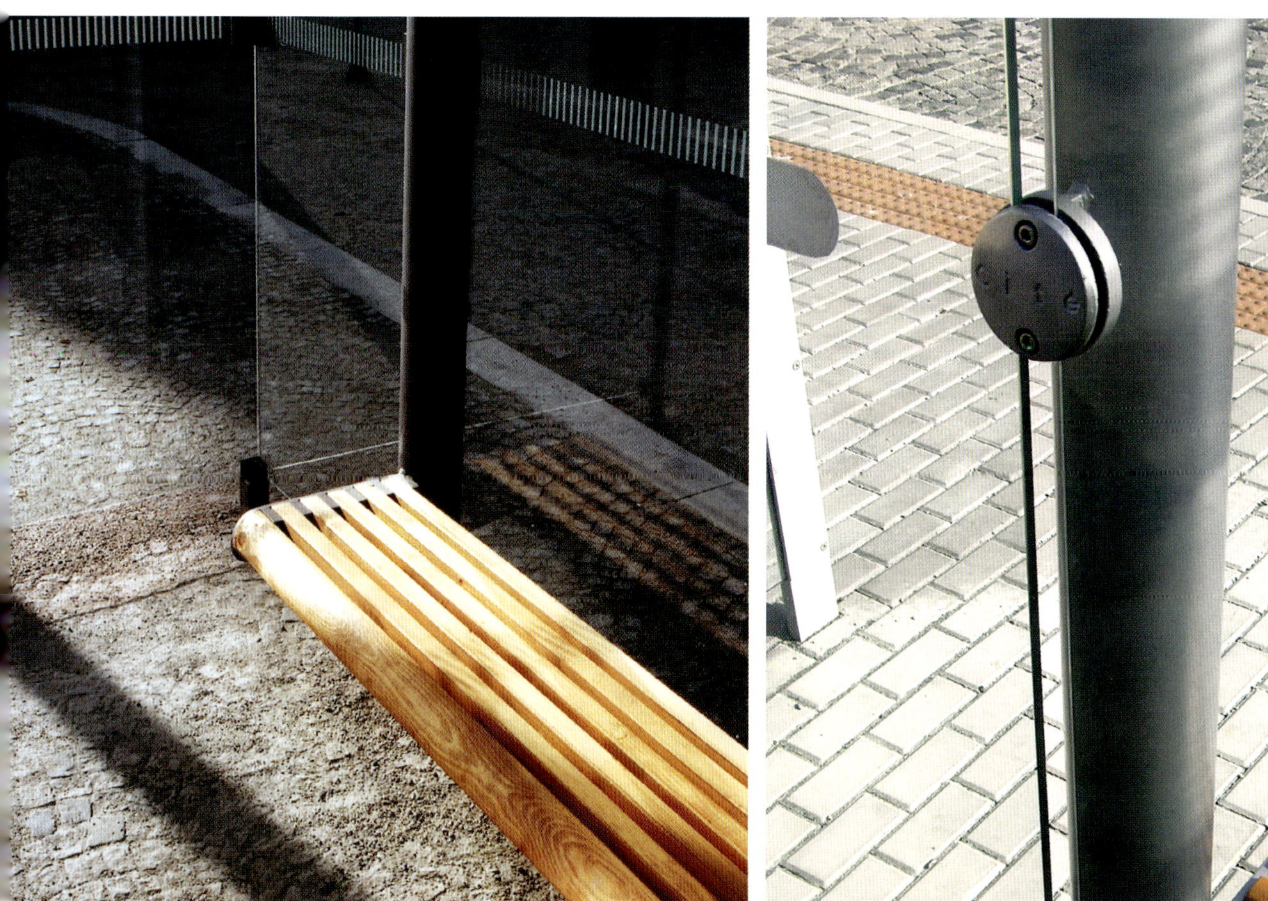

Bacco Arquitetos Associados / Jupira Corbucci, Marcelo Consiglio Barbosa

↑ | José Maria Lisboa 公交站

公交中转站

圣保罗市

该设计既要解决市政当局提出的功能需求，又试图改变人们对于这类型设施的成见。这些公交中转站被认为不应该有一个所谓的“立面”，以降低对周围环境的影响。纵剖面方向的模数化设计和顶棚的透视处理手法解决了对周围环境的影响问题。整个中转站被设计成一个两端弯曲成弧形的有柱顶棚，通过引入汽车设计的空气动力学原理，在地面和顶棚之间通过连续性的手法界定出一个候车空间。

项目概况

地址: 巴西,圣保罗市,七月九日大街、Rebouças大街等地。**委托方:** 圣保罗交通局。**完成时间:** 2004年。**产品量:** 系列品。**设计方式:** 批量化设计。**功能:** 公共汽车候车亭。**主要材料:** 钢。

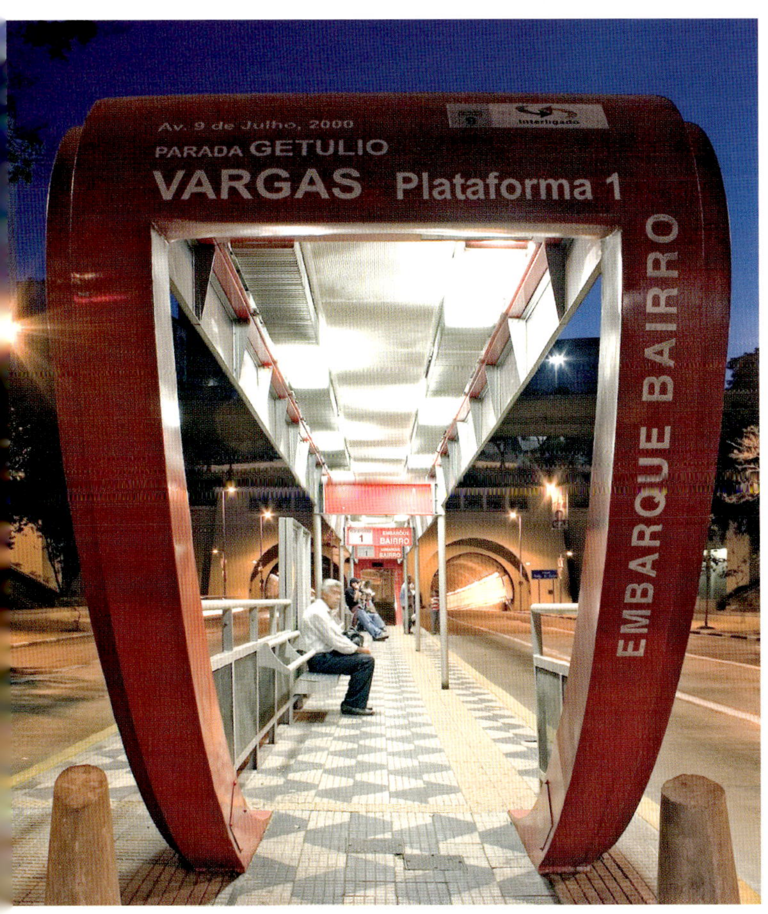

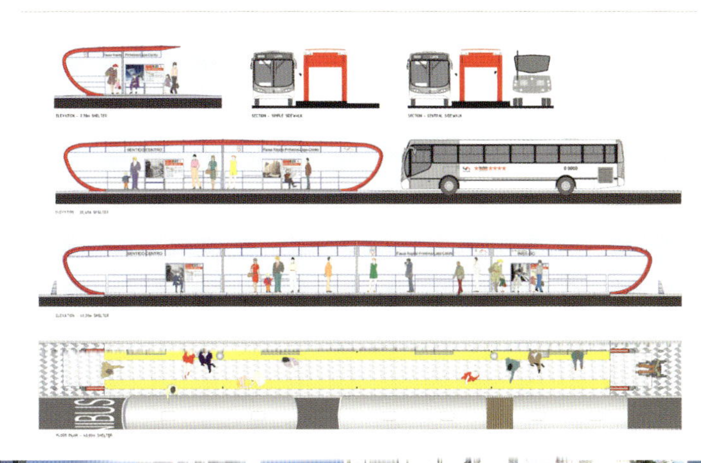

↑|**Getúlio Vargas**站的细部
↓|七月九日大街站的鸟瞰

↑↑|基本模块的不同组合形式
↑|曲线型的设计

Miró Rivera建筑师事务所/ Juan Miró, Miguel Rivera

↑| 侧立面

得克萨斯牛仔纪念亭

奥斯汀

这个树丛之中的亭子扩充了校友中心建筑群的用途。位于足球场侧面的亭子为比赛前的活动和赛事结束后的集会、演讲和派对提供了合适的场所。扬声器、视频音频接口和可移动的聚光灯适应多样化的活动，整体式的风扇、间接照明和卷轴下拉式的遮阳帘为全年全时段的使用创造了条件。纪念亭富有表现力的结构形式来源于校友中心的花架。由钢梁、格栅和玻璃构成的屋顶系统支承在两个砖柱上，并由后张法预应力不锈钢拉索稳定。

项目概况

地址：美国，得克萨斯州，奥斯汀市，得克萨斯州立大学奥斯汀分校。**委托方**：得克萨斯校友会。**完成时间**：2004年。**产品量**：单件。**设计方式**：个性化设计。**功能**：多功能亭。**主要材料**：钢，玻璃和砖。

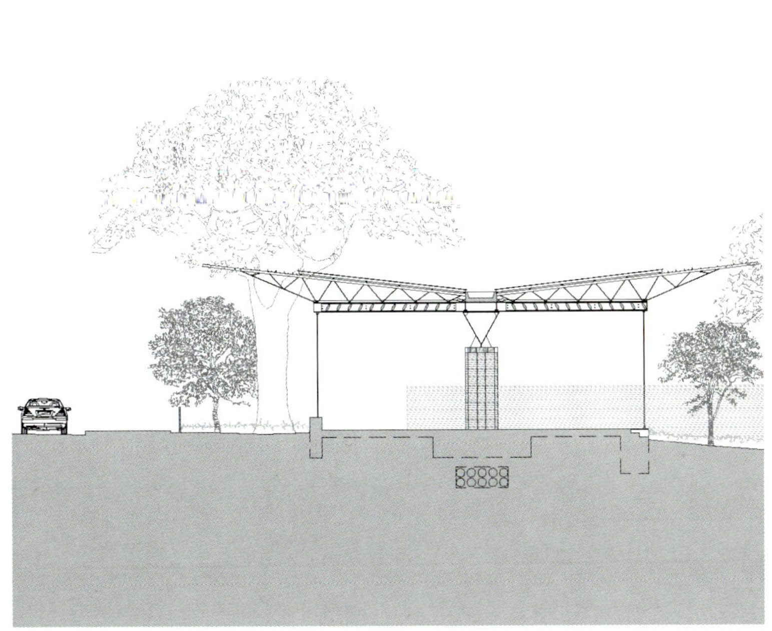

↑|剖面
↓|卷帘降下时的侧立面夜景

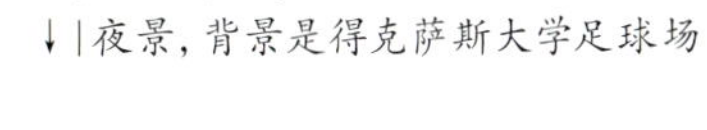

↑|钢结构近景
↓|夜景，背景是得克萨斯大学足球场

Rainer Schmidt
Landschaftsarchitekten

↑|中心公园的主轴线
→|靠近森林主题花园的凉棚

Schwabing公园市的中心花园

慕尼黑

Schwabing公园市中心花园四周都被6~10层的服务性建筑环绕。为了创造人性化的比例尺度，一系列10m×10m×10m的巨大凉棚建立起了公园的基本网格。这些凉棚将整个开放空间分为若干小尺度的主题花园，提供休闲场所。这些主题花园反映了与附近的阿尔卑斯山的视觉联系。这些小花园的主题包括：岩石、森林、山脉和湖泊、以及阿尔卑斯丘陵。

地址：德国，慕尼黑 80807，Oskar-Schlemmer-Straße。**合作设计师**：André Perret建筑师事务所。**委托方**：慕尼黑City Tec。**完成时间**：2002年。**产品量**：单件。**设计方式**：个性化设计。**功能**：亭子。**主要材料**：钢。

↑|设计草图

←|设计图

←|总平面图
↙|山脉和湖泊花园的透视图

BRUTO d.o.o. with Urban Švegl / Matej Kucina

↑ |绿地里的钢框架，小型单元模块
↗ |大型单元模块
→ |吸烟亭内部，大型单元

吸烟亭

卢布尔雅那

随着室内禁烟法令的颁布，某大型电信公司急需设计一个吸烟亭。这是一组可移动的标准单元模块，可以组装成不同的形式。所有单元模块都是3m×3m×3m的钢制立方体填充不同的表面材料和细节。它们可以不同方式连接，组成大小不同的模数化的亭子间。

地址：斯洛文尼亚，卢布尔雅那 1000，Vojkova 78。**委托方**：Mobitel d.d。**完成时间**：2008年。

产品量：单件。**设计方式**：个性化设计。**功能**：遮蔽，座位。**主要材料**：钢结构，复合木板，聚碳酸酯板。

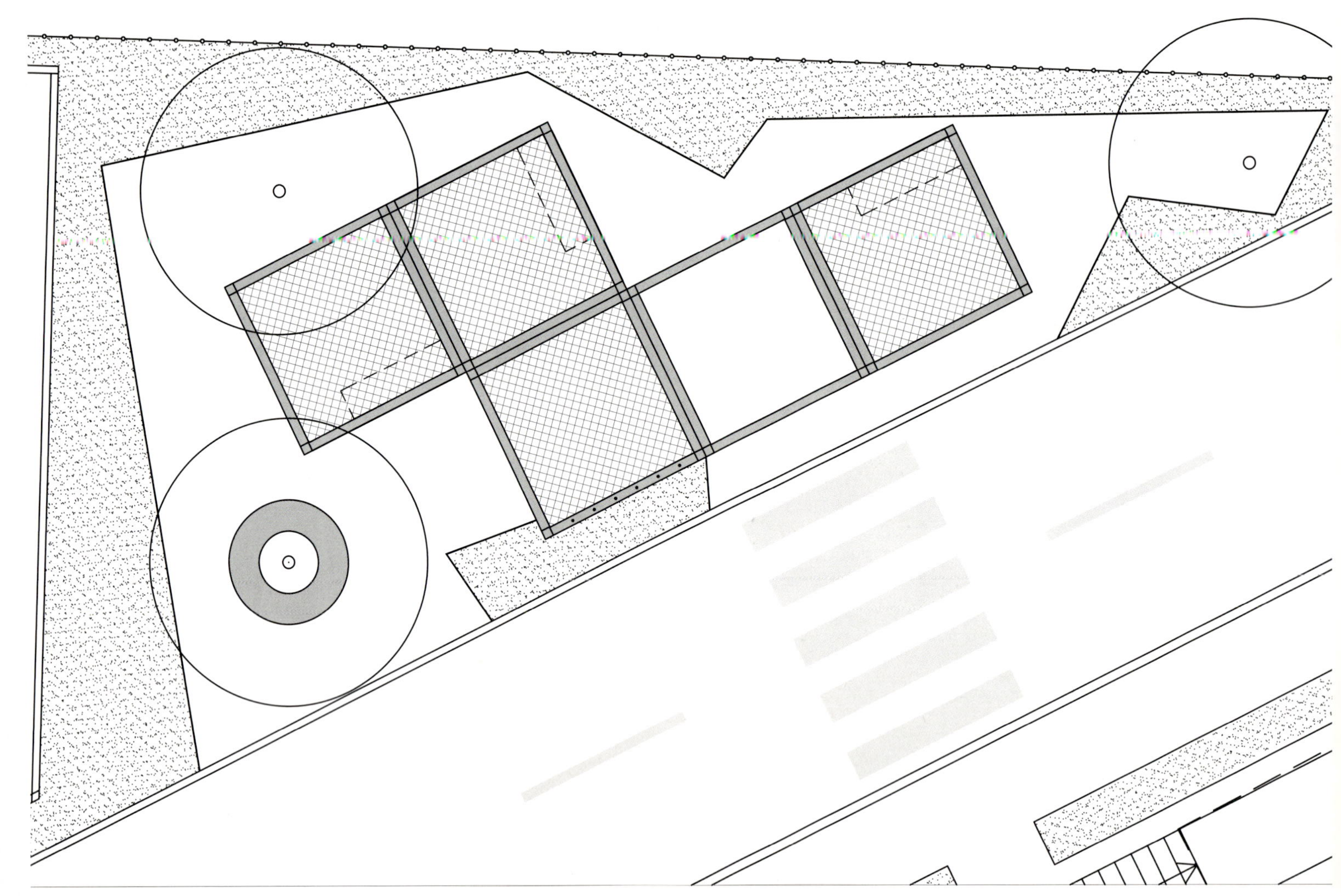

↑| 总平面图
←| 吸烟亭透视

←| 单元模块

↓| 设计图纸

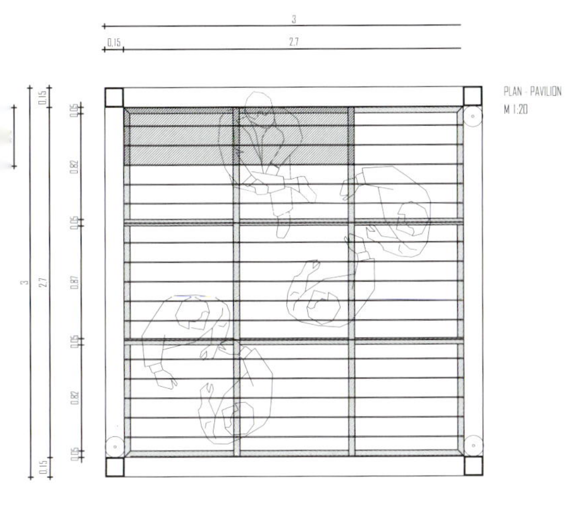

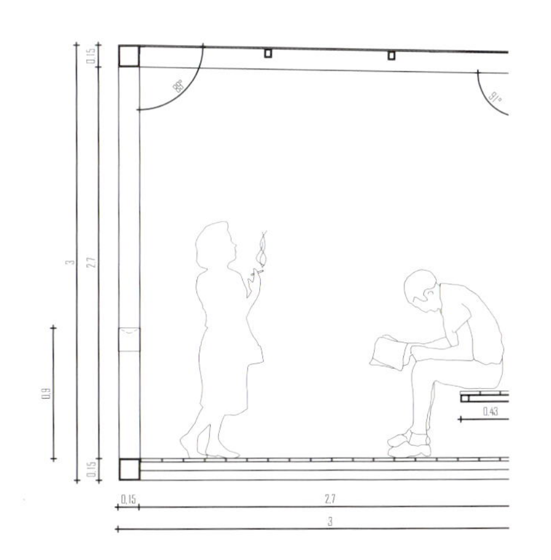

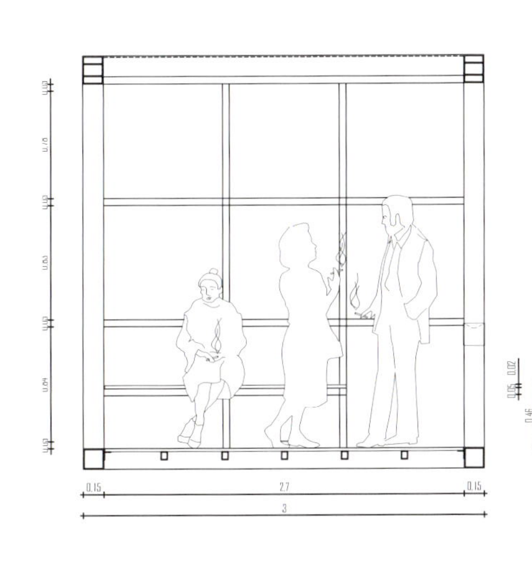

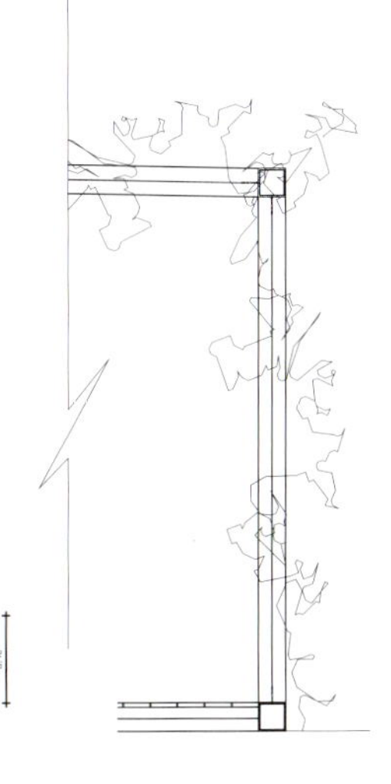

Corbeil + Bertrand 建筑和景观设计事务所

↑|花园正面，木栈道向上转折成座椅

城市花园

蒙特利尔

与那种隐士的花园不同，该项目更像是城市里的开放式绿地或花园。花园的主要设施都架空在地面以上，这种脱离地表的处理手法表示这块基地曾经是一片废弃的边角料。该城市花园尝试将植物和常见的材料并置，挖掘出这些材料本身的特性。木材、镀锌钢管、再生塑料、半透明的人工合成织物、碎石板和白桦树共同构成这个独特的花园。

项目概况

地址：加拿大，蒙特利尔，蒙特利尔旧城。图案设计：FEED。景观设计：Stéphane Bertrand, Jasmin Corbeil。设计师："Tête-à-tête"黑色家具：Ineke Hans。委托方：蒙特利尔国际花卉展。完成时间：2007年。产品量：单件。设计方式：个性化设计。功能：遮蔽。主要材料：镀锌钢材，回收塑料，半透明化纤织物，碎石板，加拿大铁杉木。

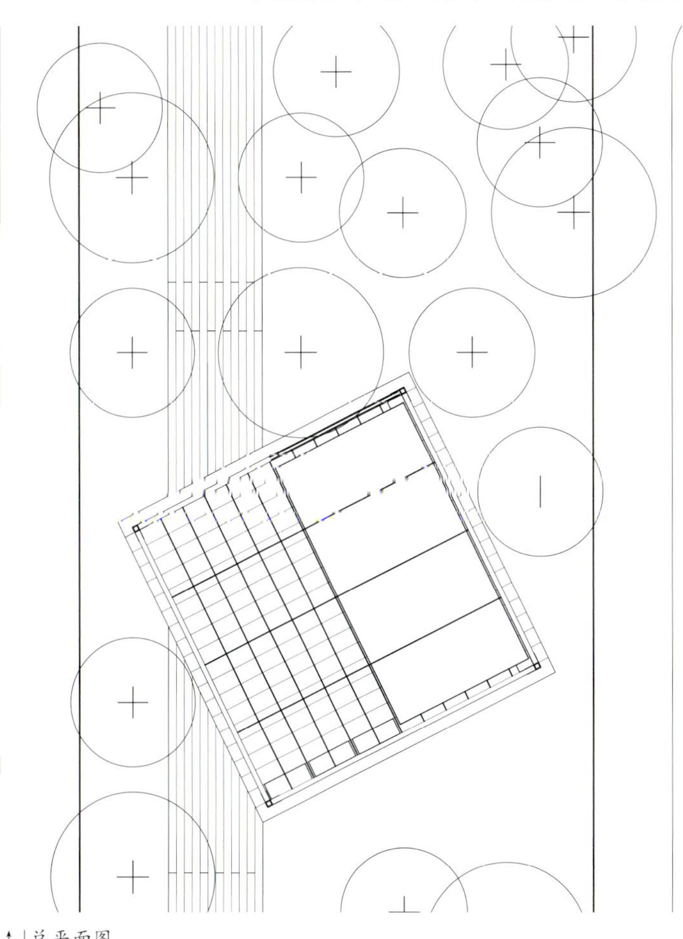

↑|总平面图
↓| 回望，铁杉木板架空栈道

↑|内景，日式的围墙
↓|侧面，印有图案的屏风

Della Valle + Bernheimer设计公司, LLP

↑| 激光切割的钢质表皮

蝴蝶亭

塔尔萨

Della Valle Bernheimer设计的Philbrook艺术博物馆花园中的亭子，其创意来自于“亭”这个词的语源学含义，“亭”这个词源自法语词Papillon，意思是蝴蝶。这个蚕茧状的亭子的设计灵感还来自于蚕蜕变为蝴蝶的生物学过程。在蚕变成蛹的过程中，它会把自己包裹成一团。蝴蝶亭象征着蚕茧，但其表皮是用金属板镂刻不是蚕丝纺织而成。借助激光切割技术，一个8×16英寸的亭子竖立在木甲板和钢框架之间。

项目概况

地址：美国，奥克拉荷马州 74114，塔尔萨市，南Rockford路2727号，Philbrook艺术博物馆。**委托方：**Philbrook艺术博物馆。**完成时间：**2005年。**产品量：**单件。**设计方式：**个性化设计。**功能：**遮蔽。**主要材料：**钢。

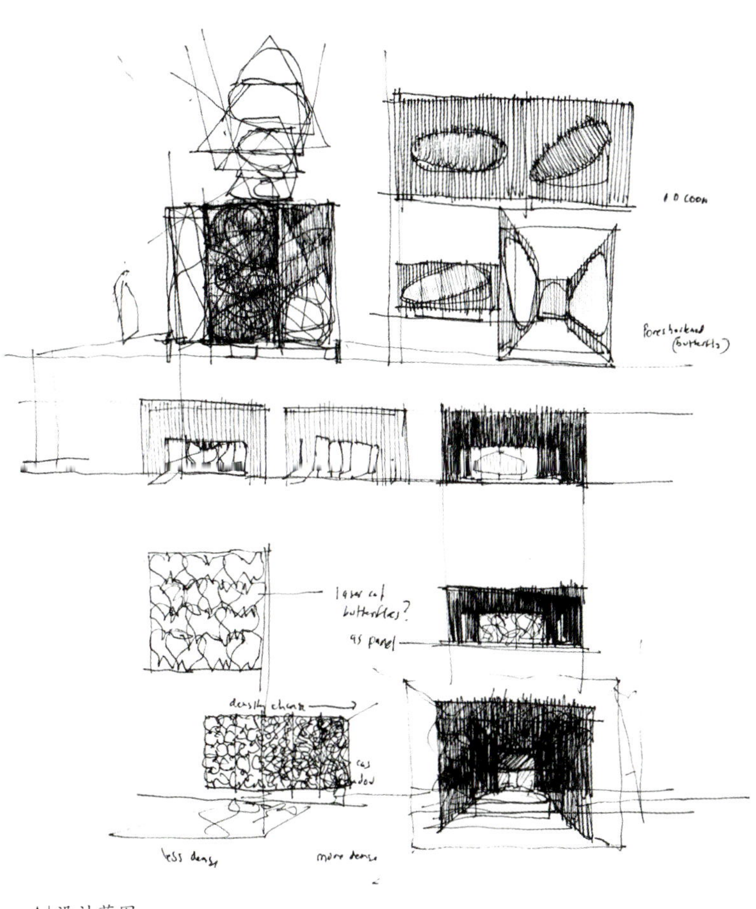

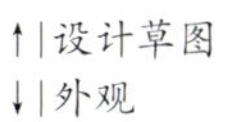

↑|设计草图
↓|外观

↑|内景
↓|透过激光切割的钢质表皮看到的树影

↑|候车区

惊人的鲸颚

Hoofddorp

2003年初，Hoofddorp市Spaarne医院前广场修建了这个公共汽车站。这个岛状的公共区域位于广场的中央，是当地公共交通的枢纽。通常，公共汽车站这种建筑是低调和中性的，但是在这个设计的目的是让它不同寻常，给公众留下深刻印象。因此该设计遵循了奥斯卡•尼迈耶的传统，混和了现代主义白色派和黑色巴洛克风格。这个建筑完全由聚苯乙烯泡沫和聚酯材料制成，尺寸达到50m×10m×5m，是世界上最大的人工合成材料构筑物。

项目概况

地址：荷兰，Hoofddorp市 AT2130，Voorplein Spaarne Ziekenhuis。**委托方**：Schiphol项目咨询公司。**完成时间**：2003年。**产品量**：单件。**设计方式**：个性化设计。**功能**：公共汽车站。**主要材料**：泡沫塑料，聚酯纤维。

↑|候车棚成为附近建筑的景框

↑|鸟瞰

↓|平面和立面

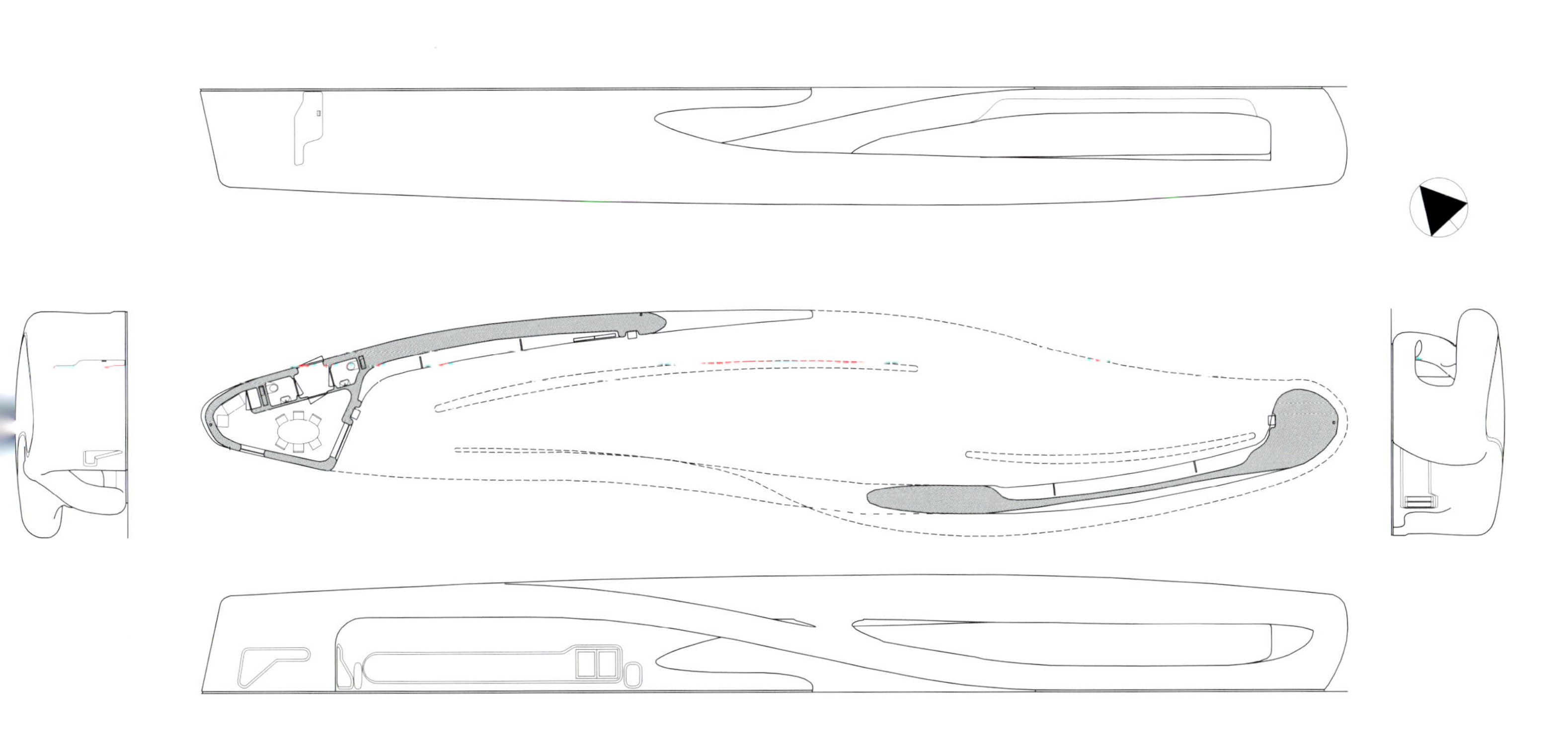

Claude Cormier
建筑和景观设计公司

↑| 市政厅前的大凉棚（奥古斯特·贝瑞特1957年设计）

凉棚

勒阿弗尔

为庆祝勒阿弗尔当代艺术双年展的开幕周年纪念，Claude Cormier为市政厅的大凉棚设计了这件波普艺术品。这个凉棚是为了纪念在勒•哈维尔出生的印象派艺术创始人莫耐。用90000个塑料球模拟的紫藤花盛开情形是莫耐作品中经常出现的画面。这些塑料球有5种鲜艳的色彩，彷佛来自入神的印象派艺术家的调色盘。塑料球象爬藤植物一样攀上凉棚顶端，在底下形成一片光影和色彩的华章。和设计师的其他作品一样，刻意插入的人造仿制物颠覆了人们的预想，但这些装置却能直接地愉悦观众。

项目概况

地址：法国，勒阿弗尔76084，市政厅。**管理人**：Claude Gosselin，蒙特利尔当代艺术国际中心。**委托方**：勒阿弗尔当代艺术双年展。**完成时间**：2006年。**产品量**：单件。**设计方式**：个性化设计。**功能**：凉棚。**主要材料**：塑料圣诞气球。

↑|制作过程

↓|一丛丛粉红色、紫色、绿色和蓝色的塑料球与爬藤植物的繁盛枝叶混搭

↑|内景

Brähmig, Ströer /
Lutz Brähmig, Udo Müller

↑|离散的美学，城市公共卫生间外观
→|内景，两个便器之一

城市公共卫生间

这种城市卫生间的设计必须满足安全和卫生的最苛刻要求。它安装有一个独立的清洁系统，每次使用之后，整个坐便器会移入该系统清洁并烘干。供残疾人使用的两个坐便器交替清洁消毒，以保证任何时候总有一个处于可使用状态。一个单独设置的小间提供了2个小便器，因此整个卫生间可供3人同时使用。2个厕间的地板都可以根据不同周期定时自动清洁和烘干，每次清洁程序启动之前都由感应器侦测以确保卫生间内无人使用。

项目概况

委托方: Ströer AG户外媒介公司。**完成时间:** 2008年。**产品量:** 系列品。**设计方式:** 个性化设计。**功能:** 卫生间。**主要材料:** 不锈钢，聚碳酸酯。

↖ | 清洁地板
↑ | 清洁坐便器
← | 剖面

← |内景
↓ |小便器的细节

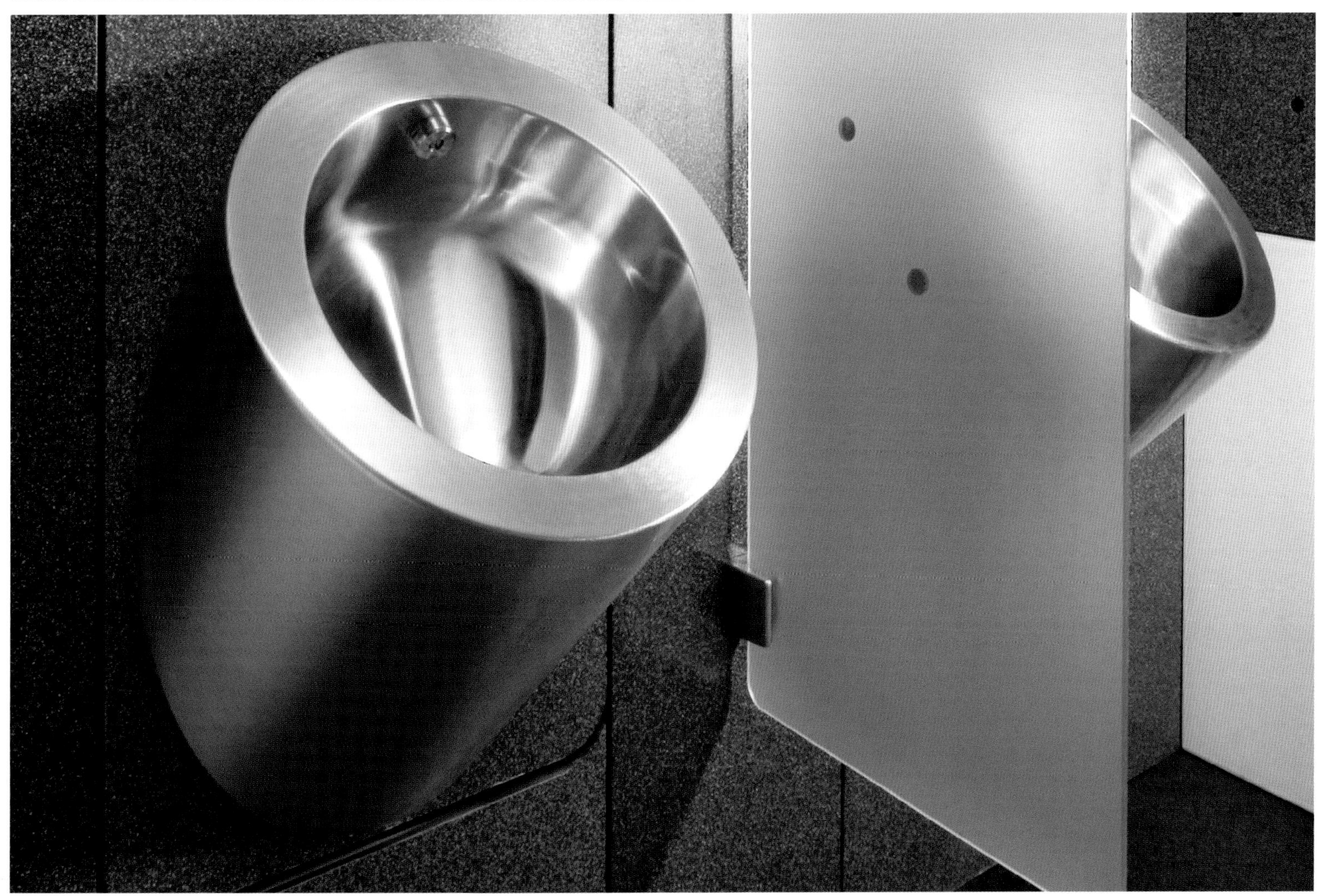

Miró Rivera 建筑师事务所/ Juan Miró, Miguel Rivera

↑|卫生间俯视

公园小路旁的卫生间

奥斯汀

这个卫生间被作为公园里运动小径旁的一件动感雕塑。它的外表是一些宽窄高低各异的耐候钢板，一连串板条从地面隆起，卷带马口铁板最后围成卫生间的外墙。铁板在平面上交错排列，以便留出采光和通风的缝隙同时防止窥视。门扇和顶棚同样也是钢板构成。该卫生间符合无障碍设计的要求，室内有带抽屉的柜子、小便器、水槽和长椅，室外还有饮水器和淋浴花洒。所有管道设备都是不锈钢制成，室内无需人工照明和机械通风。

项目概况

地址：美国，得克萨斯州，奥斯汀市，LadyBird湖。委托方：文物径基金会。完成时间：2008年。产品量：单件。设计方式：个性化设计。功能：卫生间。主要材料：耐候钢。

↑|内景

↓|入口区域

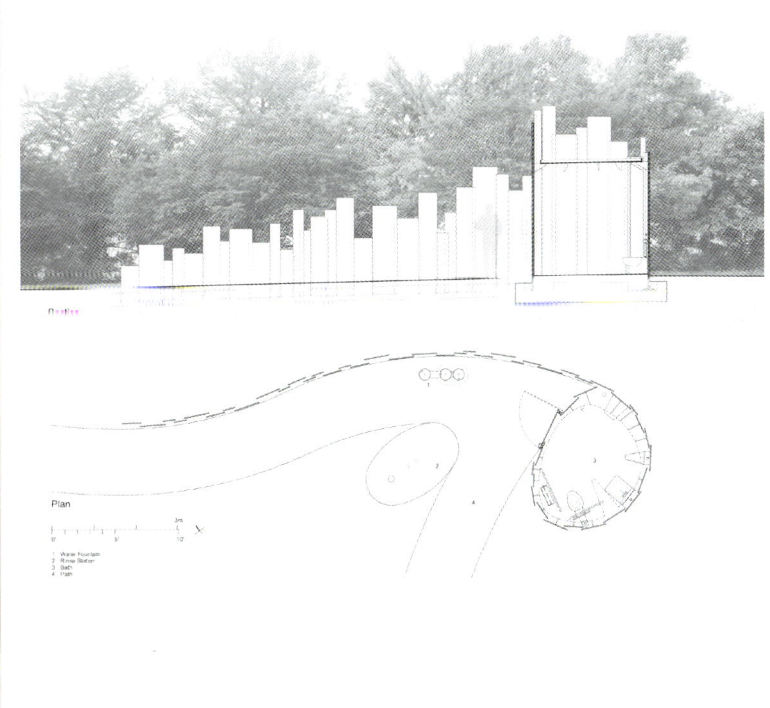

↑|卫生间立面和平面图

↓|耐候钢围合的外墙

Index

Ar

索引：建筑师、设计师和制造商

3GATTI

via de' Ciancaleoni 34
00184 Rome (Italy)
T +39.0645.2213589
F +39.178.2299321
mail@3gatti.com
www.3gatti.com

→ 116, 118

3LHD architects

N. Bozidarevica 13/4
Zagreb, HR-10000 (Croatia)
T +385.1.2320200
F +385.1.2320100
info@3lhd.com
www.3lhd.com

→ 148

Bjarne Aasen Landskapsarkitekt MNLA

Hoffsveien 1a
0275 Oslo (Norway)
T +47.21.586341
bjarne.aasen@linklandskap.no

→ 72

Rovero Adrien Studio

Chemin des roses 11
1020 Renens (Switzerland)
T +41.21.6343435
mail@adrienrovero.com
www.adrienrovero.com

→ 14

altreforme

viale Alcide de Gasperi, 16
23801 Calolziocorte (Italy)
T +39.0341.6381
F +39.0341.630239
info@altreforme.com
www.fontana-group.com

→ 326, 328

Agence APS, paysagistes dplg associés

31, Grande rue
2600 Valence (France)
T +33.4.75785353
F +33.4.75785350
agence.aps@wanadoo.fr

→ 221

Arriola & Fiol arquitectes

Carrer Mallorca 289
8037 Barcelona (Spain)
T +34.93.4570357
F +34.93.2080459
arriolafiol@arriolafiol.com
www.arriolafiol.com

→ 87, 89

Artadi Arquitectos

Camino Real 111
Of 701 San Isidro Lima (Peru)
T +511.2226261
info@javierartadi.com
www.javierartadi.com

→ 198

ASPECT Studios (Melbourne Office)

Level 1, 30-32 Easey Street
Collingwood, VIC, 3066 (Australia)
T +61.3.94176844
F +61.3.94176855
aspectmelbourne@aspect.net.au
www.aspect.net.au

→ 82

ASPECT Studios (Sydney Office)

Studio 61, Level 6, 61 Marlborough Street
Surry Hills, NSW, 2010 (Australia)
T +61.2.96997182
F +61.2.96997192
aspectsydney@aspect.net.au
www.aspect.net.au

→ 274

Bacco Arquitetos Associados

Rua General Jardim 645, cj 21
São Paulo, SP (Brasil)
T +55.11.32585961
bacco@bacco.com.br
www.bacco.com.br

→ 406

Baena Casamor Arquitectes BCQ S.L.P.

C.Sant Magí 11-13, 1r
08006 Barcelona (Spain)
T +34.93.2372721
F +34.93.2373218
mail@bcq.es
www.bcq.es

→ 314

LODEWIJK BALJON landscape architects

Cruquiusweg 10
1019 AT Amsterdam (The Netherlands)
T +31.20.6258835
F +31.20.4206534
landscape@baljon.nl
www.baljon.nl

→ 102

BAM Vastgoed

Runnenburg 9
3981 AZ Bunnik (The Netherlands)
T +31.30.6598988
info@bam.nl
www.bam.nl

→ 102

BASE

259, rue Saint-Martin
75003 Paris (France)
T +33.1.42778181
F +33.1.42778198
baseland@free.fr
www.baseland.fr

→ 218

Bureau Baubotanik, Storz Schwertfeger GbR

Innerer Nordbahnhof 1
70191 Stuttgart (Germany)
T +49.711.9335770
info@baubotanik.de
www.baubotanik.de

→ 195

Bauer Membranbau

Neulandstraße 19
85354 Freising (Germany)
T +49.8161.4965565
F +49.8161.92281
info@bauermembranbau.de
www.bauermembranbau.de

→ 195

Matthias Berthold, Andreas Schön

Palmaille 28
22767 Hamburg (Germany)
mail@allermoeher-wand.de
www.allermoeher-wand.de

→ 58, 188

Mitzi Bollani

Via D. Vitali, 3
29121 Piacenza (Italy)
T +39.0523.757086
F +39.0523.071924
studio@mitzibollani.com
www.mitzibollani.com

→ 13, 324, 246

BRÄHMIG GmbH

Robert-Bosch-Straße 10
01454 Radeberg (Germany)
T +49.3528.4197900
F +49.3528.419790
info@braehmig-media.de
www.braehmig-media.de

→ 426

Broadbent

Droppingstone Farm, New Lane, Harthill
Chester CH3 9LG (United Kingdom)
T +44.1829.782822
F +44.1829.782820
enquiries@sbal.co.uk
www.sbal.co.uk

→ 278

BRUTO d.o.o.

Mesarska 4d
1000 Ljubljana (Slovenia)
T +386.1.2322195
F +386.1.2322197
info@bruto.si
www.bruto.si

→ 110, 114, 338, 414

Buro North

Level 1, 35 Little Bourke Street
Melbourne, VIC 3000 (Australia)
T +61.3.96543259
F +61.3.94459042
buronorth@buronorth.com
www.buronorth.com

→ **382**

Estudio Cabeza

Serrano 1249
C1414DEY Buenos Aires (Argentina)
T +54.11.47726183
F +54.11.47770811
info@estudiocabeza.com
www.estudiocabeza.com

→ **160, 254, 256, 258, 269, 398**

Caesarea Landscape Design Ltd.

PO Box 70
Caesarea 30889 (Israel)
T +972.4.6263006
F +972.4.6263062
info@caesarion.co.il
www.caesarion.co.il

→ **172, 173, 266, 268, 369**

CCM Architects

PO Box 2182
Wellington (New Zealand)
T +64.4.4729354
F +64.4.4725945
Guy.Cleverley@ccm.co.nz
www.ccm.co.nz

→ **122**

Corbeil + Bertrand Architecture de paysage

T +1.514.2296490
info@stephane-bertrand.ca
www.stephane-bertrand.ca

→ **418**

Claude Cormier architectes paysagistes inc.

5600, De Normanville
Montreal, QC H2S 2B2 (Canada)
T +1.514.8498262
F +1.514.2798076
info@claudecormier.com
www.claudecormier.com

→ **138, 424**

CSP Pacific

306 Neilson St, Onehunga
Auckland 1642 (New Zealand)
T +64.9.6341239
F +64.9.6344525
www.csppacific.co.nz

→ **126**

d e signstudio regina dahmen-ingenhoven

Plange Mühle 1
40221 Düsseldorf (Germany)
T +49.211.30101200
F +49.211.3010142225
drdi@ingenhovenarchitekten.eu
www.drdi.de

→ **42**

Michel Dallaire Design Industriel – MDDI

322, Peel Street
Montreal, QC H3C 2G8 (Canada)
T +1.514.2829262
F +1.514.2829975
info@dallairedesign.com
www.dallairedesign.com

→ **191, 286**

Della Valle + Bernheimer Design, LLP

20 Jay Street, Suite 1003
Brooklyn, NY 11201 (USA)
T +1.718.2228155
F +1.718.2228157
info@dbny.com
www.d-bd.com

→ **420**

Despang Architekten

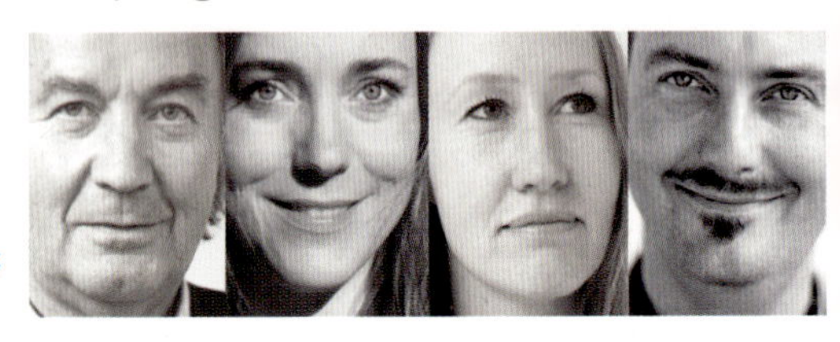

Am Graswege 5
30169 Hanover (Germany)
T +49.511.882840
F +49.511.887985
info@despangarchitekten.de
www.despangarchitekten.de

→ **186**

díez+díez diseño

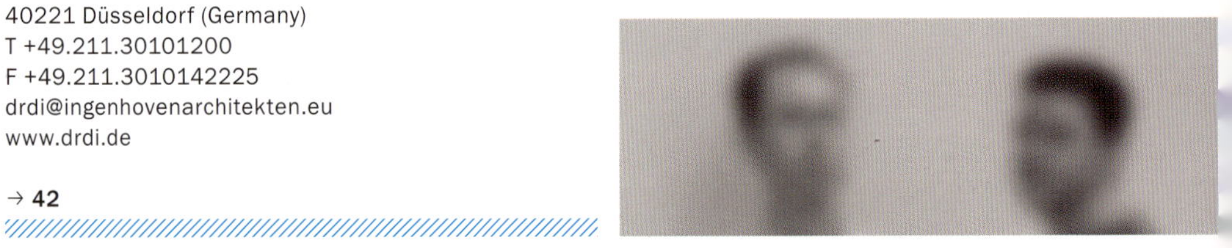

C/ José de Cadalso, 68, 2ºD
28044 Madris (Spain)
T +34.91.7069695
F +34.91.7069695
diezmasdiez@terra.as
www.diezmasdiez.com

→ **34, 41, 154, 238, 259, 296, 298, 300**

Droog Design

Staalstraat 7a/b
1011 JJ Amsterdam (The Netherlands)
T +31.20.5235050
F +31.20.3201710
info@droog.com
www.droog.com

→ **248, 252**

Earthscape

2-14-6 Ebisu Shibuya-ku
Tokyo, 150-0013 (Japan)
T +81.3.62773970
F +81.3.62773970
info@earthscape.co.jp
info@earthscape.co.jp

→ **120, 156, 158. 164, 340, 342, 344, 346, 348, 350**

Earthworks Landscape Architects

Po box 48205, Kommetjie
Cape Town 7976 (South Africa)
T +27.21.828708517
earthworks@tiscali.co.za
www.earthworkslandscapearchitects.com

→ **358**

EBD architects ApS

Struenseegade 15A, 2
2200 Copenhagen N (Denmark)
T +45.32.965700
F +49.541.572660
www.info@ebd.dk
www.ebd.dk

→ **174, 236**

ENVAC AB

Fleminggatan 7, 3 tr
112 26 Stockholm (Sweden)
T +46.8.7850010
www.envacgroup.com

→ **175**

Epoch Product Design

810 NW Wallula Ave.
Gresham, OR 97030 (USA)
T +1.503.6674100
F +1.707.4437797
ideas@epochdesign.com
www.epochdesign.com

→ **372**

ESCOFET 1886 SA

Ronda Universitat 20
08007 Barcelona (Spain)
T +34.93.3185050
F +34.93.4124465
informacion@escofet.com
www.escofet.com

→ **154, 267, 284. 302, 304, 308, 314, 316**

Esrawe Studio

Culiacan 123 Piso 5
Colonia Hipódromo Condesa (Mexico)
T +52.55.55539611
info@esrawe.com
www.esrawe.com

→ **330**

Prof. Valie Export

www.valieexport.at

→ **400**

Foreign Office Architects (FOA)

55 Curtain Road
London EC2A 3PT (United Kingdom)
T +44.207.0339800
F +44.207.0330001
london@f-o-a.net
www.f-o-a.net

→ **261**

Diego Fortunato

Rosselló 255
08008 Barcelona (Spain)
T +34.629.778107
F +34.933.686865
mail@diegofortunato.com
www.diegofortunato.com

→ **267, 302**

Freitag Weidenart

Gartenstraße 21
85354 Freising (Germany)
T +49.8161.91576
F +49.8161.7495
freitag-weidenart@arcor.de
www.freitag-weidenart.com

→ **195**

GH form

Bækgaardsvej 64
4140 Borup (Denmark)
T +45.59.450780
sus@ghform.dk
www.ghform.dk

→ **236**

GITMA

Sangroniz 2
48150 Sondika (Spain)
T +34.94.4710613
F +34.94.4536121
www.gitma.es

→ **296**

Grijsen park & straatdesign

Lorentzstraat 13
7102 JH Winterswijk (The Netherlands)
T +31.543.516950
F +31.543.513050
info@grijsen.nl
www.grijsen.nl

→ 250

Grimshaw

100 Reade Street
New York, NY, 10013 (USA)
T +1.212.7912501
F +1.212.7912173
info@grimshaw-architects.com
www.grimshaw-architects.com

→ 18, 386

Grupo de Diseño Urbano

Fernando Montes de Oca 4, Col. Condesa
Mexico City, 06140 (Mexico)
T +52.55.55531248
F +52.55.52861013
anaschjetnan@gdu.com.mx
www.gdu.com.mx

→ 144

Gitta Gschwendtner

Unit F1, 2-4 Southgate Road
London N1 3JJ (United Kingdom)
T +44.2.072492021
mail@gittagschwendtner.com
www.gittagschwendtner.com

→ 61, 336

GTL Landschaftsarchitekten

Grüber Weg 21
34117 Kassel (Germany)
T +49.561.789460
F +49.561.7894611
kontakt@gtl-kassel.de
www.gtl-kassel.de

→ 169

Zaha Hadid Architects

Studio 9, 10 Bowling Green Lane
London EC1R 0BQ (United Kingdom)
T +44.20.72535147
F +44.20.72518322
mail@zaha-hadid.com
www.zaha-hadid.com

→ 276

Heatherwick studio

364 Gray's Inn Road
London WC1X 8BH (United Kingdom)
T +44.20.78338800
F +44.20.78338400
studio@heatherwick.com
www.heatherwick.com

→ 394

Heijmans N.V.

Graafsebaan 65
5248 JT Rosmalen (The Netherlands)
T +31.73.5435111
F +31.73.5435220
www.heijmans.nl

→ 102

hess AG

Lantwattenstraße 22
78050 Villingen-Schwenningen (Germany)
T +49.7721.9200
F +49.7721.920250
hess@hess.eu
www.hess.eu

→ 200

Isthmus

PO Box 90366
Auckland 1142 (New Zealand)
T +64.9.3099442
F +.64.9.3099060
akl@isthmus.co.nz
www.isthmus.co.nz

→ 126, 130, 352, 356

Toyo Ito and Associates, Architects

Fujiya Building, 1-19-4,Shibuya, Shibuya-ku
Tokyo, 150-0002 (Japan)
T +81.3.34095822
F +81.3.34095969
www.toyo-ito.co.jp

→ 140, 316

JCDecaux SA

17, rue Soyer
92523 Neuilly-sur-Seine (France)
T +33.1.30797979
info_ventes@jcdecaux.fr
www.jcdecaux.fr

→ 20

JJR | Floor

1425 N. First Street, 2nd Floor
Phoenix, AZ 85004 (USA)
T +1.602.4621425
F +1.602.4621427
design@floorassociates.com
www.floorassociates.com

→ 208

Agence Patrick Jouin

8, Passage de la Bonne Graine
75011 Paris (France)
T +33.1.55288920
F +33.1.58306070
agence@patrickjouin.com
www.patrickjouin.com

→ 20

Sungi Kim & Hozin Song

224-1010 Chungmu-APT, Jaegung-dong, Kunpo-si
Kyounggi-do [435-764] (Republic of Korea)
T +82.10.55955942
sungi.kim@gmail.com
www.sungikim.com

→ 60

KMA Creative Technology Ltd

12 St Denys Court
York, YO1 9PU (United Kingdom)
T +44.7973.190365
contact@kma.co.uk
www.kma.co.uk

→ 12

KOMPLOT Design

Amager Strandvej 50
2300 Copenhagen S (Denmark)
T +45.32.963255
F +45.32.963277
komplot@komplot.dk
www.komplot.dk

→ 376

KOSMOS

Rävala Pst. 8-808
Tallin 10143 (Estonia)
T +372.6.312050
F +372.6.312050
info@kosmoses.ee
www.kosmoses.ee

→ 70

Kramer Design Associates (KDA)

103 Dupont Street
Toronto, ON M5R-1V4 (Canada)
T +1.416.9211078
info@kramer-design.com
www.kramer-design.com

→ 189, 232

Tom Leader Studio

1015 Camelia Street
Berkeley, CA 94710 (USA)
T +1.510.5243363
F +1.510.5243863
mail@tomleader.com
www.tomleader.com

→ 220

LEURA srl.

Via Vitali, 3
29100 Piacenza (Italy)
T +39.0523.757086
leura@leura.it
www.leura.it

→ 13

Stacy Levy

576 Upper Georges Valley Rd,
Spring Mills, PA 16875 (USA)
T +1.814.3604346
stacy@stacylevy.com
www.stacylevy.com

→ 212, 216

Biuro Projektów Lewicki Łatak

ul. Dolnych Młynów 7/7
31-124 Krakow (Poland)
T +48.12.6335920, T +48.12.6338693
F +48.12.6337944
biuro@lewicki-latak.com.pl
www.lewicki-latak.com.pl

→ 104, 108, 204, 207

Lifschutz Davidson Sandilands

Island Studios, 22 St Peter's Square
London W6 9NW (United Kingdom)
T +44.208.6004800
F +44.208.6004700
mail@lds-uk.com
www.lds-uk.com

→ 228, 230

Macaedis

Ctra Olula del Río, Macael, Km 1,7
04867 Macael (Spain)
T +34.950.126370
F +34.950.126078
info@macaedis.com
www.macaedis.com

→ **196**

Machado and Silvetti Associates

560 Harrison Avenue, Suite 301
Boston, MA 02118 (USA)
T +1.617.4267070
F +1.617.4263604
info@machado-silvetti.com
www.machado-silvetti.com

→ **134**

Jangir Maddadi Design Bureau AB

Södra Långgatan 38
Kalmar (Sweden)
T +46.8.41046066
hello@jangirmaddadi.se
hello@jangirmaddadi.se

→ **292**

mago:group, mago:URBAN

Pol. Industrial Masia d'en Barreres, s/n - P.B. 25
08800 Vilanova (Spain)
T +34.93.8148661
info@magogroup.com
www.magogroup.com

→ **238, 261**

Studio Makkink & Bey BV

Overschieseweg 52 a
3044 EG Rotterdam (The Netherlands)
T +31.10.4258792
F +31.10.4259437
studio@jurgenbey.nl
www.studiomakkinkbey.nl

→ **248**

Marinaprojekt d.o.o.

M. Krleze 1
Zadar (Croatia)
T +385.23.333716
F +385.23.334866
marina-projekt@w.t-com.hr

→ **90**

Julian Mayor

106 Sclater Street
London E1 6HR (United Kingdom)
T +44.7775.516005
info@julianmayor.com
www.julianmayor.com

→ **334**

Gonzalo Milà Valcárcel

c/ Fusina 6, ent-1º
08002 Barcelona (Spain)
T +34.93.2681982
gonzalo@fusina6.com
www.fusina6.com

→ **178, 196, 308**

Benjamin Mills

T +44.78.07567701
ben@ben-mills.com
www.ben-mills.com

→ **294**

Miró Rivera Architects

505 Powell Street
Austin, TX 78703 (USA)
T +1.512.4777016
F +1.512.4767672
info@mirorivera.com
www.mirorivera.com

→ **408, 430**

mmcité a.s.

Bílovice 519
687 12 Bílovice (Czech Republic)
T +420.572.434290
F +420.572.434283
obchod@mmcite.cz
www.mmcite.com

→ **36, 48, 176, 240, 360, 404**

MODO srl.

S.S.Padana Superiore 11, n°28
20063 Cernusco sul Naviglio (Italy)
T +39.0292.592024
F +39.0292.591791
info@modomilano.it
www.modomilano.it

→ **15, 246, 324**

Alexandre Moronnoz

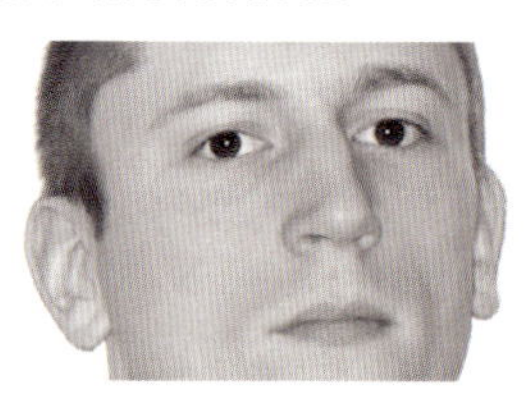

67, rue de Paris
93100 Montreuil (France)
T +33.6.63415834
contact@moronnoz.com
www.moronnoz.com

→ **318, 320, 322**

nahtrang

c/ Arcs 8, 2n-1a c.p.
08002 Barcelona (Spain)
T +34.93.3427844
F +34.93.3022837
nahtrang@nahtrang.com
www.nahtrang.com

→ 304

Nea Studio

110 Bleecker Street, No 4 D
New York, NY 10012 (USA)
T +1.917.6905480
nina@neastudio.com
www.neastudio.com

→ 262

Brodie Neill

57–60 Charlotte Road
London EC2A 3QT (United Kingdom)
T +44.207.6133123
info@brodieneill.com
www.brodieneill.com

→ 332

Will Nettleship

526 Pinehurst Avenue
Placentia, CA 92870 (USA)
T +1.714.5793636
F +1.714.5791239
wnsculptor@aol.com
www.sculpture.org

→ 146, 206

NIO architecten

Schiedamse Vest 95a
3012 BG Rotterdam (The Netherlands)
T +31.10.4122318
F +31.10.4126075
nio@nio.nl
www.nio.nl

→ 422

NL Architects

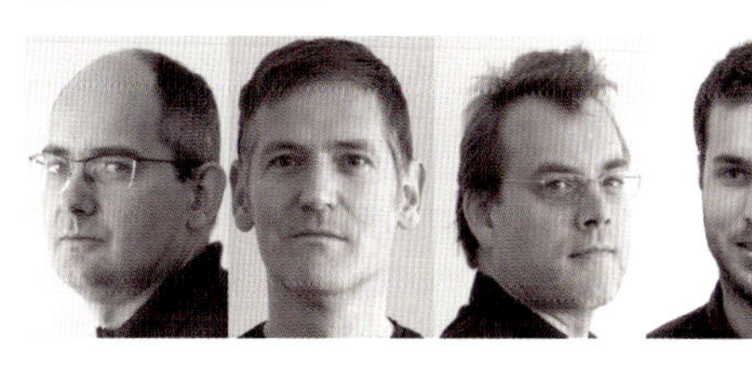

Van Hallstraat 294
1051 HM Amsterdam (The Netherlands)
T +31.20.6207323
F +31.20.6386192
office@nlarchitects.nl
www.nlarchitects.nl

→ 252

NOLA Industrier AB

Repslagargatan 15b
118 46 Stockholm (Sweden)
T +46.8.7021960
F +46.8.7021962
headoffice@nola.se
www.nola.se

→ 376

Numen / For Use

Canisiusgasse 13/16
1090 Vienna (Austria)
T +43.664.2607447
info@architekci.info
www.foruse.info

→ 148

OKRA landschapsarchitecten bv

Oudegracht 23
3511 AB Utrecht (The Netherlands)
T +31.30.2734249
F +31.30.2735128
mail@okra.nl
www.okra.nl

→ 50, 86, 88, 168

OLIN

Public Ledger Building, Suite 1123,
150 South Independence Mall West
Philadelphia, PA 19106 (USA)
T +1.215.4400030
F +1.215.4400041
info@theolinstudio.com
www.theolinstudio.com

→ 166, 372, 374

Osterwold & Schmidt – Exp!ander Architekten

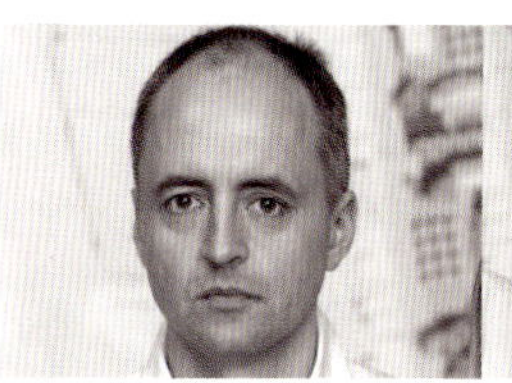

Brühl 22
99423 Weimar (Germany)
T +3643.7736580
F +3643.7736581
mail@osterwold-schmidt.de
www.osterwold-schmidt.de

→ 30

Studio Pacific Architecture

Level 2, 74 Cuba Street
Te Aro 6011 (New Zealand)
T +64.4.8025444
F +64.4.8025446
architects@studiopacific.co.nz
www.studiopacific.co.nz

→ 130

Paviments MATA

Càntir, 1 Zona Industrial del Sud
08292 Esparreguera (Spain)
T +34.93.7771300
F +34.93.7771704
info@pmata.com
www.pavimentsmata.com

→ **34, 298, 300**

PLEIDEL ARCHITEKTI s.r.o.

SNP 17
927 00 Sala (Slovak Republic)
T +421.31.7704913
pleidel@salamon.sk
www.pleidel-architekti.sk

→ **360**

Atelier Boris Podrecca

Jörgerbadgasse 8
1170 Vienna (Austria)
T +43.1.427210
F +43.1.4272120
podrecca@podrecca.at
www.podrecca.at

→ **74**

Buro Poppinga

Anjeliersstraat 145 hs
1015 NE Amsterdam (The Netherlands)
T +31.20.6811637
info@poppinga.nl
www.poppinga.nl

→ **250**

Agence Elizabeth de Portzamparc

104 rue Oberkampf
75011 Paris (France)
T +33.1.53633232
info@elizabethdeportzamparc.com
www.elizabethdeportzamparc.com

→ **242**

PWP Landscape Architecture, Inc.

739 Allston Way
Berkeley, CA 94710 (USA)
T +1.510.8499494
F +1.510.8499333
info@pwpla.com
www.pwpla.com

→ **161**

RASTI GmbH

An der Mühle 21
49733 Haren (Germany)
T +49.05934.70350
F +49.05934.703510
info@rasti.eu
www.rasti.eu

→ **24**

Tejo Remy & Rene Veenhuizen

Uraniumweg 17
3542 AK Utrecht (The Netherlands)
T +31.30.2944945
T +31.30.2944945
atelier@remyveenhuizen.nl
www.remyveenhuizen.nl

→ **46**

Rios Clementi Hale Studios

639 N Larchmont Blvd.
Los Angeles, CA 90004 (USA)
T +1.323.7851800
F +1.323.7851801
info@rchstudios.com
www.rchstudios.com

→ **94, 98**

Janet Rosenberg + Associates

148 Kenwood Avenue
Toronto, ON M6C 2S3 (Canada)
T +1.416.6566665
F +1.416.6565756
office@jrala.ca
www.jrala.ca

→ **138, 162**

Adrien Rovero with Christophe Ponceau

Chemin des roses 11
1020 Renens (Switzerland)
T +41.21.6343435
mail@adrienrovero.com
www.adrienrovero.com

→ **62**

Samsung Electronics

Samsung Main Building. 250,
Taepyeongno 2-ga, Jung-gu, Seoul (Republic of Korea)
T +11.82.2.7277114
F +11.82.2.7277985
www.samsung..com

→ **260**

sandellsandberg

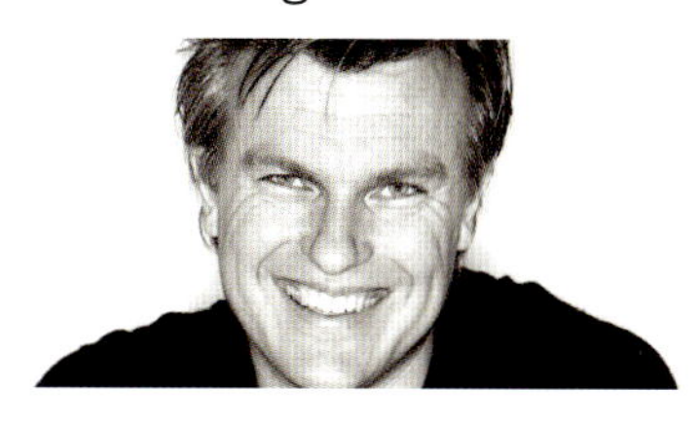

Östermalmsgatan 26A
114 26 Stockholm (Sweden)
T +46.8.50653100
F +46.8.50621707
info@sandellsandberg.se
www.sandellsandberg.se

→ **249**

Santa & Cole

Parc de Belloch Ctra. C-251, Km. 5,6
08430 La Roca (Spain)
T +34.938.619100
F +34.938.711767
info@santacole.com
www.santacole.com

→ **178**

Aziz Sariyer

Acisu Sk Cem Ap. No.11 D.3 34357 Besiktas
Istanbul (Turkey)
T +90.212.3271585
F +90.212.2588032

→ **326, 328**

Sasaki Associates

64 Pleasant Street
Watertown, MA 02472 (USA)
T +1.617.9263300
F +1.617.9242748
info@sasaki.com
www.sasaki.com

→ **78, 182**

Rainer Schmidt Landschafts-architekten

Klenzestraße 57c
80469 Munich (Germany)
T +49.89.2025350
F +49.89.20253530
mail@Schmidt-Landschaftsarchitekten.de
www.schmidt-landschaftsarchitekten.de

→ **169, 190, 410**

Pedro Silva Dias

Travessa das Necessidades 9, 2°
135-220 Lisbon (Portugal)
T +351.962.574991
atelier@pedrosilvadias.com
www.pedrosilvadias.com

→ **40, 390, 392**

Sitetectonix Private Limited

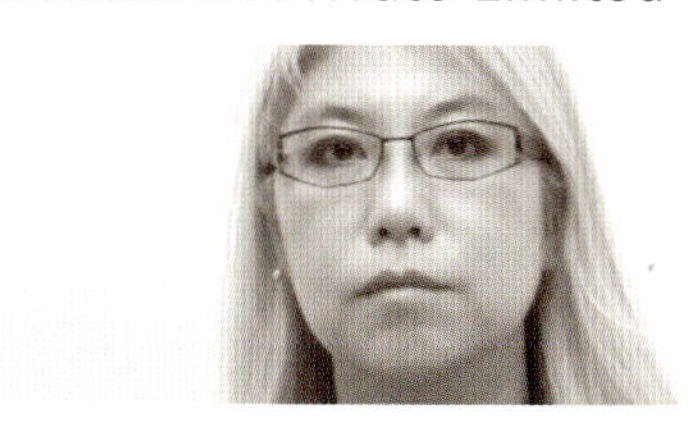

22 Cross Street, #02-52/54 China Square Central
Singapore 048421 (Singapore)
T +65.6327.4452
F +65.6327.8042
marinaong@sitetectonix.com
www.sitetectonix.com

→ **140, 222**

Siteworks-Studio

826 C Hinton Avenue
Charlottesville, VA 22901 (USA)
T +1.434.9238100
F +1.434.2956611
wilson@siteworks-studio.com
www.siteworks-studio.com

→ **52**

Smedsvig Landskapsarkitekter AS

Øvre Korskirkesmau 2b
5018 Bergen (Norway)
T +47.55.210470
F +47.55.210480
post@smedsvig-landskap.no
www.smedsvig-landskap.no

→ **362**

Owen Song

2 College Street No. 2373
Providence, RI 02903 (USA)
T +1.401.3682922
msong@g.risd.edu
www.owensong.kr

→ **260**

Lucile Soufflet

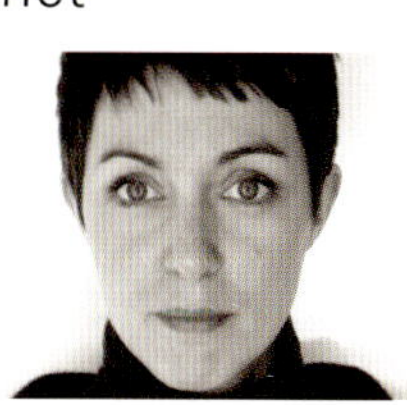

7 rue de la Hutte
1495 Sart-Dames-Avelines (Belgium)
T +32.71.954553
F +32.71.954553
info@lucile.be
www.lucile.be

→ **288, 290**

SQLA inc. LA

530 Molino Street No. 204
Los Angeles, CA 90013 (USA)
T +1.213.3831788
F +1.213.6130878
la@sqlainc.com
www.sqlainc.com

→ 136

STORE MUU design studio

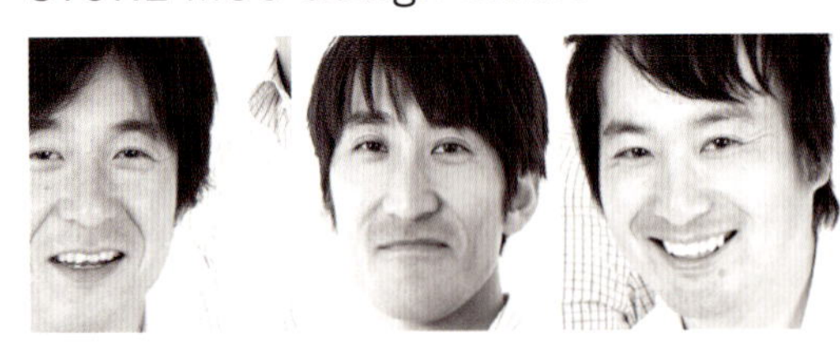

3-25-1-211 Shinkoiwa katsushikaku
Tokyo 1240024 (Japan)
T +81.3.58799085
F +81.3.58799086
info@storemuu.com
www.storemuu.com

→ 16

Street and Garden Furniture Company

PO Box 3662
South Brisbane, QLD 4101 (Australia)
T +61.7.38441951
F +61.7.38449337
sales@streetandgarden.com.au
www.streetandgarden.com.au

→ 226, 280, 282, 284

Street and Park Furniture

Unit 13 / 19 Heath Street
Lonsdale 5160 South Australia (Australia)
T +61.8.83296750
F +61.8.83296799
sales@streetandpark.com.au
www.streetandpark.com.au

→ 310, 312

Ströer Out-of-Home Media AG

Ströer Allee 1
50999 Cologne (Germany)
T +49.2236.96450
F +49.2236.9645299
info@stroeer.com
www.stroeer.de

→ 426

Tecnología & Diseño Cabanes

Parque Industrial Avanzado Avenida de la Ciencia, 7
3005 Ciudad Real (Spain)
T +34.926.251354
F +34.926.221654
info@tdcabanes.com
www.tdcabanes.com

→ 41, 259

Architektin Mag. arch. Silja Tillner

Margaretenplatz 7/2/1
1050 Vienna (Austria)
T +43.1.3106859
F +43.1.310685915
tw@tw-arch.at
www.tw-arch.at

→ 264, 400

Tokujin Yoshioka Design

9-1 Daikanyama-cho, Shibuya-ku
Tokyo 150-0034 (Japan)
T +81.3.54280830
F +81.3.54280835
yoshioka@tokujin.com
www.tokujin.com

→ 337

töpfer.bertuleit.architekten

Am Friedrichshain 2
10407 Berlin
T +49.30.53214780
F +49.30.53214785
mail@tb-architekten.de
www.tb-architekten.de

→ 200

Turenscape

Zhong Guan Cun Fa Zhan Da Sha,
12 Shang Di Xin Xi Road,Haidian Dist
Beijing 100085 (China)
T +86.1.3801193799
F +86.10.62967511
kj@turenscape.com
www.turenscape.com

→ 364

Valentin Design

T +61.449.052599
valentin@valentindesign.com
www.valentindesign.com

→ 126

Anouk Vogel landscape architecture

Nieuwe Teertuinen 17-XI
1013 LV Amsterdam (The Netherlands)
T +31.20.6201595
info@anoukvogel.nl
www.anoukvogel.nl

→ 57, 247

Vulcanica Architettura

Piazza Matteotti 7
80133 Naples (Italy)
T +39.081.5515146
F +39.081.5515146
studio@vulcanicaarchitettura.it
www.vulcanicaarchitettura.it

→ 147

WAA – william asselin ackaoui

55 Mont-Royal Avenue West, Suite 805
Montreal, Quebec, H2T 2S6 (Canada)
T +1.514.9392106
F +1.514.9392107
waa@waa-ap.com
www.waa-ap.com

→ 191

Studio Weave

33 St. John's Church Road
London E9 6EJ (United Kingdom)
T +44.20.85103665
Hello@studioweave.com
www.studioweave.com

→ 66

West 8 urban design & landscape architecture

Schiehaven 13m
3024 EC Rotterdam (The Netherlands)
T +31.10.4855801
F +31.10.4856323
west8@west8.com
www.west8.com

→ 192, 194, 197, 270, 272

Woodhouse plc

Spa Park, Leamington Spa
Warwickshire CV31 3HL (United Kingdom)
T +44.1926.314313
F +44.1926.883778
enquire@woodhouse.co.uk
www.woodhouse.co.uk

→ 230

Ryo Yamada

2Jo- 9Chome, 5-1-202, Hiragishi Toyohira
Sapporo (Japan)
T +81.11.8879487
F +81.11.8879487
ryo@ryo-yamada.com

→ 56, 368, 370

YHY design international

Terenzio 12
Milan 20133 (Italy)
T +39.0349.732720
yoanndesign@gmail.com
www.yoanndesign.com

→ 28

ZonaUno

Via Mazzini, 7
20123 Milan (Italy)
T +39.0289.690231
F +39.0289.690231
info@zonauno.it
www.zonauno.it

→ 15

Je Ahn, London 66–69
Shigeki Asanuma, Tokyo, Courtesy of Earthscape 157 a. r., 157 b., 158, 159 b., 160, 161 b., 164–165, 340–343, 346–349
Paul Bardagjy Photography, Austin (TX) 409 b. l., 409r., 430
Valerie Bennett 261 (portrait)
S. Bertrand, Montreal 418–419
studio bisbee 288–289
Domagoj Blazevic, Split 149 a.
Tom Bonner, Los Angeles (CA) 94–97
Nicolas Borel 242–243
Chris Brown 208–211
Radek Brunecky 422 a. l., 422 a. r.
Dolores Cáceres 160
Lana Cavar, Zagreb 148 (portrait)
Cemusa Inc. 386–387
Chuck Choi, Cambridge 213, 215 a., 215 b. r.
Josep Codina, Toni Casamor 314–315
Julio Cunill, Barcelona 178, 179 b.
Mike Curtain, Brisbane 226–227
Dart Realty (Cayman) Ltd. 373 b.
Simon Devitt, Auckland 126–131, 352–357
Ryan Donnell 166 (portrait), 374 (portrait)
Steve Double 276 (portrait)
Epoch Product Design 372
Escofet 87 a. r., b. l., 316–317
Damir Fabijanic, Zagreb 74–77, 151 a.
Enrico Fantoni 254
Fillioux&Fillioux 319 a. r.
Neil Fox, Toronto 139-139, 162, 163 l.
Jeff Gahres / Grimshaw New York 19 b.
GH form 236–237
B. Gigounon 288 (portrait)
Glowfrog Studios, London 228
Francisco Gomez Sosa 144–145
Florian Groehn, Sydney 224 (portrait), 275 b., 280–285, 284 (portrait)
Iann Gross & Emilie Müller 14
Steffen Groß, Weimar 30–33
Jeppe Gudmundsen-Holmgreen, Copenhagen 376 (portrait), 378 b. l., 378 b. r.
V. Tony Hauser, Toronto 138 (portrait l.), 162 (portrait)
Philip Hawk, Lemont 217 b.
Luke Hayes, London 336
Olivier Helbert 218–219
Irena Herak 110 (portrait), 114 (portrait), 338 (portrait), 414 (portrait)
hess AG, Villingen-Schwenningen 200
Barrie Ho Architecture Interiors Ltd 276–277
Martin Hogenboom 422 (portrait)

Bjorn van Holstein 250–251
João Jacinto, Lisbon 40 (portrait), 390 (portrait), 392 (portrait)
Mario Jelavic, Split 148, 149 b., 150 a., 151 b.
Zoé Jobin 62 (portrait)
Richard Johnson, Toronto 232–233
Pernille Kaaber, New York (NY) 262–263
Ott Kadarik 70–71
Miran Kambič 110–115
Rik Klein Gotink, Harderwijk 103 a., 103 m., 103 b.
KMA Creative Technology Ltd 12 b. r.
Nelson Kon, São Paulo 406–407
Pawe_ Kubisztal, Krakow 105–109
Craig Kuhner, Arlington (TX) 78–79, 81
Alain Laforest 286–287
Stephan Lee 134–135
Andrew Lloyd, Melbourne 82–85
Soren Luckins, Melbourne 382 (portrait)
Björn Lux, Hamburg 58–59
Equipo Macaedis, Macael Almería 196
mago group 261
Dan Males, Isthmus, Wellington 132
Ezio Manciucca, Lecco 326–329
Beat Marugg, Barcelona 87 a. l.
Brian McCall, KDA 189
Paul Mccredie 122–125
Ana Mello, São Paulo 406 (portrait)
Peter Mitchell, SPA, Wellington 133
Mori Building 337 r. a., 337 r. b.
Ben ter Mull 51, 86 a. r.
Ramon Muntades 308, 309 a. l.
Robert Newald, Vienna 264 (portrait), 400 (portrait l.)
Adam van Nieuwenhuizen and Zeenat Johnstone 358–359
Monika Nikolic, Kassel 264–265
Lorena Noblecilla 198–199
North News & Pictures Ltd 12 a. l., b. l.
Mustafa Nuhoglu, Istanbul 326 (portrait), 328 (portrait)
Daniel Nytoft, Berlin/Copenhagen 379 a.
Markn Ogue 394 (portrait)
Masahiro Okamura 337 (portrait)
OKRA and Schul & CO Landskabsarkitekter 88
Koji Okumura / Forward Stroke, Tokyo, Courtesy of Earthscape 120–121, 156, 159 a. r., 161 a. r., 344–345
Andres Otero 62–63
Christobal Palma 394–397
Hans Pattist 422
Jacques Perron 424–425
Andrzej Pilichowski-Ragno, Krakow 104 (portrait)
Piston Design, Austin (TX) 408, 409 a. r., 431

Sabine Puche 318, 319 b., 320–323
Laia Puig, Barcelona 178 (portrait), 179 a., 196 (portrait), 308 (portrait), 309 a. r., 309 b.
Shen Qiang, Shanghai 116–119
Kiran Ridley 61
Mariela Rivas 398–399
Sabina Saritz, Vienna 400 (portrait r.)
Anne von Sarosdy, Düsseldorf 42 (portrait)
Michael Schoner 253 a.
Ryan Schude, Los Angeles (CA) 94 (portrait), 98 (portrait)
Se'lux 193 a. r., 193 b., 194 l., 194 r. a., 197
Scott Shigley, Chicago (IL) 98–101
Helen Smith-Yeo, Singapore, Sitetectonix 140–143, 222–223
Juliusz Sokołowski, Warsaw 104 (portrait), 108 (portrait), 204 (portrait), 207 (portrait)
Christian Spielmann, Hamburg 58 (portrait), 188
Rupert Steiner, Vienna 400–403
Stipe Surać 90–93
Urban Švegl 414–417
Daniel Swarovski & Co. 42–45
töpfer.bertuleit.architekten, Berlin 201
Roel van Tour 248 (portrait)
Chris van Uffelen, Stuttgart 8, 186, 187 b. l., 187 b. r.
visualhouse, London 229 a. l., 229 a. r., 229 b.
Matt Wain, London 228 (portrait), 230 (portrait)
David Walker, ©2002, PWP Landscape Architecture, Inc. 161
Herbert Wiggerman 46–47
Wilky Photography 332–333
Ed Wonsek, Arlington (MA) 80 b., 182–185
Woodhouse plc, Leamington Spa 230–231
Wright State University, Dayton (OH) 146
Casimir Zdanius / Grimshaw New York 18, 19 a., 388–389
Hernan Zenteno 255 a. l., 255 b., 256–258

All other pictures, especially portraits and plans, were made available by the architects.

Cover front from left to right, from above to below: mmcité a.s. | Piston Design / Austin, Texas | Se'lux | Richard Johnson, www.richardjohnson.ca | Richard Johnson, www.richardjohnson.ca | SIMON DEVITT / AUCKLAND | Richard Johnson, www.richardjohnson.ca | Woodhouse plc, Leamington Spa | Barrie Ho Architecture Interiors Ltd
Cover back: left: paul mccredie; right: Nelson Kon, São Paulo

著作权合同登记图字：01—2010—8164号

图书在版编目（CIP）数据

街具设计／（德）克瑞斯·范·乌菲伦编；梁励韵，
刘晖译.—北京：中国建筑工业出版社，2011.5
ISBN 978-7-112-13137-2

I.①街… II.①克… ②梁… ③刘… III.①城市
道路-景观-环境设计 IV.①TU984.11

中国版本图书馆CIP数据核字（2011）第056065号

Editorial staff:Marek Heinel,Anika Burger,Sarah Schkölzinger,Chris van uffelen
Graphic concept:ON Grafik | Tom Wibberenz.
Layout:Marek Heinel,Georgia var uffelen.
本书由Braun Publishing AG正式授权翻译出版。

责任编辑：常 燕

街具设计

【德】克瑞斯·范·乌菲伦 编
梁励韵 刘 晖 译
*
中国建筑工业出版社出版、发行（北京西郊百万庄）
各地新华书店、建筑书店经销
北京鑫联必升文化发展有限公司制版
深圳宝峰印刷有限公司印刷
*
开本：880×1230毫米 1/12 印张：37½ 字数：1129千字
2011年8月第一版 2011年8月第一次印刷
定价：238.00元
ISBN 978-7-112-13137-2
(20552)